中国三大克拉通盆地深层地球物理技术与实践

杨 辉 文百红 于 鹏 陈召曦 等著

U0310908

石油工业出版社

内 容 提 要

针对前寒武系深层盆地结构面临的难题，提出了多种地球物理方法基于模型梯度余弦相似度约束的联合反演新型模型空间耦合方式，实现了基于新型模型空间耦合的重、磁、电联合反演技术，并形成了基于改进模糊聚类算法对联合反演结果进行综合定量解释的方法。开展了四川盆地、塔里木盆地、鄂尔多斯盆地三大克拉通盆地应用研究，预测了断裂及前寒武系裂谷分布，为前寒武系深层盆地结构提供了物探技术支撑。

本书可供从事石油勘探的科研技术人员及高等院校相关专业师生参考和借鉴。

图书在版编目（CIP）数据

中国三大克拉通盆地深层地球物理技术与实践 / 杨辉等著 . —北京：石油工业出版社，2024.8
ISBN 978-7-5183-6648-4

Ⅰ. ①中… Ⅱ. ①杨… Ⅲ. ①克拉通 – 内陆盆地 – 底层结构 – 油气勘探 – 地球物理勘探 – 中国 Ⅳ. ① P618.130.8

中国国家版本馆 CIP 数据核字（2024）第 074529 号

出版发行：石油工业出版社
　　　　　（北京安定门外安华里 2 区 1 号　　100011）
　　　　　网　　址：www.petropub.com
　　　　　编辑部：（010）64523707
　　　　　图书营销中心：（010）64523633
经　　销：全国新华书店
印　　刷：北京中石油彩色印刷有限责任公司

2024 年 8 月第 1 版　　2024 年 8 月第 1 次印刷
787×1092 毫米　　开本：1/16　　印张：17.75
字数：430 千字

定价：180.00 元
（如出现印装质量问题，我社图书营销中心负责调换）

《中国三大克拉通盆地深层地球物理技术与实践》
—— 编 写 组 ——

组　长：杨　辉

副组长：文百红　于　鹏　陈召曦

成　员：刘　康　张罗磊　孟小红　魏　强　赵崇进

　　　　王　帅　张连群　张新兵　姜珊珊　陈　胜

　　　　宋　晗　秦　敏　孙夕平

前言

本书是国家"十三五"科技重大专项《大型油气田及煤层气开发》的成果之一。

国内外深部油气勘探实践表明，以元古宇—寒武系为主要目的层的深部古老地层具有良好的成藏条件和丰富的油气资源，具备寻找大油气田的条件。国外，在前寒武系中已发现数十处原生油气藏，在俄罗斯、阿曼、印度、巴基斯坦等国家实现了前寒武系油气藏的商业性开采。深层古老地层油气勘探已引起国内外学者及国际油公司的高度重视。四川盆地安岳特大型气田形成的关键因素是气田紧邻德阳—安岳古裂陷生烃中心，发育灯影组三段、麦地坪组和筇竹寺组等多套优质烃源岩，为气田形成提供了充足的油气来源；古裂陷两侧高能沉积环境有利于形成储集条件优越的灯影组丘滩体储层，有效储层厚度为120~210m；早期裂陷与后期隆起的复合叠加也是特大型气田形成的重要条件，加里东期古隆起不仅有利于龙王庙组白云岩储层大面积分布，而且有利于形成岩性—地层圈闭。安岳特大型气田的发现不仅证实了5亿~6亿年的古老碳酸盐岩具有寻找大型—特大型油气田的条件，还表明大型克拉通盆地内部发育的裂陷槽及邻区成藏条件良好，是古老地层油气富集的有利地区。

由于深层—超深层地层古老、埋深大、勘探程度低，四川盆地、塔里木盆地、鄂尔多斯盆地三大克拉通盆地深层古老地层的油气勘探面临三方面关键难题：一是，深层古老地层岩石物性研究薄弱，岩石物性关系不清；二是，盆地深部结构探测技术尚不成熟，缺乏以深层为目标的地震、重、磁、电等综合地球物理勘探方法与技术；三是，盆地深部结构及前寒武系残留型盆地分布认识不清。本书围绕上述难题开展研究，并取得了三个方面的成果：一是建立和完善了西部三大克拉通盆地前寒武系盆地重、磁、电物性模型，深化了三大克拉通盆地前寒武系地层物性界面的地质认识；二是提出了基于模型梯度余弦相似度约束的联合反演模型空间耦合方式，并形成了基于改进模糊聚类算法对联合反演结果进行综合定量解释的技术方法；三是开展了四川盆地、塔里木盆地、鄂尔多斯盆地三大克拉通盆地应用研究，预测了断裂及前寒武系裂谷分布，为前寒武系深层油气勘探打下坚实的基础。

研究工作得到了中国石油勘探开发研究院赵文智院士支持和指导；在工作中得到了张研教授、汪泽成教授、潘建国教授、李劲松教授、徐光成高工、李闯高工等相关人员的支持与帮助；编写得到了中国石油勘探开发研究院董世泰高工支持，本书的出版得到了石油工业出版社的支持并对本书认真修改及精心编辑，在此一并表示衷心感谢！

由于时间与研究水平有限，书中难免存在疏漏与不妥之处，恳请读者批评指正。

目录

第一章　绪言 ･･ 1

第一节　中国三大克拉通盆地介绍 ･･･････････････････････････････････････ 1

第二节　研究问题 ･･･ 3

第三节　研究思路与方案 ･･･ 3

第二章　综合地球物理资料解释方法 ･･････････････････････････････････････ 6

第一节　重、磁推断断裂和火成岩的方法 ･･････････････････････････････ 7

第二节　重、磁、电正则化二维、三维反演方法 ･･･････････････････････ 13

第三节　重、磁、电、震联合反演方法 ･･･････････････････････････････ 37

第四节　地质—地球物理综合定量解释方法 ･･･････････････････････････ 60

第三章　四川盆地重、磁、电资料处理和解释 ･･･････････････････････････ 63

第一节　岩石物性分析 ･･ 63

第二节　重力资料处理解释 ･･･ 87

第三节　航磁资料处理解释 ･･･････････････････････････････････････ 108

第四节　川中大地电磁 MT 资料处理和解释 ･････････････････････････ 125

第五节　川西北综合地球物理解释 ･････････････････････････････････ 140

第六节　成果和认识 ･･･ 152

第四章　塔里木盆地重、磁、电资料处理和解释 ･･･････････････････････ 160

第一节　地质概况与岩石物性资料 ･････････････････････････････････ 161

第二节　重、磁、电基础资料收集整理 ･････････････････････････････ 171

第三节　塔里木盆地重、磁、电资料的联合反演 ･････････････････････ 173

第四节　塔里木盆地地质—地球物理综合解释 ･･･････････････････････ 179

第五节　结论与建议 ･･･ 212

第五章　华北地区及鄂尔多斯盆地重力场、磁场特征及综合研究 ･････････ 214

第一节　华北地区重力场、磁场特征与综合研究 ･････････････････････ 214

第二节　鄂尔多斯盆地重力场、磁场特征及基底和中—新元古界综合解释 ･･ 250

参考文献 ･･ 266

第一章 绪 言

第一节 中国三大克拉通盆地介绍

关于克拉通的认识，Kober（1921）用 Kralogen 表示相对于造山带而言的地壳稳定部分；Sille（1936）认为克拉通大陆分为地盾和地台两类；Slocts（1988）将克拉通定义为具有厚层大陆地壳的广大区域，在几百至几千万年内其位置保持在海平面附近几十米范围内。《地质词典》定义克拉通为长期保持稳定和仅有微弱变形的地壳。板块构造概念中的克拉通主要指近似刚性的、构造稳定的大陆板块部分。克拉通一般具有前寒武系结晶的刚性基底，总体上沉积和构造都比较稳定，局部构造表现为平缓的褶皱和断距不大的断层，往往大型隆起和长垣是重要的圈闭类型。克拉通的边界一般定在被动大陆边缘陆架坡折处，当被动大陆边缘后期遭受改造后，主要逆冲带内侧一般定为克拉通边界。克拉通基础上形成的面积广泛、沉降速率相对较慢、构造稳定、圆形或椭圆形分布的沉积体称为克拉通盆地（Craton Basin）。Leighton（1991）认为克拉通盆地可以位于结晶的前寒武系基底之上，也可以位于古生界基底、裂陷或其他增生的大陆岩石圈之上，只要这种基底表现为克拉通性质。克拉通盆地一般不存在强烈的莫霍面隆起，软流圈相对较深，岩浆活动微弱，盆地热流值偏低。

按克拉通盆地发育的大地构造位置，可以进一步划分为克拉通内盆地和克拉通边缘盆地。克拉通内盆地为远离板块边缘的地区，其底为陆壳。克拉通内盆地平面上呈圆形、椭圆形，面积几万至几百万平方千米，构造一般较为简单，剖面显示多数为对称碟盘状；一般具多旋回性，沉积层厚度较薄，一般为 3~4km；它可以直接形成于基底之上，也可以位于早期形成的裂谷、拗拉槽等类型的盆地之上。

含油气克拉通盆地常常发育在地壳结构薄弱带之上。按 Bally 和 Snelson 的盆地分类，克拉通盆地首先是发育在前中生代陆壳之上，其次是早期的裂谷地堑或以前的弧后盆地之上。克拉通盆地内部拱曲的发育与前寒武纪构造域内薄弱带关系密切。

克拉通盆地的沉降主要与地幔柱升降、板块聚敛运动有关，随着超大陆裂解，板块随之沉降，形成克拉通盆地。克拉通盆地常下伏裂谷，如天山洋裂解，随后为塔里木盆地沉降；秦岭洋裂解，随之为鄂尔多斯盆地与四川盆地沉降。因此克拉通旋回与威尔逊构造旋回有关，盆地演化主要遵循大陆裂解与聚合，发育各类与克拉通相关的盆地，中国海相克拉通盆地主要形成于古生代板块漂移期。寒武纪—早奥陶世的塔里木盆地、鄂尔多斯盆地与四川盆地等发生裂后热沉降，早期形成碳酸盐台地，晚期发育蒸发岩台地，构成海进—海退旋回。中晚陶奥世—志留纪，克拉通盆地受到板块边缘俯冲作用及碰撞作用，克拉通盆地内隆升，发育古隆起，形成不整合面，克拉通边缘产生挠曲沉降，形成淹没面，上叠前陆盆地，成为中国克拉通盆地演化的重要阶段。克拉通之上沉积的、目前保存较完整的四川盆地、塔里木盆地、鄂尔多斯盆地三大海相克拉通盆地，古生代为克拉通内拗陷、裂陷盆地拗拉槽，也可能是克拉通边缘盆地。

四川盆地四面被不同时期的山系环绕，北起秦岭的大巴山—米仓山，南抵云贵高原的大凉山；西至龙门山，东达鋈华山，形成典型的"盆"，面积 $18×10^4km^2$。四川盆地作为扬子板块的一部分，自晋宁运动回返、基底固结形成克拉通以后，开始接受稳定的海相地层沉积，进入海相盆地发展阶段。寒武纪—奥陶纪，扬子板块漂移在大洋中，沉积被动大陆边缘海相盆地；志留纪开始，扬子板块周缘洋盆关闭和造山，受西、北缘洋盆的关闭和周缘板块的碰撞，板块边缘出现前陆盆地，板块内部发育乐山—龙女寺等古隆起，并遭受剥蚀，这是扬子板块经历的第一个构造旋回。泥盆纪—二叠纪期间，随着扬子板块周缘勉略洋盆、昌宁—孟连洋、金沙江—墨江洋的发育和中—晚三叠世西、北缘的洋盆关闭和造山，控制上扬子板块边缘地区裂谷盆地的发育和前陆盆地的叠加，扬子板块经历第二期构造旋回。尽管四川盆地在地史上升降运动频繁，但自震旦纪以来总体上以下沉为主。盆地内震旦系—中三叠统属海相地层，以碳酸盐岩为主，厚4000~7000m，上三叠统—第四系属陆相沉积。

塔里木盆地四周被新近纪复活的古造山带包围，西北为天山南侧柯坪塔格，东北为天山南侧库鲁克塔格，东南为阿尔金山，西南为昆仑山；形成一个菱形的"盆"地，面积 $56×10^4km^2$，是中国面积最大的海相克拉通盆地。塔里木盆地虽然经历了三期主要的构造变化，但是震旦纪—志留纪所经历的从陆内裂谷、拗拉槽、被动大陆边缘盆地到挤压前陆盆和冲断构造变形的这个阶段，控制了塔里木盆地海相碳酸岩盐油气地质条件和发育特征。震旦纪—奥陶纪漂移于大洋中的小型克拉通，沉积海相碳酸盐岩地层，奠定了成藏的物质基础，目前已经在塔里木盆地的塔中古隆起、塔北古隆起等早古生代海相地层中发现大量的油气田，证实了早古生代盆地是海相勘探的主要领域。

鄂尔多斯盆地四面被不同时期的造山带环绕，北起阴山，南抵秦岭，西至六盘山，东达吕梁山，形成"盆""山"分布格局，面积 $37×10^4km^2$。鄂尔多斯盆地作为华北板块一部分，自中元古代基底固结形成以后，开始了克拉通内和克拉通边缘过波带之间的拗槽发展阶段。罗迪尼亚大陆裂解阶段以来，经历了四期大地构造发展阶段、五个不同发育时期的克拉通沉积盆地，元古宇至早奥陶世，漂移于大洋中的华北克拉通板受控于被动大陆边缘的伸展，在克拉通内部和克拉通边缘之间发育了大量的拗拉槽，这是华北克拉通海相沉积的主要时期；随后从中奥陶世至泥盆纪，受华北板块边缘洋盆关闭的影响，由被陆边缘转化为活动大陆边缘，华北板块受周缘挤压作用抬升，沉积间断或海相地层遭蚀。海西期受华北板块南北缘裂陷构造的影响发生海侵，控制了整个华北克拉通之上地层的沉积；随后受印支期周缘海盆关闭和造山作用，秦岭、六盘山—贺兰山等开始，华北克拉通完全进入陆相沉积阶段，并且整个中生代华北克拉通东高西低，沉积湖盆从东向西依次退缩。新生代以来，鄂尔多斯盆地正好处于西太平洋俯冲的弧后伸展构造域与印度—欧亚板块碰撞的挤压构造域共同作用区，鄂尔多斯盆地周缘受到挤压和伸展作地堑和走滑拉分盆地。鄂尔多斯盆地受加里东晚期区域性抬升剥蚀作用，现存以寒武系—奥陶系为主的海相地层，目前的海相勘探领域也主要集中在奥陶系。

第二节 研究问题

前寒武系古老碳酸盐岩深层结构研究问题主要包括：（1）前寒武系深层岩石物性研究薄弱，深层岩石物性研究方法不完善；（2）缺少直接的岩石物性数据和指导性的地质物理模型；（3）深层地质目标有效信息不足、先验约束信息少；（4）地震深层反射信噪比低、先验约束信息少、成像精度低；（5）深层岩石物性差异小，深层异常微弱，重、磁、电勘探方法精度较低、多解性强。

因此，针对深层的技术攻关重点在于：（1）完善深层岩石物性测量方法，特别是电性测量方法；针对前寒武系深层的岩石物性采集及测量；（2）加强物性变化规律和地质—物理模型研究认识；（3）研究适用的重、磁、电、震单一和联合反演技术，对针对深层的单一地球物理方法进行改进完善和实用化；（4）深层条件下的地震速度模型等约束信息的结合及其深层重、磁、电、震联合反演方法技术的攻关研究；（5）地质—地球物理一体化综合解释。

第三节 研究思路与方案

遵循刘光鼎院士提出的"一种指导、两个环节、三项结合、多次反馈"综合地球物理解释基本原则。在利用重、磁、电、震综合地球物理方法处理和解释过程中，遵循以岩石物性和地质—地球物理模型建立为基础，多信息融合与约束为核心，联合反演方法创新为关键的攻关思路与流程，如图 1-3-1 所示。

（1）岩石物性分析与地质—物理模型的基础研究。为建立和完善各盆地或地区地质—地球物理模型，不仅需要充分收集、分析地质和地球物理资料还需要精细研究分区、分类的岩石物性资料。

（2）常规处理方法与新方法、定性与定量、剖面与平面相结合的处理解释方法研究。在强化单一地球物理方法反演能力提升的基础上，更加注重常规处理方法与新方法技术的结合，突出新方法技术的针对性和适用性，围绕研究目标，力图形成一套系统有效的适用于复杂地质条件的综合地球物理的方法技术体系。同时也要重视各种重、磁常规处理手段以及新方法技术的研究应用，为盆地断裂特征、构造格架、火成岩分布、地层展布等地质认识提供参考；利用重、磁三维正则化反演技术，结合约束信息和联合反演精细反演盆地密度和磁性结构；重视观测资料中有效信息的提取和保障反演数据的高质量；重视大地电磁二维，特别是三维正则化反演技术的研究应用。

（3）重、磁、电、震联合反演的关键是开展多方法（模型）联合/耦合机制研究，以期达到充分利用地质、地震和钻井资料作为约束的非地震反演，减少多解性的目的。针对盆地不同的构造单元、地质条件，不同地质—物理模型的差异和物性变化特征，应用适用的重、磁、电、震联合反演技术，重视约束信息充分融合。同时，结合约束信息，以重、磁、电三维联合反演为基础，通过地质—地球物理综合定量解释技术，开展地质目标综合解释。

（4）强化深部与浅层构造研究的结合，利用深层构造解译制约浅层构造解释。

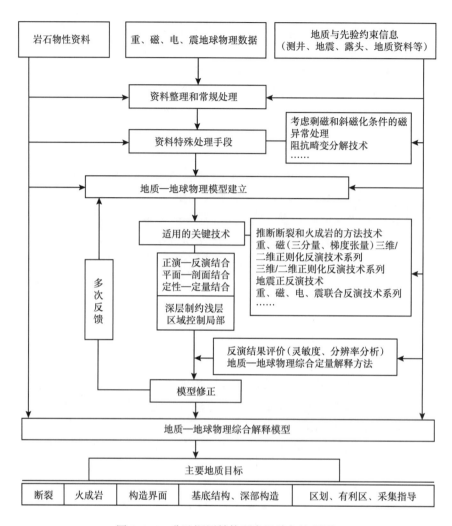

图 1-3-1　盆地深层结构研究思路与流程图

（5）开展典型试验区的应用研究，不仅可以检验方法的有效性，而且也可以为工业化应用奠定坚实基础。

针对前寒武系深层结构，除了重、磁、电等单一地球物理方法本身存在的场源等效性、数据有限性、含有噪声误差等原因造成的反演和解释的多解性等问题外；综合地球物理研究也存在一系列的问题。包括：①大地电磁反演中对前期资料整理的不完善、畸变处理的不准确、反演方法的选择不当、数据的不充分利用等，导致难以获得高质量的地电模型。②数据处理存在人为因素影响、应用条件不符合实际、反演算法不合理、反演结果分析和评价不足、单一方法解决问题存在局限性等。③重、磁资料多以场分离和信息增强后的定性处理结果作解释依据，同时综合地球物理反演技术过多依赖大地电磁人工解释模型，开展的方法多是以人工约束和顺序、人机联作式的"联合"反演，造成后续综合解释存在人为经验影响，未能真正体现联合的意义和作用。④缺乏结合大地电磁和地震资料开展真正意义上的二维和三维联合反演和适用的重、磁、电、震联合反演等，无法有效利用联合反演结果提供综合解释模型等问题。因此，为解决上述问题，需要重点改进完善重、磁、电单一地球物理方法的二维和三维反演，特别是重视联合反演的研究和应用。本书将通过采用针对性新方法，结合寒武系以上可靠地震资料的约束，运用大地电磁和重磁资料开展三维联合反演关键技术，来有效刻画盆地的基底结构与深层南华系—震旦系的残留地层分布。

第二章　综合地球物理资料解释方法

在利用重、磁、电、震综合地球物理方法处理和解释过程中，工作流程是岩石物性＋地质—地球物理模型 → 多信息"综合"＋"约束" → "综合反演" → 解决"问题"。

（1）重视研究工作的基础：岩石物性分析与地质—地球物理模型的深入研究。

（2）利用各种重、磁常规处理手段及新的基于 THVH 的断裂与岩浆岩边界识别技术，对重、磁异常数据信息进行增强与边界识别，为盆地断裂特征、构造格架、火成岩分布、地层展布、构造样式等地质认识提供参考。

（3）利用重、磁三维正则化反演技术，结合约束信息和联合反演精细反演盆地密度和磁性结构。

（4）利用大地电磁阻抗张量分解技术等手段，对盆地历年采集的电法数据进行重新处理，得到适用于二维反演的视电阻率和相位数据。

（5）应用大地电磁二维和大地电磁三维正则化反演技术，得到盆地的三维电性构造。

（6）针对盆地不同的构造单元、地质条件，不同地质—地球物理模型的差异和物性变化特征，应用适用的重、磁、电、震联合反演技术，重视约束信息充分融合。

（7）结合约束信息，以重、磁、电三维联合反演为基础，通过地质地球物理综合定量解释技术，开展地质目标综合解释。

根据重、磁、电、震综合地球物理的处理流程，提出了针对性的方法，主要的关键方法有四项。

（1）重、磁推断断裂和火成岩的方法。

基于 THVH 方法的重磁异常信息增强与边界提取技术：定量确定断裂特征和磁性体边界与埋深、识别微弱异常和叠加复杂异常体分布边界。

（2）重、磁、电二维、三维正则化反演方法。

①重、磁二维、三维正则化反演。在约束信息下精细反演局部异常体、主要地质构造界面，确定复杂模型的密度界面和磁性体分布。

②大地电磁阻抗张量畸变分解技术。基于混合优化算法的 MT 阻抗张量畸变分解方法：MT 数据的处理必须重视原始观测数据的整理；新技术减少了数据处理过程中的人为干预，可避免人为圆滑处理等方式造成的反演结果非客观性，改善了观测资料质量，保证了后续反演结果的可靠性。

③大地电磁二维、三维正则化反演技术。充分利用所有观测数据，保证反演结果的客观性和真实性，提供更高精度电阻率结果。

（3）重、磁、电、震联合反演的方法。综合所有地球物理资料、地质和钻孔资料，结合地震等先验约束条件，联合反演多种物性结构，提高反演精度，减少多解性。

（4）地质—地球物理综合定量解释技术。提供定量解释模型和标定依据。

下面就对这四项主要方法进行详细阐述。

第一节　重、磁推断断裂和火成岩的方法

重、磁异常信息增强技术是地球物理勘探的重要内容之一，对于重、磁资料的解读和地质解释（断裂展布、火成岩分布）有重要意义。由于重、磁异常是由浅到深异常源的叠加异常，对于纵向的分辨率较低，并不是所有断裂和火成岩在重、磁异常上都会有强的反映，尤其是一些规模较小、密度或磁性差异小的断裂和火成岩，这就需要通过一定的数学处理方法把重、磁异常中反映的一些隐性的断裂和火成岩的特征信息突出出来，增强对信息的识别能力。该节主要介绍常用的信息增强方法和新提出的重、磁异常边界提取技术。

一、常用的信息增强方法概述

目前主流的重力场和磁场信息增强技术主要是基于网格化的位场数据的导数变换（水平导数、垂向导数、总梯度模），以及各变换导数的相互组合。主要方法有：水平导数法、斜梯度法、theta map 法、ILP 法和 TAHG 法等。下面详细介绍这几种主要的方法。

1. 水平导数法

水平导数法是利用位场在 x, y 的方向导数的平方和的开方得到的，是目前最常用的方法（Nabighian，1972），公式可表示为

$$\text{THDR}=\sqrt{\left(\frac{\partial f}{\partial x}\right)^2+\left(\frac{\partial f}{\partial y}\right)^2} \tag{2-1-1}$$

式中，THDR 为水平导数；f 为重力或化极磁异常；x, y 分别为坐标方向。

水平导数法仅用到一阶的 x, y 方向导数，因此受随机噪声的影响较小，且在确定水平边界准确位置上的效果比较好，但强幅值呈现的边界信息会掩盖弱幅值呈现的边界信息，造成一些细节信息的损失。

2. 斜梯度法

为了克服水平导数法在边界处，弱幅值信息被强幅值掩盖的情况，Miller 和 Singh（1994）提出了斜梯度（TDR）法，又称斜导数法。该方法是基于垂向导数（TZ）和水平导数（THDR）比值的反正切，公式可表示为

$$\text{TDR} = \tan^{-1}\left(\frac{\text{TZ}}{\text{THDR}}\right) \tag{2-1-2}$$

其中

$$\text{TZ}=\frac{\partial f}{\partial z} \tag{2-1-3}$$

该方法引入了一阶垂向导数与水平导数的比，在一定程度上平衡了强弱幅值呈现的边

界信息，在一定程度上增强了垂向识别的能力。一般认为计算得到的幅值为 0 时，为异常体的边界位置，大于 0 的部分为异常体的内部，小于 0 的部分为异常体的外部，由此可以作为推断异常体的分布范围，并用在断裂和火成岩识别中。

Verduzc 等（2004）又在 TDR 法的基础上，再次对 TDR 法计算了水平导数，具体表达见式（2-1-4）：

$$\text{TDHR} = \sqrt{\left(\frac{\partial \text{TDR}}{\partial x}\right)^2 + \left(\frac{\partial \text{TDR}}{\partial y}\right)^2} \qquad (2\text{-}1\text{-}4)$$

该方法相比于 TDR 法，不仅增强了水平位置的准确性，而且在平衡强弱幅值呈现的边界信息方面更好，但容易产生多余的虚假边界信息。

3. theta map 法

Wijns 等（2005）引入了 theta map（THETA）法：

$$\text{THETA} = \cos^{-1}\left(\frac{\text{THDR}}{\text{ASA}}\right) \qquad (2\text{-}1\text{-}5)$$

其中

$$\text{ASA} = \sqrt{\left(\frac{\partial f}{\partial x}\right)^2 + \left(\frac{\partial f}{\partial y}\right)^2 + \left(\frac{\partial f}{\partial z}\right)^2} \qquad (2\text{-}1\text{-}6)$$

该方法和 TDR 法类似，也是一种平衡了强弱幅值呈现的边界信息的方式，只是采用水平导数与总梯度模的比，但两者结果却差异很大，这一点将会在模型试验中具体介绍。

4. ILP 法

Ma（2013）提出了增强型的相位法（ILP），计算表达见式（2-1-7）：

$$\text{ILP} = \sin^{-1}\left(\frac{\text{THDR}}{\sqrt{\left(\frac{\partial T}{\partial x}\right)^2 + \left(\frac{\partial T}{\partial y}\right)^2 + \left(\frac{\partial^2 T}{\partial x^2} + \frac{\partial^2 T}{\partial y^2}\right)^2}}\right) \qquad (2\text{-}1\text{-}7)$$

该方法也是水平导数与 x，y 方向上的一阶和二阶导数的组合比，并没有引入垂向导数，故该方法确定水平位置的效果较好，但垂向分辨率很差。

5. TAHG 法

Ferreira 等（2013）对水平导数计算了倾斜梯度，简记为 TAHG 法：

$$\text{TAHG} = \tan^{-1}\left(\frac{\dfrac{\partial \text{THDR}}{\partial z}}{\sqrt{\left(\frac{\partial \text{THDR}}{\partial x}\right)^2 + \left(\frac{\partial \text{THDR}}{\partial y}\right)^2}}\right) \qquad (2\text{-}1\text{-}8)$$

该方法相比于前面几种方法更为复杂，同样计算了二阶导数，受随机噪声的影响也较大，但在识别的效果上也更加清楚。

上述几个边界识别方法的共同点均是基于水平导数的改进，且表达式随逐步改进变得更加复杂，引入项数也越多，对于处理后的数据利用和解释多数为定性结果。考虑到重磁位场的体积勘探效应，通过上述这些手段单一确定密度和磁性异常界面或形体往往存在较大的多解性。

二、重、磁异常信息增强与边界提取方法

1. 信息增强与边界提取方法

根据上述边界识别方法的特点及发展规律，并在 Ferreira 等（2013）的基础上，改进了 TAHG 法，提出了一种新方法——THVH 法。该方法首先也是计算重、磁异常场的水平导数，以确保识别结果在水平位置上的准确性；再计算水平导数的一阶垂向导数，增强垂向的分辨率，最后再计算其斜梯度，平衡了强弱幅值呈现的边界信息，其具体表达式为

$$\text{THVH}=\tan^{-1}\left(\frac{\dfrac{\partial \text{THV}}{\partial z}}{\sqrt{\left(\dfrac{\partial \text{THV}}{\partial x}\right)^2+\left(\dfrac{\partial \text{THV}}{\partial y}\right)^2}}\right) \tag{2-1-9}$$

其中

$$\text{THV}=\frac{\partial \text{THDR}}{\partial z} \tag{2-1-10}$$

式（2-1-9）要计算位场的一阶和二阶垂向导数，其需要在频率域计算，受高频噪声的影响较大，为此引入拉普拉斯方程：

$$\nabla^2 f=\frac{\partial^2 f}{\partial x^2}+\frac{\partial^2 f}{\partial y^2}+\frac{\partial^2 f}{\partial z^2}=0 \tag{2-1-11}$$

位场的一阶导数同样满足拉普拉斯方程：

$$\begin{aligned}
\nabla^2 f_x &=\frac{\partial^2 f_x}{\partial x^2}+\frac{\partial^2 f_x}{\partial y^2}+\frac{\partial^2 f_x}{\partial z^2}=\frac{\partial f_{xx}}{\partial x}+f_{xyy}+f_{xzz} \\
&=\frac{\partial\left(-f_{yy}-f_{zz}\right)}{\partial x}+f_{yyx}+f_{zzx} \\
&=-\left(f_{yyx}+f_{zzx}\right)+f_{yyx}+f_{zzx} \\
&=0
\end{aligned} \tag{2-1-12}$$

$$\begin{aligned}
\nabla^2 f_x^2 &=\nabla\cdot\left(\nabla f_x^2\right)=\nabla\cdot\left(2 f_x\nabla f_x\right) \\
&=2\left(f_x\nabla^2 f_x+\nabla^2 f_x\right)=0
\end{aligned} \tag{2-1-13}$$

同理：

$$\nabla^2 f_y^2 = 0 \qquad (2\text{-}1\text{-}14)$$

则

$$\nabla^2 \left(f_x^2 + f_y^2 \right) = \nabla^2 f_x^2 + \nabla^2 f_y^2 = 0 \qquad (2\text{-}1\text{-}15)$$

假设 $u = f_x^2 + f_y^2$，则

$$\nabla^2 u = \nabla^2 \left(\sqrt{u} \right)^2 = 2 \left(\sqrt{u}\nabla^2\sqrt{u} + \nabla^2\sqrt{u} \right) \\ = 2 \left(\sqrt{u} + 1 \right) \nabla^2 \sqrt{u} = 0 \qquad (2\text{-}1\text{-}16)$$

因为 $\sqrt{u} + 1 > 0$，则

$$\nabla^2 \sqrt{u} = \nabla^2 \sqrt{f_x^2 + f_y^2} = 0 \qquad (2\text{-}1\text{-}17)$$

所以，式（2-1-10）可以改写为

$$\frac{\partial \text{THV}}{\partial z} = \frac{\partial^2 \text{THDR}}{\partial z^2} = -\left(\frac{\partial^2 \text{THDR}}{\partial x^2} + \frac{\partial^2 \text{THDR}}{\partial y^2} \right) \qquad (2\text{-}1\text{-}18)$$

把式（2-1-18）代入式（2-1-19），得

$$\text{THVH} = \tan^{-1} \left[\frac{-\left(\dfrac{\partial^2 \text{THDR}}{\partial x^2} + \dfrac{\partial^2 \text{THDR}}{\partial y^2} \right)}{\sqrt{\left(\dfrac{\partial \text{THV}}{\partial x} \right)^2 + \left(\dfrac{\partial \text{THV}}{\partial y} \right)^2}} \right] \qquad (2\text{-}1\text{-}19)$$

可见，式（2-1-19）的改进之处是首先计算位场的总水平导数，以确保水平位置的准确性；其次对其总水平导数求垂向导数，增强纵向分辨率；最后对该垂向导数计算其倾斜角，平衡强弱异常、突出弱异常特征。该方法可适用于复杂地质区域的断裂特征刻画。

2. 模型比较试验

设计一个复杂的模型 1，包含紧邻、叠加、隐伏构造。模型的位置关系如图 2-1-1 所示，具体模型参数见表 2-1-1（张旭，2015）。取 100×100 网格，网格间距在 x，y 方向均为 1km，垂直磁化。同时，在模型产生的磁力异常中加入均值为 0，标准差为 0.1nT 的随机高斯噪声。

图 2-1-2（a）为模型 1 产生的磁力异常（实线为块体的水平位置，虚线为剖面位置）。为了减弱随机噪声对计算结果的影响，首先对此异常向上延拓 0.5km 后，再进行计算。图 2-1-2（b）~（h）分别为 THDR 法，THETA 法，TDR 法，TDHR 法，ILP 法，TAHG 法和 THVH 法的三维立体俯视图。从异常图上仅可以识别在孤立块体 B 和块体 C、块体 D、

块体 E 的组合的区域有两个异常高值，而对于埋深较大的孤立块体 A 产生的异常值表现得并不明显，且它们的边界位置较为模糊，难以区分。

表 2-1-1 模型 1 参数表

块体	x / km	y / km	z / km	长 / km	宽 / km	高 / km	M / (A/m)
A	55	25	15	50	10	6	1.0
B	25	55	8	10	50	6	1.0
C	55	55	3	20	20	2	0.2
D	55	55	6	10	10	2	0.6
E	55	55	20	30	30	20	1.0

注：x、y、z 为异常体中点位置，M 为磁化强度。

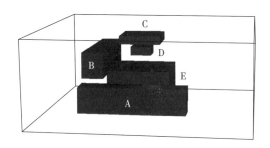

图 2-1-1 模型 1 示意图（具体参数见表 2-1-1）（据张旭，2015）

THDR 法很清晰地识别出了埋深较浅的块体 B 和叠加块体中最上面的块体 C 的边界位置信息，但由于该方法没有加入垂向导数，导致块体 C 之下的块体 D 和块体 E 的边界信息被掩盖；另外，由于没有加入平衡强弱幅值的导数变换，故埋深较大的孤立块体 A 产生的较小幅值所对应的边界信息也会变得模糊不清。THETA 法，TDR 法和 ILP 法由于加入了平衡强弱幅值的导数变换，因此，可以使原本幅值较小的孤立块体 A 产生的异常值，也能和其他两块区域在一个相对等的幅值范围内共同呈现，但它们均对叠加块体的组合识别能力较差。TDHR 法虽然识别了很多边界信息，但明显多于理论模型设计的边界信息，产生了很多额外的虚假边界信息，从而引起对模型组合和模型分布的错误判断。TAHG 法较前几种方法的效果要好些，尤其在叠加块体识别中，部分显现了块体 E 的边界信息，但中间压覆的块体 D 仍然未能表现出来。本书提出的 THVH 法可以从视觉的直观角度上很清晰地区分出所有的块体边界位置信息，且与理论模型匹配得很好。

此外，为了证明 THDR 法和 THVH 法对弱磁性异常体的识别能力，设计了一个含有弱磁性的磁异常模型，并利用 THVH 法去识别弱磁性体的边界，并与 THDR 法进行比较。图 2-1-3（a）为三个不同深度、不同厚度、不同磁化强度的异常体产生的磁异常，虚线为三个异常体的位置，具体参数见表 2-1-2。取 600km×300km 网格，网格间距在 x，y 方向均为 2km，垂直磁化。

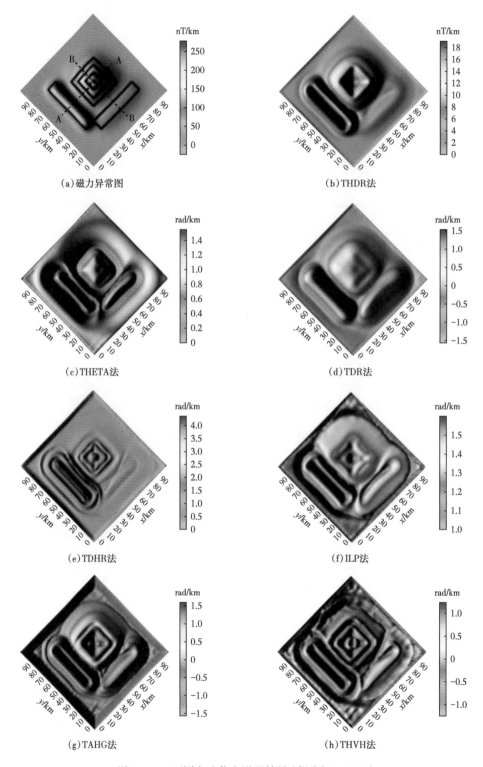

（a）磁力异常图　　　　　　　　　（b）THDR法

（c）THETA法　　　　　　　　　　（d）TDR法

（e）TDHR法　　　　　　　　　　（f）ILP法

（g）TAHG法　　　　　　　　　　（h）THVH法

图 2-1-2　不同方法信息增强结果（据张旭，2015）

表 2-1-2　模型 2 参数表

块体	x / km	y / km	z / km	长 / km	宽 / km	高 / km	M /（A/m）
A	100	150	12	50	100	0.2	8
B	300	150	7	50	100	2	0.1
C	500	150	17	50	100	20	0.2

注，x、y、z 为异常体顶面中点坐标，M 为磁化强度。

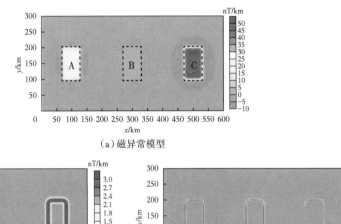

（a）磁异常模型

（b）THDR法识别结果　　　　　（c）THVH法识别结果

图 2-1-3　模型 2 磁性体边界识别结果

图 2-1-3（b）和图 2-1-3（c）分别为磁异常 THDR 法和 THVH 法的识别结果。异常体 B 产生的磁异常相对于其他两个块体的异常较弱，在图 2-1-3（a）上表现不明显，在 THDR 法图上就会被掩盖，以致无法识别出边界位置；利用 THVH 法可以使异常体 B 和异常体 A 和异常体 C 同时呈现出来，并可准确地提取出异常体 B 的边界位置。

第二节　重、磁、电正则化二维、三维反演方法

为了在约束信息下反演局部异常体、主要地质构造界面，确定复杂模型的密度界面、磁性体和电性结构的分布，需要在重、磁、电单一地球物理方法反演技术等方面开展针对性工作。本节就从重、磁二维或三维正则化反演、大地电磁阻抗张量畸变分解，以及大地电磁二维或三维正则化反演三个方面来具体介绍最新的重、磁、电单一反演方法。

一、重、磁正则化反演方法

1. 重、磁反演的常规方法

传统和常规的重、磁单一反演、二维反演主要以人机联作方法为代表，三维反演以

往主要是以 Parker 法为代表的界面反演方法，对分离后的目标层异常场进行单界面反演（Parker，1973）；同时，以约束或剥离法为代表的重磁联合反演应用比较广泛（刘光鼎，2018），如果已知信息准确、约束信息丰富，剥离法可以获得有意义的目标信息，为解释提供参考。

但是，重、磁人机联作拟合式的反演由于建模和修正均存在强烈的人为干预，已逐步被优化反演方法所替代。同时，由于体积效应决定了分离或剥离的场往往很难确定是否由单一密度或磁性地层产生的，同时这种方法也往往受反演参数的影响，如果适用条件不明确，这些因素会造成反演结果不一定客观准确。因此，越来越多的重、磁三维反演将重点放在了基于网格建模的物性反演中，同时结合吉洪诺夫正则化反演理论（Zhdanov，2002，2009），使反演中的人为干预大为减少，反演结果更加符合客观情况。

2. 重、磁三维和二维正则化反演系列

鉴于传统地球物理单一反演和联合反演研究方面存在的问题，近些年持续开展了相关新方法技术的研究。结合已有研究基础，特别是对重、磁电最优化反演和正则化反演的研究积累，对重、磁的三维和二维反演构建为统一形式下的正则化反演目标泛函（Zhdanov，2002）：

$$P^{\alpha}\left(\boldsymbol{m}, \boldsymbol{d}\right) = \varphi\left(\boldsymbol{m}\right) + \alpha s\left(\boldsymbol{m}\right) = \left\|W_{\mathrm{d}}A\left(\boldsymbol{m}\right) - W_{\mathrm{d}}\boldsymbol{d}\right\|^{2} + \alpha\left\|W_{\mathrm{e}}W_{\mathrm{m}}\left(\boldsymbol{m} - \boldsymbol{m}^{\mathrm{apr}}\right)\right\|^{2} \quad （2-2-1）$$

式中，$P^{\alpha}\left(\boldsymbol{m}, \boldsymbol{d}\right)$ 是总目标泛函；$\varphi\left(\boldsymbol{m}\right)$ 是数据误差拟合泛函；$s\left(\boldsymbol{m}\right)$ 为模型约束泛函；W_{m} 为灵敏度模型加权算子，W_{d} 为数据加权算子，W_{e} 为模型约束稳定泛函，可以取最小模型、光滑模型等不同的正则化约束方式；α 为正则化因子；$\boldsymbol{m}$ 为模型参数矢量；$\boldsymbol{d}$ 为观测数据；A 为正演算子。

反演框架中，鉴于重、磁位场目标体随深度场的衰减特性，传统重、磁反演需要指定深度加权约束，通过对模型参数进行灵敏度模型加权即 W_{m}，可保证模型参数对数据响应的灵敏度一致（Zhdanov，2002）。

模型稳定泛函往往决定了反演结果的形态：如光滑的反演结果可以提供地下物性高低的变化趋势，而聚焦的反演结果可以提供较为清楚的边界信息等。故对于不同的稳定泛函，可以得到不同类型的反演结果，下面罗列了几种常见稳定泛函的表达式及其梯度的推导形式：

1）最小模型稳定泛函（MM）

$$S_{\mathrm{MM}}\left(\boldsymbol{m}\right) = \int_{V}\left[m\left(\boldsymbol{r}\right) - m\left(\boldsymbol{r}\right)^{\mathrm{apr}}\right]^{2}\mathrm{d}v \quad （2-2-2）$$

2）最大光滑稳定泛函（maxsm）

$$S_{\mathrm{maxsm}}\left(\boldsymbol{m}\right) = \int_{V}\nabla m\left(\boldsymbol{r}\right)\cdot\nabla m\left(\boldsymbol{r}\right)\mathrm{d}v \quad （2-2-3）$$

3）总变分稳定泛函（TV）

$$S_{\mathrm{TV}}\left(\boldsymbol{m}\right) = \int_{V}\left\|\nabla m\left(\boldsymbol{r}\right)\right\|_{1}\mathrm{d}v \quad （2-2-4）$$

4）最小支撑稳定泛函（MS）

$$S_{MS}(\boldsymbol{m}) = \int_V \frac{\left[m(\boldsymbol{r}) - m(\boldsymbol{r})^{apr}\right]^2}{\left[m(\boldsymbol{r}) - m(\boldsymbol{r})^{apr}\right]^2 + \varepsilon^2} \mathrm{d}v \qquad （2\text{-}2\text{-}5）$$

式中，ε 为聚焦因子。如果 ε 不合适，那么就不能得到聚焦的反演结果：ε 太小会使反演结构不稳定；而 ε 太大，会得到与最小模型稳定泛函类似的结果。

5）最小梯度支撑稳定泛函（MGS）

$$S_{MGS}(\boldsymbol{m}) = \int_V \frac{\nabla m(\boldsymbol{r}) \cdot \nabla m(\boldsymbol{r})}{\nabla m(\boldsymbol{r}) \cdot \nabla m(\boldsymbol{r}) + \varepsilon^2} \mathrm{d}v \qquad （2\text{-}2\text{-}6）$$

式中，ε 也为聚焦因子。从稳定泛函的表达式（2-2-6），可以发现 MGS 稳定泛函需要计算模型的梯度，即模型沿空间不同方向的导数，这会增加反演的复杂性。

基于指数的变化性质，提出的新稳定泛函的形式为

$$S(\boldsymbol{m}) = \int_V \left[1 - \mathrm{e}^{-\left|m(\boldsymbol{r}) - m(\boldsymbol{r})^{apr}\right|}\right] \mathrm{d}v \qquad （2\text{-}2\text{-}7）$$

将该稳定泛函随模型参数 m 的变化曲线和最小支撑，稳定泛函反演 MS（聚焦因子为 0.1 和 1）随模型参数 m 的变化曲线画出来（图 2-2-1）。可以发现新稳定泛函在随着模型参数 m 增大时，可以迅速地趋于 1，和 MS 具有相同的变化趋势，所以新稳定泛函同样具有尖锐边界的作用。

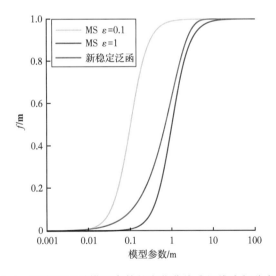

图 2-2-1 稳定泛函随模型参数的变化曲线［红线为新稳定泛函、
蓝线为 MS（ε=1）、青色线为 MS（ε=0.1）］

利用共轭梯度的迭代流程（Portniaguine et al., 1999; Zhdanov, 2009; Zhdanov, 2002）实现正则化反演的优化，具体流程如下：

$$r_n = Am_n - d, l_n^\alpha = l^\alpha(m_n) = A^* W_d^2(Am_n - d) + \frac{\alpha}{2} W_m^2 D_n \tag{2-2-8}$$

$$\beta_n^\alpha = (l_n^\alpha, l_n^\alpha) / (l_{n-1}^\alpha, l_{n-1}^\alpha), \tilde{l}_n^\alpha = l_n^\alpha + \beta_n^\alpha \tilde{l}_{n-1}^\alpha, \tilde{l}_0^\alpha = l_0^\alpha \tag{2-2-9}$$

$$k_n^\alpha = (\tilde{l}_n^\alpha, l_n^\alpha) / \left\{ (W_d A \tilde{l}_n^\alpha, W_d A \tilde{l}_n^\alpha) + \alpha(W \tilde{l}_n^\alpha, W \tilde{l}_n^\alpha) \right\} \tag{2-2-10}$$

$$m_{n+1} = m_n - k_n^\alpha \tilde{l}_n^\alpha \tag{2-2-11}$$

式中，r_n 为数据残差；β 为共轭系数；k_n 为步长。

对于该迭代正则化反演流程，将以下原则作为反演的停止条件：

（1）误差达到 1 时停止反演，其误差的计算方式为

$$E_{rms} = \sqrt{\frac{\sum_{i=1}^{N} \left(\frac{d_i^{cal} - d_i^{obs}}{d_i^{noise}} \right)^2}{N}} \tag{2-2-12}$$

式中，d^{cal} 为计算数据；d^{obs} 为观测数据；d^{noise} 为噪声；N 为数据总个数；E_{rms} 为误差。

（2）数据误差随迭代次数增加其相对变化率小于某设定值时停止。

（3）迭代次数达到最大时停止反演。

3. 模型试验

模型为一个倾斜板磁异常体，如图 2-2-2（a）所示，其产生的异常如图 2-2-2（b）所示。

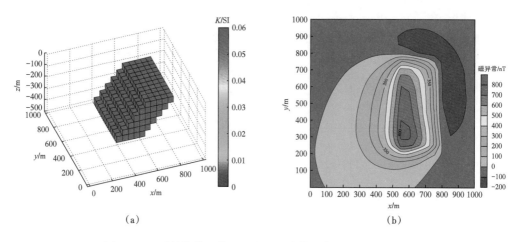

（a）   （b）

图 2-2-2　磁性体模型位置图（a）和该模型产生的磁异常（b）

反演结果如图 2-2-3 所示，同时，也对比了不同稳定器的反演结果（图 2-2-4）。可以看到该关键技术获得的反演结果对模型物性值，以及该倾斜板的形态均有较为准确的刻画。

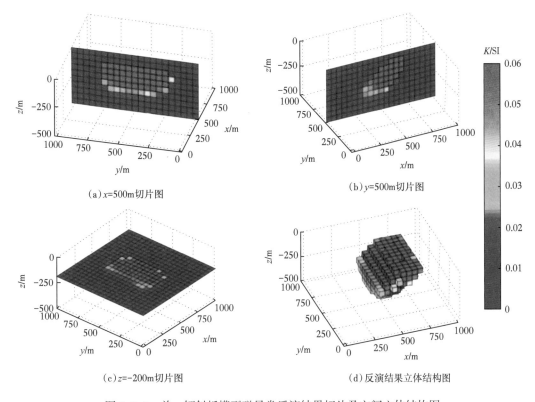

（a）x=500m切片图　　　　　　　　　　　　（b）y=500m切片图

（c）z=-200m切片图　　　　　　　　　　　　（d）反演结果立体结构图

图 2-2-3　单一倾斜板模型磁异常反演结果切片及空间立体结构图

二、大地电磁阻抗张量畸变分解方法

大地电磁定量反演之前需要对实测资料进行预处理，具体有：点位坐标的复核和投影；各测点电性主轴的寻找与转角处理；数据的重新编辑和格式转换；曲线的畸变改正；TE、TM 模式识别；大地电磁曲线静位移和地形影响的改正与消除。这些预处理工作有助于提高实测资料质量，保证大地电磁定量反演的质量。

针对畸变数据的校正处理，目前最常用的是 Groom-Bailey（GB）分解方法。但该方法存在着一些问题，例如：（1）单纯使用局部优化算法直接求解 GB 分解定义式，由于初始值选取不当会导致求解过程不稳定；（2）单纯使用全局优化算法直接求解 GB 分解定义式，速度慢，一般获得最优解很难，效率不如局部优化算法；（3）由于实测数据包含噪声和实际地质构造无法完全符合 GB 分解的模型假设而使 GB 分解难以稳定地进行。为了解决以上问题，使张量分解快速稳定地进行并较少地受分解条件限制，采用了混合优化算法对 GB 分解法进行改进，形成改进的单频点 GB 分解方法，最后应用于实测资料的张量分解，并进行综合的分析。

1. 改进的 GB 张量分解法及实现过程

Groom 和 Baily（1989，1991）在三维或二维结构假设下，将观测阻抗张量 $\boldsymbol{Z}$ 分解为

$$\boldsymbol{Z} = \boldsymbol{RCZ}_{2\text{-D}}\boldsymbol{R}^{\mathrm{T}} = g\boldsymbol{RTSAZ}_{2\text{-D}}\boldsymbol{R}^{\mathrm{T}} \qquad （2\text{-}2\text{-}13）$$

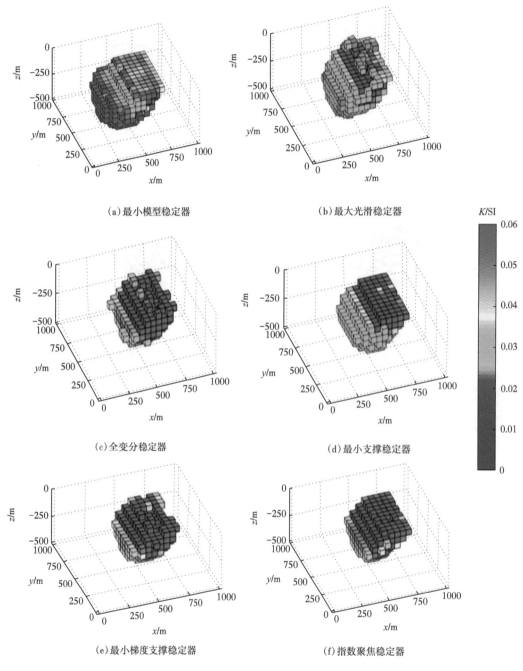

(a)最小模型稳定器

(b)最大光滑稳定器

(c)全变分稳定器

(d)最小支撑稳定器

(e)最小梯度支撑稳定器

(f)指数聚焦稳定器

图 2-2-4　不同稳定器的反演结果立体结构图

式中，C 为与频率无关的局部畸变矩阵，$C=gTSA$；g 为标量；R 为单位旋转矩阵，R^T 为 R 的转置；T 为扭变矩阵；S 为剪切矩阵；A 为分裂张量；$Z_{2\text{-D}}$ 为区域真实的二维阻抗张量，它们分别为：

$$R=\begin{bmatrix} \cos\theta & \sin\theta \\ -\sin\theta & \cos\theta \end{bmatrix},\ T=\begin{bmatrix} 1 & -t \\ t & 1 \end{bmatrix},\ S=\begin{bmatrix} 1 & e \\ e & 1 \end{bmatrix},\ A=\begin{bmatrix} 1+s & 0 \\ 0 & 1-s \end{bmatrix},\ Z_{2\text{-D}}=\begin{bmatrix} 0 & Z_{\text{TE}} \\ -Z_{\text{TM}} & 0 \end{bmatrix},\ 其中$$

θ 为走向角，t 为扭变（twist）因子，e 为剪切（shear）因子，s 为分裂比例因子。g 和 A 在数学上有非唯一确定的困难，需要通过静校正的方法确定，故并入 $Z_{2\text{-}D}$ 中，而改用 Z_2 表示 $gAZ_{2\text{-}D}$，这样 Z 就可写成：$Z=RTSZ_2R^T$，该式有 7 个未知数，它们是 Z_2 中 TE 和 TM 极化波波阻抗的实部和虚部及 θ、e 和 t，可写为

$$\begin{bmatrix} Z_{xx} & Z_{xy} \\ Z_{yx} & Z_{yy} \end{bmatrix} = \begin{bmatrix} \cos\theta & \sin\theta \\ -\sin\theta & \cos\theta \end{bmatrix} \begin{bmatrix} 1 & -t \\ t & 1 \end{bmatrix} \begin{bmatrix} 1 & e \\ e & 1 \end{bmatrix} \begin{bmatrix} 0 & Z_{TE} \\ -Z_{TM} & 0 \end{bmatrix} \qquad (2\text{-}2\text{-}14)$$

式中，Z_{xx}、Z_{xy}、Z_{yx} 和 Z_{yy} 分别为测量轴上观测阻抗张量元素。由式（2-3-13）左右两端阻抗张量对应元素实部和虚部相等，便得到要求解的一个 8×7 的非线性超定方程组。

　　针对求解 8×7 的非线性超定方程组，本书先使用模拟退火全局优化算法确定近似全局最优解空间作为局部优化算法的初始值再行求解，即可快速准确地得到全局最优解。因此，要实现 GB 分解就是要在一定的搜索范围中，尽量准确地确定局部优化算法的初始值。

　　一般来说，θ 的搜索范围为 $-90^\circ \sim 90^\circ$，经验表明经快速（Swift）旋转后的阻抗张量 Z_S 为区域构造阻抗张量 $Z_{2\text{-}D}$ 与局部畸变张量 C 的综合贡献（晋光文等，2003；王立凤等，2001），即 $Z_S=CZ_{2\text{-}D}$，根据这个思路可由传统的 Swift 旋转法确定 θ 的初始值；假设畸变前后的阻抗不会发生太大偏离，则阻抗元素实部和虚部的搜索范围可以由观测阻抗对应元素的实部和虚部值得到，相应的初值即可取为观测阻抗值；对于一般的地质构造来说，t 值集中在 $-1\sim1$，类似地，e 在 $-1\sim1$ 之间才有意义，但若无先验信息，并无经验方法可得到其可靠初值，所以只能通过全局优化算法确定它们的初始值（即近似全局最优解）。

　　具体来说，对 GB 分解定义式中各畸变矩阵进行求逆变换，得

$$\begin{bmatrix} 1 & -e \\ -e & 1 \end{bmatrix} \begin{bmatrix} 1 & t \\ -t & 1 \end{bmatrix} \begin{bmatrix} \cos\theta & -\sin\theta \\ \sin\theta & \cos\theta \end{bmatrix} \begin{bmatrix} Z_{xx} & Z_{xy} \\ Z_{yx} & Z_{wy} \end{bmatrix} \begin{bmatrix} \cos\theta & \sin\theta \\ -\sin\theta & \cos\theta \end{bmatrix} = \begin{bmatrix} 0 & Z_{TE} \\ -Z_{TM} & 0 \end{bmatrix} (1-e^2)(1+t^2)$$

$$(2\text{-}2\text{-}15)$$

　　由式（2-2-15）左端得到的 2×2 矩阵的主对角元素应为 0，则得到一个 4×2 的超定方程组，可通过建立拟合差目标函数来评估真实值对计算值的偏离。设式（2-2-15）左端得到一个 2×2 矩阵 D，则对应的拟合差目标函数为

$$\varepsilon^2 = \sum_{i=1}^{2} \text{Real}(D_{ii})^2 + \sum_{i=1}^{2} \text{Imag}(D_{ii})^2 \qquad (2\text{-}2\text{-}16)$$

　　使用模拟退火全局优化算法对其进行求解，由于全局优化算法几乎不受初始值影响，此时 t 和 e 的初始值取 $[-1, 1]$ 之间服从均匀分布的随机数，即可获得 t 和 e 的解，也即下一步局部算法求解的初值。确定了局部优化算法所有待求参数的初始值，就可通过视电阻率和相位所构建的拟合差目标函数进行局部寻优求解 t、e、θ 和区域阻抗的最终解。

$$\varepsilon^2 = \sum_{i=1}^{2}\sum_{j=1}^{2} \left(\lg \frac{|Z'_{ij}|^2}{|Z_{ij}|^2} \right)^2 + \sum_{i=1}^{2}\sum_{j=1}^{2} \left[\text{Arg}(Z'_{ij}) - \text{Arg}(Z_{ij}) \right]^2 \qquad (2\text{-}2\text{-}17)$$

式中，Z_{ij} 和 Z'_{ij} 分别表示观测和计算张量元素；Arg 为阻抗相位辐角。

综上所述，改进后的单频点 GB 分解的整个流程如下：Swift 旋转确定 θ 局部算法初始值 → 全局算法确定 t、e 的局部算法初始值 → 局部算法求解 t、e、θ 和区域阻抗。单频点张量分解虽然对分解条件不作要求，而且求解稳定，每次分解时计算量较小，但一个频点须作一次分解，这是单频点张量分解的缺点。

2. 实测大地电磁数据的阻抗张量分解处理

以中国西部某盆地的两个大地电磁测点为例说明阻抗张量畸变改正方法的效果（图 2-2-5 至图 2-2-8）。可以看到经过阻抗张量畸变分解和静位移处理后的视电阻率和相位数据在横向连续性上得到了明显的改善，这也使得观测数据更加符合二维条件下的分布状态。

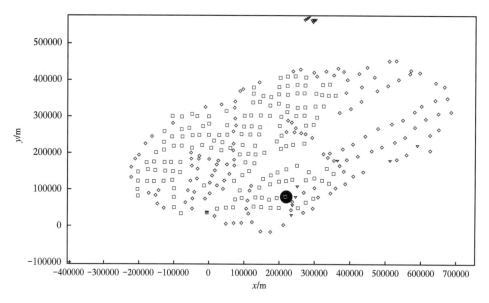

图 2-2-5　测点 1 分布位置

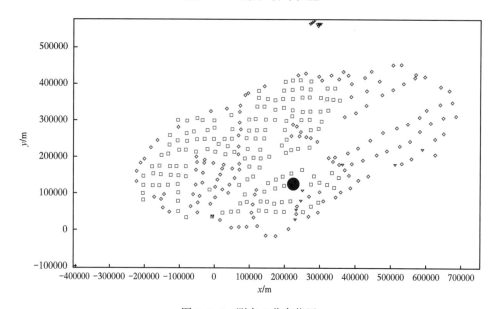

图 2-2-6　测点 2 分布位置

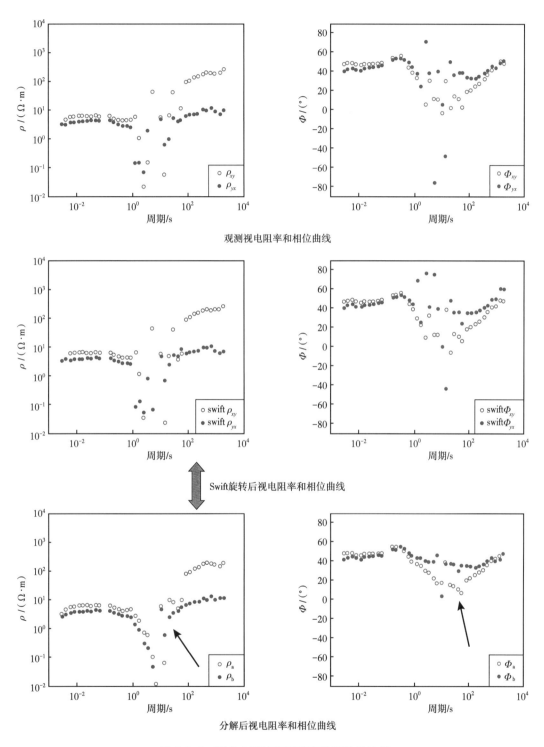

图 2-2-7 测点 1 阻抗张量畸变分解效果比较

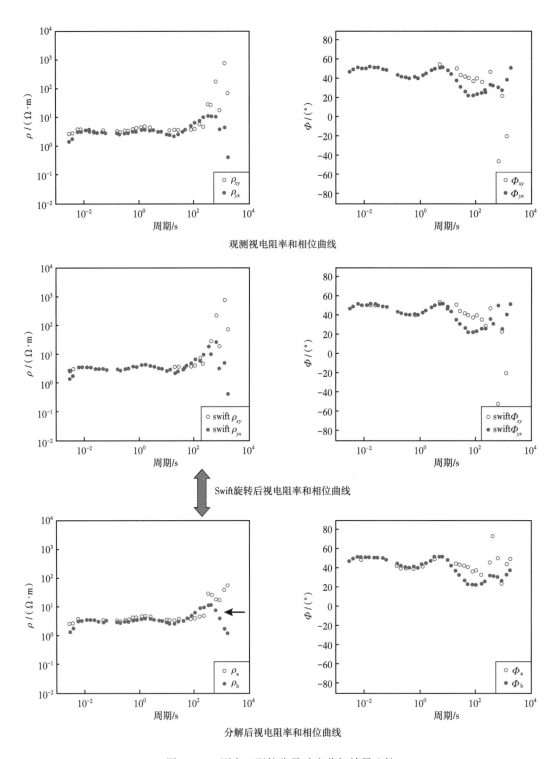

图 2-2-8　测点 2 阻抗张量畸变分解效果比较

三、大地电磁二维、三维正则化反演技术

1. 统一框架下大地电磁二维正则化反演方法

大地电磁目前应用广泛的二维反演方法主要有 Constable 等（1987）提出的 Occam 反演，主要寻找满足数据拟合的模型中粗糙度函数极小的模型作为迭代结果，稳定性很高，所得的解较为光滑；Smith 和 Booker 等（1991）提出的快速松弛反演（RRI），通过计算每个测点位置下面的电阻率扰动，将二维问题一维化，提高了计算速度；Siripunvaraporn 和 Egbert（2000）在 Occam 反演的基础上提出的 REBOCC 法，将反演由模型空间转换到数据空间，提高了计算效率；Rodi 等（2001）提出的非线性共轭梯度（NLCG）反演法，无须直接求解灵敏度矩阵，避免陷入局部极小。上述方法中几种常规的正则化迭代反演通常选用最小模型、最平缓模型和最光滑模型作为模型约束泛函来减小反演结果的非唯一性，算法比较稳定，所得到的解较为光滑，在许多实际情况中无法准确描述地质体界面的位置，对电性边界刻画模糊。

针对地质体分界面刻画的问题，de Groot-Hedlin 等（2004）提出了大地电磁尖锐边界反演。Portniaguine 和 Zhdanov（1999）在最小支撑泛函和最小梯度支撑泛函的基础上结合惩罚泛函，建立新的稳定约束泛函，对模型参数变化较大和不连续的区域聚焦，得到较为清晰的物性边界，但该方法中的聚焦系数不容易选择，可能影响反演结果的稳定，产生虚假构造。张罗磊等（2009）在聚焦反演的基础上，使用光滑泛函和最小梯度支撑泛函两个稳定泛函共同约束反演，从而得到一种含有二者优点的反演方法。

考虑到由单一模型约束进行正则化反演，得到的结果只能片面地从某一个角度反映地下结构，于是在 Occam 反演框架下，首先构建了具有统一形式的正则化反演目标函数，可以进行最小模型、最平缓模型、最光滑模型、最小支撑等几种常规的模型约束泛函进行反演；正演模拟采用成熟的有限元方法，同时考虑了起伏地形条件，增加了方法对各种不同地形条件的适应性，反演过程中采用互易定理求取灵敏度矩阵。此外，在常规稳定器特别是最小支撑和最小梯度支撑的基础之上，构建了一种新型的"最小支撑梯度"稳定器，也直接应用于统一形式的正则化反演目标函数中，并对各种稳定泛函的反演结果进行了分析比较。反演结果表明最小支撑梯度稳定泛函对电性边界的刻画要好于几种常规的稳定泛函，并且与一般突出尖锐边界的稳定泛函相比，这种新的稳定泛函在兼顾光滑反演稳定性的同时具有突出尖锐边界的效果，对聚焦系数的依赖性较小（向阳等，2013）。

1）反演目标函数的构建

地球物理反问题存在严重的多解性，通常的解决办法是引入吉洪诺夫正则化思想，在数据拟合泛函之外加入模型约束稳定泛函来使参数化目标泛函极小化，因此反演的总目标泛函可写为

$$P^{\alpha}(m) = \phi(m) + \alpha s(m) \tag{2-2-18}$$

式中，m 为模型矢量；$P^{\alpha}(m)$ 为总参数化目标泛函；$\phi(m)$ 为数据目标泛函；$s(m)$ 为模型约束目标泛函（stabilizing functional，也称稳定器）；α 为正则化因子。

2）几种典型模型约束泛函

模型约束泛函包含着反演模型种类的基本属性信息，通常根据不同的先验约束条件来构

造不同的模型约束泛函。一般形式可写为 $s(\boldsymbol{m})=\|f(\boldsymbol{m})\|^p$。传统的模型约束泛函主要有：

最小模型：

$$s(\boldsymbol{m})=\|\boldsymbol{m}\|^2 \qquad (2-2-19)$$

最平缓模型：

$$s(\boldsymbol{m})=\|\nabla\boldsymbol{m}\|^2 \qquad (2-2-20)$$

式中，∇ 表示一阶梯度算子。

最光滑模型：

$$s(\boldsymbol{m})=\|\nabla^2\boldsymbol{m}\|^2 \qquad (2-2-21)$$

最小支撑稳定器（Minimum Support，MS）：

$$s(\boldsymbol{m})=\left\|\frac{\boldsymbol{m}}{\sqrt{\boldsymbol{m}^2+\beta^2}}\right\|^2 \qquad (2-2-22)$$

基于这四类常见稳定器，在常规目标函数的基础上，分别引入不同的模型约束泛函，以构建不同类型的正则化反演目标函数，并对各自的反演效果等进行比较性研究。

Zhdanov（2002）还提出了最小梯度支撑稳定器（Minimum Gradient Support，MGS）：

$$s(\boldsymbol{m})=\left\|\frac{\nabla\boldsymbol{m}}{\sqrt{\nabla\boldsymbol{m}\cdot\nabla\boldsymbol{m}+\beta^2}}\right\|^2 \qquad (2-2-23)$$

式中，β 为一小值。

但由于模型梯度的大小范围难以预先确定，小值 β 也存在如何选取的问题，并且由于分子和分母中都含有梯度算子，难以离散为矩阵形式而不便于在一个反演框架下计算。因此，借鉴最小梯度稳定器和最小梯度支撑稳定器，首次构建了一种新型稳定器

$$s(\boldsymbol{m})=\left\|\nabla\frac{\boldsymbol{m}}{\sqrt{\boldsymbol{m}^2+\beta^2}}\right\|^2 \qquad (2-2-24)$$

由于是先"支撑"后求梯度，称之为最小支撑梯度，为保证其在整个实数范围内满足稳定泛函条件并保持支撑作用，对式（2-2-24）做了如下限定：

$$s(\boldsymbol{m})=\begin{cases} s(\boldsymbol{m})_{\mathrm{MS}} & s(\boldsymbol{m})_{\mathrm{MS}}\to0\text{或}s(\boldsymbol{m})_{\mathrm{MS}}\to1 \\ s(\boldsymbol{m})_{\mathrm{MSG}} & \text{其他} \end{cases} \qquad (2-2-25)$$

其支撑梯度的效果较最小支撑稳定器具有突出尖锐边界的效果。将其直接应用在统一形式的正则化反演目标函数中，除比较前面几种常规稳定器的效果外，还将着力将此新型稳定器与常规稳定器、前人研究予以比较，表明其反演效果（图2-2-9）。

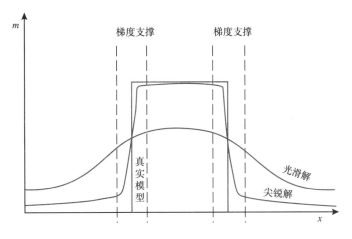

图 2-2-9 梯度支撑的效果

3）不同模型稳定泛函的理论模型表现

为了比较不同的模型稳定泛函对模型的刻画效果及不同聚焦系数 β 的影响，设计了一个理论模型，由理论模型参数直接计算并进行归一化后所得的稳定泛函效果如图 2-2-10 所示。

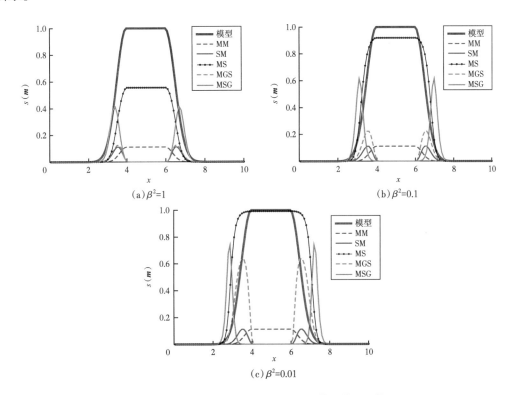

图 2-2-10 不同模型稳定泛函理论模型效果比较

［图中灰色粗线表示模型参数，灰色虚线表示最小模型稳定泛函（MM），灰色实线表示最平缓模型稳定泛函（SM），黑色点线表示最小模型稳定泛函（MS），黑色虚线表示最小梯度支撑稳定泛函（MGS），黑色实线表示最小支撑梯度稳定泛函（MSG）］

如图 2-2-10 所示，可以看出最小支撑梯度稳定泛函在模型参数的变化剧烈的边界有明显地反映，当 β 较小的时候，其对边界的支撑效果不逊于最小支撑及最小梯度支撑稳定泛函；而当 β 较大的时候，几种突出尖锐边界的稳定泛函都趋近于光滑的结果，而最小支撑梯度对边界的刻画要好于最小梯度支撑，后者此时已基本与最平缓模型重合。总的来说，由于最小支撑梯度稳定泛函是在最小支撑之后求取梯度，因此也具有突出尖锐边界的效果，并且能兼顾光滑反演的稳定性，对 β 的依赖性也明显小于最小梯度支撑稳定泛函，可以在实际应用中发挥作用。

4）正则化反演求解过程

由上述稳定泛函可进一步构建出用模型加权矩阵来表示的正则化反演目标泛函：

$$P^{\alpha}(\boldsymbol{m}) = \|A(\boldsymbol{m}) - \boldsymbol{d}\|^2 + \alpha\|\boldsymbol{W}\boldsymbol{m}\|^2 = (\boldsymbol{W}_{\mathrm{d}}A(\boldsymbol{m}) - \boldsymbol{W}_{\mathrm{d}}\boldsymbol{d})^{\mathrm{T}}(\boldsymbol{W}_{\mathrm{d}}A(\boldsymbol{m}) - \boldsymbol{W}_{\mathrm{d}}\boldsymbol{d})$$
$$+ \alpha(\boldsymbol{W}_{\mathrm{e}}\boldsymbol{W}_{\mathrm{m}}\boldsymbol{m} - \boldsymbol{W}_{\mathrm{e}}\boldsymbol{W}_{\mathrm{m}}\boldsymbol{m}_{\mathrm{apr}})^{\mathrm{T}}(\boldsymbol{W}_{\mathrm{e}}\boldsymbol{W}_{\mathrm{m}}\boldsymbol{m} - \boldsymbol{W}_{\mathrm{e}}\boldsymbol{W}_{\mathrm{m}}\boldsymbol{m}_{\mathrm{apr}}) \quad (2\text{-}2\text{-}26)$$

式中，$\boldsymbol{W}_{\mathrm{d}}$，$\boldsymbol{W}_{\mathrm{m}}$ 分别为数据和模型加权矩阵；$A(\boldsymbol{m})$ 为正演模型的算子；$\boldsymbol{d}$ 为观测数据；$\boldsymbol{m}_{\mathrm{apr}}$ 为先验约束信息；α 为正则化因子；$\boldsymbol{W}_{\mathrm{e}}$ 为模型约束稳定泛函矩阵，可写为式（2-2-27）：

$$\boldsymbol{W}_{\mathrm{e}} = \begin{pmatrix} a_1 & c_1 & & & 0 \\ b_1 & a_2 & c_2 & & \\ & \ddots & \ddots & \ddots & \\ & & b_{n-2} & a_{n-1} & c_{n-1} \\ 0 & & & b_{n-1} & a_n \end{pmatrix} \quad (2\text{-}2\text{-}27)$$

式中，n 为模型参数的个数，通过 a，b，c 不同的赋值就能构建不同的模型约束泛函。对最小支撑约束，取 $a_1 = 1/\sqrt{m_k^{(1)2} + \beta^2}$，$\cdots$，$a_n = 1/\sqrt{m_k^{(N)2} + \beta^2}$，其余元素为零；对于最小支撑梯度约束，取 $a_1 = 0$，$a_2 = 1/\sqrt{m_k^{(2)2} + \beta^2}$，$\cdots$，$a_N = 1/\sqrt{m_k^{(N)2} + \beta^2}$；$b_1 = -1/\sqrt{m_k^{(1)2} + \beta^2}$，$\cdots$，$b_{n-1} = -1/\sqrt{m_k^{(N-1)2} + \beta^2}$，其余元素为零。其中，$m_k^{(N)}$ 代表第 k 次迭代时第 N 个模型向量元素，N 为模型向量维数。

基于式（2-2-26），通过一些极小化迭代寻优的方法，即可实现多种模型稳定泛函约束下的正则化反演。反演的优化实现可直接借鉴 Occam 拟牛顿法进行求解（Constable，1987）。

5）不同稳定器的二维反演模型试验

（1）楔形体模型。

为了进一步分析各稳定泛函的特征，测试了二维楔形体模型（图 2-2-11）。楔形体上边界的坡度为 5.7°，而下边界的坡度为 16.6°，在地表设有 24 个观测点，间距为 0.5km。在模型的正演模拟中，水平方向剖分 92 个网格，间距为 0.125km，垂直方向按等间距剖分为 100 层采用 20 个频率，分布从 4~0.0063Hz。

在二维楔形体模型中，背景电阻率值为 1Ω·m，楔形体的电阻率值为 100Ω·m，反演中允许模型参数的电阻率值在 0.01~500Ω·m 之间。反演的初始模型和先验信息均为

$1\Omega\cdot m$ 的无限半空间。同样地，初始模型的差异对于反演结果的影响很小，而且当先验信息与背景值相差不太大时，正则化的过程表现很良好。在正演模拟得到的阻抗中加入了 1% 的高斯随机噪声，在接下来的二维反演中所设置的观测误差等级也为 1%。这样反演就不容易让数据拟合误差下降。另外，也尝试了加入更高的噪声及观测误差等级，但是在那样的情况下，所有稳定泛函的结果都太容易到达给定的期望误差，并且所有的结果都趋于光滑。因此数据拟合误差是否能降到给定的期望误差 1，主要是受到噪声等级及观测误差等级的影响。

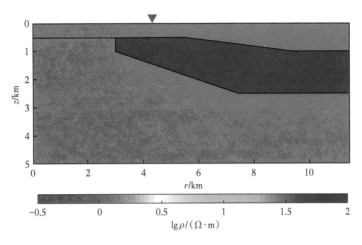

图 2-2-11　二维楔形体模型

表 2-2-1 为所有二维反演结果的均方根数据误差及均方根模型还原度。从反演结果来说，最小模型［图 2-2-12（a）］、最平缓模型［图 2-2-12（b）］和最光滑模型［图 2-2-12（c）］的数据拟合误差仅仅能下降到 8.0789、2.5990 和 2.8646，并且它们的模型还原度也分别仅有 0.6018、0.3901 和 0.3566。这表示传统的模型约束泛函的结果不能很好地还原楔形体的形态及电阻率值。聚焦类稳定泛函（最小支撑、最小梯度支撑和最小支撑梯度）的结果如图 2-2-12（d）、（e）、（f）所示。总体上讲这三个聚焦类稳定泛函的结果是优于上述光滑类稳定泛函的结果。三者的反演结果都有较小的数据拟合误差和模型还原，但是对于楔形体下边界的还原上，最小支撑梯度的结果更准确。图 2-2-13 为各种反演的数据拟合差迭代曲线。

表 2-2-1　二维楔形体模型的数据拟合误差和模型还原度

稳定泛函	均方根数据误差	均方根模型还原度
最小模型（MM）	8.0789	0.6018
最平缓模型（FM）	2.5990	0.3901
最光滑模型（SM）	2.8646	0.3566
最小支撑（MS）	1.3288	0.3180
最小梯度支撑（MGS）	1.0766	0.3303
最小支撑梯度（MSG）	1.0000	0.2634

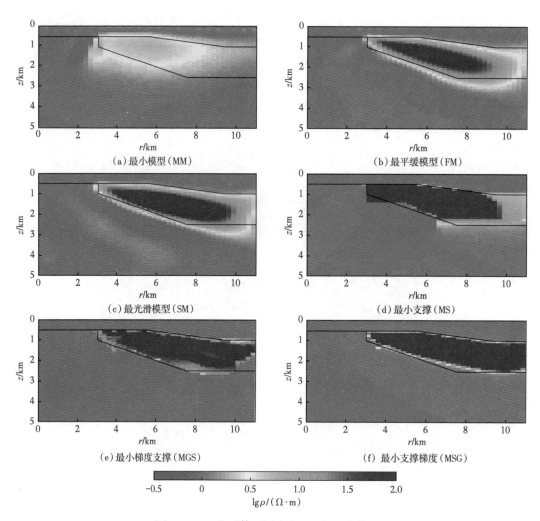

(a) 最小模型（MM）　　　　　　　　　　（b) 最平缓模型（FM）

(c) 最光滑模型（SM）　　　　　　　　　　（d) 最小支撑（MS）

(e) 最小梯度支撑（MGS）　　　　　　　　（f) 最小支撑梯度（MSG）

图 2-2-12　楔形体不同稳定泛函的反演结果

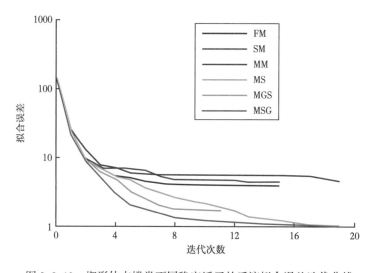

图 2-2-13　楔形体支撑类不同稳定泛函的反演拟合误差迭代曲线

（2）复杂模型。

此模型为一带地形的复杂模型，如图 2-2-14 所示，灰色部分为空气，左右块体电阻率分别为 $5\Omega\cdot m$ 和 $500\Omega\cdot m$，上层围岩电阻率为 $50\Omega\cdot m$，下层围岩电阻率为 $1000\Omega\cdot m$。沿测线取 30 个测点，并选取 12 个频点（0.01Hz、0.03Hz、0.1Hz、0.3Hz、1Hz、3Hz、5Hz、10Hz、15Hz、30Hz、50Hz 和 100Hz）。反演的初始模型选取 $50\Omega\cdot m$ 的无限半空间。

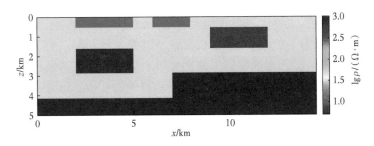

图 2-2-14　模型示意图

分别引入最平缓模型、最光滑模型、最小模型和最小支撑梯度等四种模型约束进行大地电磁二维正则化反演，获得了不同模型约束下的反演结果，如图 2-2-15 所示。表 2-2-2 则统计了不同方法的迭代次数和误差情况。

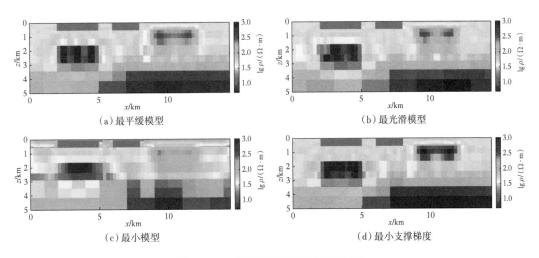

（a）最平缓模型　　　　　　　　　（b）最光滑模型

（c）最小模型　　　　　　　　　（d）最小支撑梯度

图 2-2-15　不同稳定泛函的反演结果

表 2-2-2　不同稳定器的迭代次数和误差比较

稳定器	迭代次数	数据均方根误差	模型均方根误差
最平缓模型	20	0.1319	0.1401
最光滑模型	20	0.7959	0.1799
最小模型	20	1.4503	0.3561
最小支撑梯度	20	0.0364	0.1243

对带地形的较复杂模型，可以看到三种常规稳定器中，最平缓模型对块体和基底边界反映清晰，对块体和各层围岩的电阻率反映也准确，而最光滑模型和最小模型则效果稍差。最小支撑梯度在四种稳定器中效果仍然最好，不仅对块体和基底边界反映最清晰，对块体和各层围岩的电阻率反映也最准确。

2. 大地电磁三维正则化反演

大地电磁一维、二维反演目前已经非常成熟，而三维反演已成为国际上地球内部电磁感应领域的前沿研究课题。最初，一些学者利用近似的方法去反演三维模型数据（Smith et al.，1991；Zhdanov et al.，2000；胡祖志 et al.，2006），但是这些近似方法都必须要求介质的电性不均匀性较弱，否则这些方法就会变得不稳定，反演结果也不准确。因此，更多的学者开始研究完整的三维反演算法。比较著名的有：Mackie 等（1993）提出的基于交错网格有限差分法正演的 MM 反演算法；Newman 等（2000）引入的非线性共轭梯度法（NLCG）；Siripunvaraporn 等（2005）提出的把模型空间反演问题转成数据空间反演问题的方法。此外，还有少数的全局优化方法被运用到三维反演中来，如 Spichak 等（1999）提出的贝叶斯统计反演，以及 Spichak 等（2000）运用人工神经网络算法进行反演，但这些方法还很难应用于实际问题的计算。

针对目前三维反演的实用性不强、反演效率低的问题，采用基于修正迭代耗散方法（MIDM）的积分方程法进行三维大地电磁正演模拟。同时，应用最小梯度支撑泛函作为反演的模型目标函数，并通过基于 BFGS 更新的拟牛顿法优化反演目标函数。

1）大地电磁三维正演模拟

在三维情况下大地电磁场由于解析解很难直接求出来，通常都是利用积分方程等数值方法求出近似解。Wannamaker 等（1984）首先将积分方程方法运用到大地电磁测深的三维模拟中，Singer（1995）和 Pankratov 等（1995）使用积分方程法，利用修正迭代耗散方法（MIDM），通过迭代求解改进的诺依曼序列（MNS）来进行正演计算，得到了一种精确的、稳定的和宽频的三维电磁场正演计算方法。张罗磊等（2010）在前人研究基础上引入广义双共轭梯度法（Zhang et al.，1997）求解迭代，同时尝试将格林函数变换到波数域进行分解，以减少计算格林函数的个数，从而降低计算量，提高计算效率。

根据麦克斯韦方程、积分方程理论和电磁张量格林函数，将电磁场分为层状介质中的一次场和有异常体中的散射电流引起的二次场。其中二次电场可以通过将散射电流源 $\boldsymbol{J}^q$ 乘以适当的格林函数 $\boldsymbol{G}(\boldsymbol{r}, \boldsymbol{r}')$ 并对异常体所占的体积做积分而得到，实测电场表达式可由一次场和二次场相加得到

$$E(\boldsymbol{r}) = E^p(\boldsymbol{r}) + \int_v \boldsymbol{G}^E(\boldsymbol{r},\boldsymbol{r}') \cdot \boldsymbol{J}^q(\boldsymbol{r}') \, \mathrm{d}v' \qquad (2\text{-}2\text{-}28)$$

式中，$E(\boldsymbol{r})$ 为电场；$\boldsymbol{G}(\boldsymbol{r}, \boldsymbol{r}')$ 为格林函数表达式；$\boldsymbol{J}^q$ 为散射电流源。式（2-2-28）中 $\boldsymbol{r}$ 处的二次电场与 $\boldsymbol{r}'$ 处的电流元 $\boldsymbol{J}^q(\boldsymbol{r}')$ 是通过以空气—地球界面为边界条件的格林函数来联系的。根据 $\boldsymbol{H} = \nabla \times \boldsymbol{E}/\mathrm{i}\omega\mu$ 可以得到

$$\boldsymbol{H}(\boldsymbol{r}) = \boldsymbol{H}^p(\boldsymbol{r}) + \int_v \boldsymbol{G}^H(\boldsymbol{r},\boldsymbol{r}') \cdot \boldsymbol{J}^q(\boldsymbol{r}') \, \mathrm{d}v' = \boldsymbol{H}^p(\boldsymbol{r}) + \frac{1}{\mathrm{i}\omega\mu}\int_v \nabla \times \boldsymbol{G}^E(\boldsymbol{r},\boldsymbol{r}') \cdot \boldsymbol{J}^q(\boldsymbol{r}')\mathrm{d}v' \quad (2\text{-}2\text{-}29)$$

式中，$\boldsymbol{H}(\boldsymbol{r})$ 为磁场；ω 为圆频率；μ 为导磁率。

利用修正迭代耗散方法，考虑位移电流，定义广义电导率为 $\zeta(z,\omega)=\sigma(z,\omega)-\mathrm{i}\omega\varepsilon(z,\omega)$，其中，$\varepsilon$ 为介电常数。得到包含积分核的散射方程：

$$x(r)=x_0(r)+\int_v K(r,r')R(z')x(r')\mathrm{d}v' \tag{2-2-30}$$

将方程的解写成诺依曼的收敛序列的形式（Pankratov et al., 1995）：

$$
\begin{aligned}
x(r)=&x_0(r)+\int_v K(r,r')R(z')x_0(r')\mathrm{d}v'\\
&+\int_v K(r,r')R(z')\Big[\int_v K(r',r'')R(z'')x_0(r'')\mathrm{d}v''\Big]\mathrm{d}v'+\cdots
\end{aligned}
\tag{2-2-31}
$$

其中

$$x_0(r)=\int_v K(r,r')R(z')\sqrt{\mathrm{Re}\big[\zeta_1(z')\big]}\,E^{\mathrm{p}}(r')\mathrm{d}v'$$

$$K(r,r')=\delta(r,r')I+2\sqrt{\mathrm{Re}\big[\zeta_1(z)\big]}\,G^{\mathrm{E}}(r,r')\sqrt{\mathrm{Re}\big[\zeta_1(z')\big]}$$

$$R(z)=\big[\zeta(z)-\zeta_1(z)\big]\big[\zeta(z)+\overline{\zeta_1(z)}\big]^{-1}$$

式中，I 为单位矩阵；$\delta(r)$ 为狄拉克函数；$\mathrm{Re}(\zeta_1)$ 为 ζ_1 的实部；$\overline{\zeta_1}$ 为 ζ_1 的共轭。

利用广义双共轭梯度法求解上述方程即可得到二次场的电场值和磁场值。具体计算过程为：

（1）读入网格剖分和模型的相关参数；

（2）计算一维背景的电磁场值；

（3）计算格林函数值；

（4）通过迭代来计算三维模型的电磁场值；

（5）根据场值计算阻抗张量、视电阻率与相位值等数据。

格林函数的计算是通过将格林函数变换到波数域，并将其分解为两部分。若采用 toroidal-poloidal 分解（徐凯军等，2006）的原理来求解，可以提高计算的效率，并且节省内存量。

2）基于最小梯度支撑的三维 MT 反演理论

地球物理反演问题表达式可写为

$$d=A(m) \tag{2-2-32}$$

式中，m 为描述空间地电模型电导率 $\sigma(r)$ 的模型参数；d 为观测数据；A 为正演算子。

为解决反演中解的非唯一性问题，通常引入吉洪诺夫正则化思想（Zhdanov，2002）：

$$\varphi(m)=\varphi_{\mathrm{d}}(m)+\lambda\varphi_{\mathrm{m}}(m) \tag{2-2-33}$$

式中，$\varphi_{\mathrm{d}}(m)$ 为数据拟合差；$\varphi_{\mathrm{m}}(m)$ 为先验约束条件的模型目标函数；$\varphi(m)$ 为总目标函数；λ 为正则化因子。

模型目标函数为 Portniaguine 和 Zhdanov（1999）提出的最小梯度支撑泛函，以起到提出电性分界面的效果。最小梯度支撑泛函的表达式为

$$\varphi_{\mathrm{MGS}}\big[m(r)\big]=\int_V\frac{\nabla m(r)\cdot\nabla m(r)}{\nabla m(r)\cdot\nabla m(r)+\beta^2}\mathrm{d}v \tag{2-2-34}$$

式中，β 是不为零的参数（聚焦因子），目的是为了排除 $\nabla m(r)=0$ 的奇异点。

3）反演目标函数的优化方法

Avdeev 等（2006，2009）将有限记忆拟牛顿法（Limited-Memory Quasi Newton，LMQN）应用于大地电磁一维反演，并将其拓展到三维反演中。LMQN 是一种基于经典吉洪诺夫正则化目标函数的迭代优化方法。其迭代公式可写为式（2-2-35）的形式（张罗磊，2010）：

$$\delta \boldsymbol{m}^{(k)}=-\boldsymbol{H}^{(k)}\frac{\partial \varphi\left[\boldsymbol{m}^{(k)}\right]}{\partial m} \qquad (2\text{-}2\text{-}35)$$

式中，$\delta \boldsymbol{m}^{(k)}$ 为第 k 次迭代的模型参数 $\boldsymbol{m}^{(k)}$ 的微小变化量；$\partial \varphi[\boldsymbol{m}^{(k)}]/\partial m$、$\partial^2 \varphi[\boldsymbol{m}^{(k)}]/\partial m^2$ 分别为 $m=\boldsymbol{m}^{(k)}$ 时目标函数的一阶和二阶偏导数。$\boldsymbol{H}^{(k)}$ 在每一次迭代后都需要被更新的矩阵，是由 Hessian 逆矩阵得到的一个近似矩阵。所使用的 BFGS 迭代更新是一种基于共轭梯度的对正定二次型问题的更新方法，它在线性搜索的基础上，经过有限次迭代后便得到一个最优解。

迭代更新 $\boldsymbol{H}^{(k)}$ 的具体过程如下：

$$\boldsymbol{H}^{(k+1)}=\boldsymbol{V}^{(k)\mathrm{T}}\boldsymbol{H}^{(k)}\boldsymbol{V}^{(k)}+\boldsymbol{W}^{(k)}, \qquad (k=1,2,\cdots) \qquad (2\text{-}2\text{-}36)$$

其中

$$\boldsymbol{V}^{(k)}=\boldsymbol{I}-\frac{\boldsymbol{y}^{(k)}\boldsymbol{s}^{(k)\mathrm{T}}}{\boldsymbol{s}^{(k)\mathrm{T}}\boldsymbol{y}^{(k)}} \qquad (2\text{-}2\text{-}37)$$

$$\boldsymbol{W}^{(k)}=\frac{\boldsymbol{s}^{(k)}\boldsymbol{s}^{(k)\mathrm{T}}}{\boldsymbol{s}^{(k)\mathrm{T}}\boldsymbol{y}^{(k)}} \qquad (2\text{-}2\text{-}38)$$

$$\boldsymbol{s}^{(k)}=\boldsymbol{m}^{(k)}-\boldsymbol{m}^{(k)} \qquad (2\text{-}2\text{-}39)$$

$$\boldsymbol{y}^{(k)}=\frac{\partial \varphi\left[\boldsymbol{m}^{(k+1)}\right]}{\partial m}-\frac{\partial \varphi\left[\boldsymbol{m}^{(k)}\right]}{\partial m} \qquad (2\text{-}2\text{-}40)$$

这就是目标函数相对于模型的梯度，可以看到，只需要每次在公式里更新梯度的值，便可计算得到。

在每次迭代后都计算出目标函数的值，求得新的修正模型参数后，随后计算新模型下的正演响应和数据目标函数值，并按式（2-2-41）计算数据拟合差 R_{ms}：

$$R_{\mathrm{ms}}=\frac{\sum_{i=1}^{N}\left[\left(d_j^{\mathrm{obs}}-d_j^{\mathrm{cal}}\right)/\mathrm{err}_j\right]^2}{N} \qquad (2\text{-}2\text{-}41)$$

式中，d_j^{obs}、d_j^{cal} 分别为第 j 个观测值和计算值；err 为数据误差值；N 为数据个数。

通常 R_{ms} 满足一阈值，则终止迭代，但实际情况中，这一条件很难达到。根据迭代算法的特点，本书在 R_{ms} 不能满足阈值的情况下采用以下两种方法来判断反演是否终止迭代。

（1）目标函数收敛控制：$\left\|\varphi(m_n)-\varphi(m_{n+1})\right\|<\delta$，当目标函数变化量连续若干次迭代都小

于某一值时终止迭代。（2）给定最大迭代次数 N_{max}。首先当（1）满足时停止迭代，当（1）一直不满足时则达到最大迭代次数时停止迭代。

4）模型试验

（1）高阻块体模型。

模型是一高阻块体模型，它包含了一个 $100\Omega\cdot m$ 的高阻异常体，其尺寸大小为 40km× 40km×9km，埋深距离地表为 1km，围岩的电阻率为 $10\Omega\cdot m$，如图 2-2-16 所示。其中，图 2-2-16（a）中的黑点表示数据的测点位置。反演该模型的参数具体如下：正演网格为 80×80×6，反演网格为 16×16×6，初始模型为 $10\Omega\cdot m$ 的无限半空间，数据误差使用 5% 的最大阻抗的模。水平方向的剖分为均匀剖分，正演为 1km 间隔，反演为 5km 间隔（以下各模型试验都使用该水平间隔）；垂直方向为非均匀剖分，深度分别为：1km、2.5km、4.5km、7km、10km 和 30km。

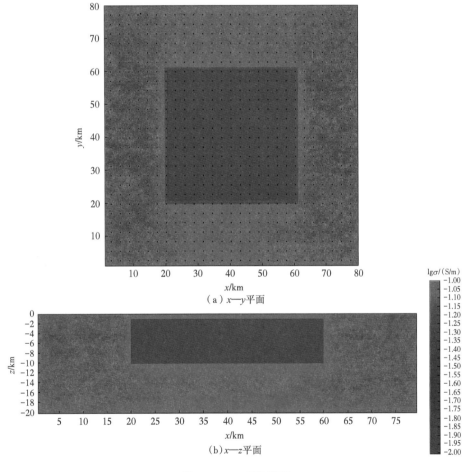

（a）x—y 平面

（b）x—z 平面

图 2-2-16 理论模型

对模型进行反演迭代，迭代次数为 60 次，总共需要反演时间约为 15h。初始的数据拟合差约为 8，反演结果如图 2-2-17 所示。同时，为了比较还做了平滑反演，平滑反演的结果如图 2-2-18 所示。从反演结果中可以看到，在浅部，两种反演结果没有太大的差别，

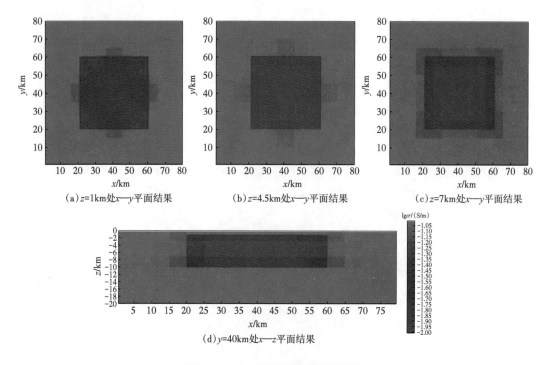

（a）z=1km处x—y平面结果　　（b）z=4.5km处x—y平面结果　　（c）z=7km处x—y平面结果

（d）y=40km处x—z平面结果

图 2-2-17　最小梯度支撑反演结果

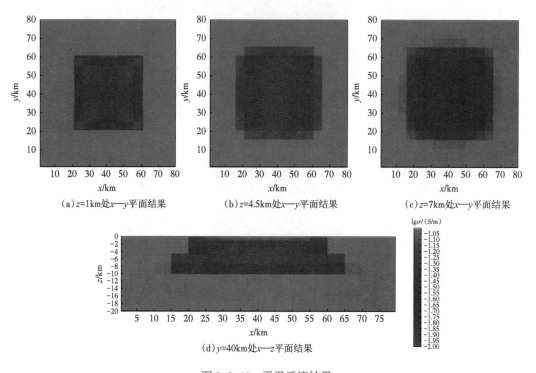

（a）z=1km处x—y平面结果　　（b）z=4.5km处x—y平面结果　　（c）z=7km处x—y平面结果

（d）y=40km处x—z平面结果

图 2-2-18　平滑反演结果

但是随着深度增加，平滑反演结果中的异常高阻体周围产生了一些虚假的构造，而在最小梯度支撑反演结果中几乎没有出现这种虚假构造。同时就电性突变边界而言，最小梯度反演可以更准确地进行刻画，边界所处的位置也与理论模型非常吻合；而平滑反演的边界不但不清晰，而且位置也出现了一定的偏差。

（2）复杂模型。

为了与国际上其他三维大地电磁反演算法对比，选用国际上一个常用的三维模型进行试算，并与已发表文章中的结果比较，以此来说明算法的有效性。

模型如图 2-2-19 所示，10km 以下为一高阻基底。Siripunvaraporn 等（2005）曾使用数据空间的 Occam 反演方法对此模型进行了计算，图 2-2-20（a）~（d）为其反演结果。

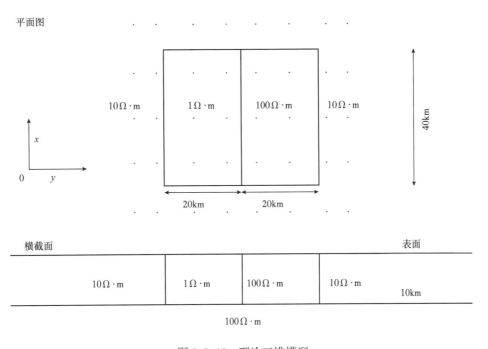

图 2-2-19　理论三维模型

采用最小梯度支撑反演对该模型进行反演计算，反演参数如下：正演网格为 60×60×6，反演网格为 12×12×6，初始模型为 10Ω·m 的无限半空间，数据误差使用 5% 的最大阻抗的模。水平方向的剖分为均匀剖分；垂直剖分深度分别为：1km、2.5km、4.5km、7km、10km 和 30km。反演共进行迭代 14 次，所需时间约为 6h。图 2-2-20（e）~（h）为最小梯度支撑反演结果，图 2-2-21 为数据拟合差收敛情况。

从结果比较可以看到，最小梯度反演结果基本反映了异常块体的位置和形态，同时也反映了高阻基底的位置。与文献结果比较，异常体形态更加准确，外边界更加清晰。从平面图上看，还可以发现在 5km 以上位置，最小梯度反演结果中两异常体之间的边界非常清楚［图 2-2-20（h）］，而文献中的结果则出现了虚假构造［图 2-2-20（d）］。而在 5km 以下，两者都存在虚假构造。因此该算法对于反演电性边界突变的构造体时还是有非常明显的效果。

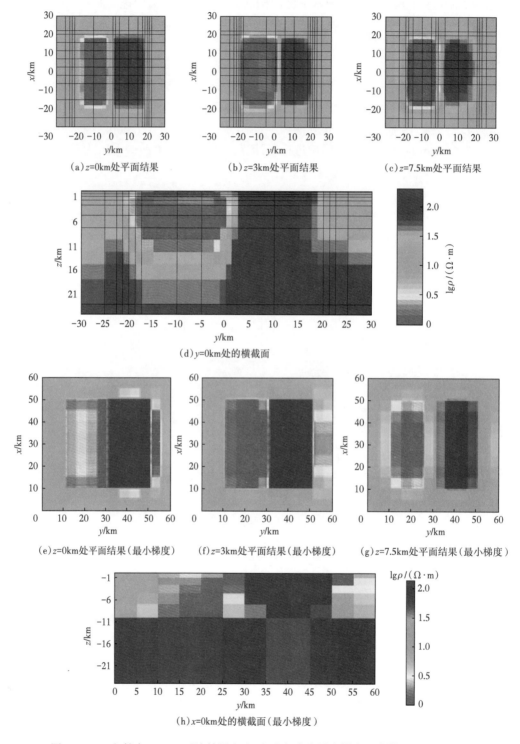

图 2-2-20　文献中 Occam 反演结果（a）~（d）与本书最小梯度反演结果图（e）~（h）

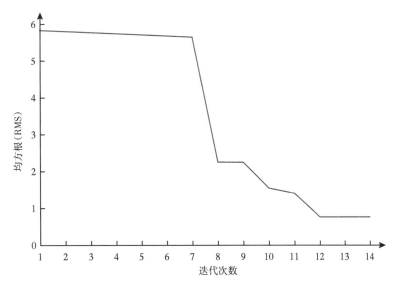

图 2-2-21　最小梯度反演数据拟合差收敛情况

第三节　重、磁、电、震联合反演方法

针对非地震单一地球物理方法本身存在的场源等效性、数据有限性、含有噪声误差等原因造成的反演和解释的多解性，以及反演过程中存在人为因素影响、应用条件的不符合实际、反演算法的不合理、反演结果的分析和评价不足、单一方法解决问题的局限性，等等，这些问题都制约着联合反演的研究。故本节首先分析联合反演研究的现状，并重点研究基于模型空间耦合的重、磁、电三维联合反演技术，以及在二维和三维重、磁、电联合反演过程中同步耦合地震速度等先验信息的方法和优化方案，并通过代表性模型试验论证了新方法的效果。

一、联合反演的研究现状

1. 联合反演中的模型耦合方式现状

在联合反演中，按照耦合条件的不同，可以分为基于物性参数关系的物性耦合联合反演和基于模型结构的构造耦合关系联合反演。

1）基于物性参数关系的耦合方式

第一类是基于物性参数关系的耦合联合反演，目标函数可以表示为

$$P^{\alpha}(\boldsymbol{m}_1,\boldsymbol{m}_2)=\gamma_1\varphi_1(\boldsymbol{m}_1)+\gamma_2\varphi_2(\boldsymbol{m}_2)+\alpha_1 s_1(\boldsymbol{m}_1)+\alpha_2 s_2(\boldsymbol{m}_2)+\lambda T(\boldsymbol{m}_1,\boldsymbol{m}_2) \quad (2\text{-}3\text{-}1)$$

式中，$P^{\alpha}(\boldsymbol{m}_1,\boldsymbol{m}_2)$ 为目标泛函；$\boldsymbol{m}_1$，$\boldsymbol{m}_2$ 为两种不同的物性；$\varphi_1(\boldsymbol{m}_1)$，$\varphi_1(\boldsymbol{m}_2)$ 为两种不同物性的数据泛函；$s_1(\boldsymbol{m}_1)$，$s_2(\boldsymbol{m}_2)$ 为两种不同物性的模型泛函；$T(\boldsymbol{m}_1,\boldsymbol{m}_2)$ 为物性耦合泛函，当两种物性参数存在确定的某种经验关系时：

$$T(\boldsymbol{m}_1,\boldsymbol{m}_2)=f(\boldsymbol{m}_1,\boldsymbol{m}_2) \quad (2\text{-}3\text{-}2)$$

式中，$f(\boldsymbol{m}_1, \boldsymbol{m}_2)$ 为两种物性之间的具体函数关系。当这两种物性不存在或者这种经验关系不明确的时候，该方法不能用作联合反演。

Birch（1961）在对大量岩石样品实验和结果分析的基础上，提出了速度和密度之间线性联系的 Birch 定律，并将硅酸盐岩石中速度—密度关系归纳为经验关系式（2-3-3）：

$$v_P = [3.31\rho + f(\omega)] \pm 0.28 \qquad (2\text{-}3\text{-}3)$$

式中，v_P 为纵波波速，km/s；ρ 为密度，g/cm^3；ω 为岩石的平均原子量。

国际上比较常用的纵波速度 v_P 与密度 ρ 的关系为 Nafe-Drake 经验关系（Nafe et al.，1957），其表达见式（2-3-4）：

$$\begin{cases} \rho = 2.78 + 0.27(v_P - 6.0), v_P \leqslant 7.0 \\ \rho = 3.05 + 0.33(v_P - 7.0), 7.0 < v_P \leqslant 7.8 \\ \rho = 3.05 + 0.33(v_P - 7.0), -0.1, v_P > 7.8 \end{cases} \qquad (2\text{-}3\text{-}4)$$

式中，v_P 为纵波波速，km/s；ρ 为密度，g/cm^3。

Gardner 等（1974）总结实验数据得出岩石纵波速度 v_P 和密度 ρ 的指数经验关系：

$$\rho = a v_P^b \qquad (2\text{-}3\text{-}5)$$

式中，v_P 为纵波波速，km/s；ρ 为密度，g/cm^3；参数 a，b 一般通过统计给出，对于不同的地区和岩石类型，其取值不同。

冯锐等（1986）通过综合分析我国的人工地震和重力等资料，提出了适用于中国的速度—密度经验关系式：

$$\begin{cases} \rho = 2.78 + 0.56(v_P - 6.0), 5.5 \leqslant v_P \leqslant 6.0 \\ \rho = 3.07 + 0.29(v_P - 7.0), 6.0 < v_P \leqslant 7.5 \\ \rho = 3.22 + 0.20(v_P - 7.5), 7.5 \leqslant v_P \leqslant 8.5 \end{cases} \qquad (2\text{-}3\text{-}6)$$

式中，v_P 为纵波波速，km/s；ρ 为密度，g/cm^3。

Christensen 等（1995）分析了不同深度和温压条件下的岩石样品，提出适于地壳的岩石密度和纵波速度的线性关系式：

$$\rho = 0.541 + 0.3601 v_P \qquad (2\text{-}3\text{-}7)$$

式中，v_P 为纵波波速，km/s；ρ 为密度，g/cm^3。

可以看出，不同地区不同岩石类型甚至不同时间物性之间的经验公式都是不同的，这给联合反演中物性关系的确定带来了很大的不方便。

2）基于物性结构分布的耦合方式

第二类方法是基于地下物性参数的结构分布相似性的联合反演方法，通过最小化结构差异实现联合反演。

（1）基于曲率的构造耦合方式。

Haber 等（1997）与 Zhang 等（1997）提出使用模型的曲率来获得结构信息。

Haber 等（1997）提出如下函数：

$$\varphi_i = \begin{cases} 0 & , \quad |\nabla m_i| < \sigma_1 \\ P_5\left(|\nabla^2 m_i|\right), & \sigma_1 < |\nabla m_i| < \sigma_2 \\ 1 & , \quad |\nabla m_i| > \sigma_2 \end{cases}$$ （2-3-8）

这里，P_5 是一个 5 阶的一维多项式，这样就可以保证该算子可以两次 Frechet 可微。σ_1 和 σ_2 被定义为结构算子之间两次可微的间距。

Zhang 等（1997）提出的函数为

$$\varphi_i = \frac{\left\| \nabla^2 m_i \right\|}{\alpha^2}$$ （2-3-9）

这里的 α 为幅度归一化因子。

那么可以得到耦合方式：

$$\tau = \varphi_1 - \varphi_2$$ （2-3-10）

这些函数可以检测出不同反演结果中目标体的边界位置和模型结构不同的地方。通过使得两个同源模型中的异常体曲率趋于一致而达到联合反演的目的。

Droske 等（2003）提出了一个基于线性关系的耦合方式并将其应用于医学成像上：

$$\tau = \frac{\nabla m(\boldsymbol{r})^{(1)}}{\left| \nabla m(\boldsymbol{r})^{(1)} \right|} - \frac{\nabla m(\boldsymbol{r})^{(2)}}{\left| \nabla m(\boldsymbol{r})^{(2)} \right|}$$ （2-3-11）

进而，通过以下方式来构造耦合项：

$$\tau = \frac{\nabla m(\boldsymbol{r})^{(1)}}{\left| \nabla m(\boldsymbol{r})^{(1)} \right|} \cdot \frac{\nabla m(\boldsymbol{r})^{(2)}}{\left| \nabla m(\boldsymbol{r})^{(2)} \right|}$$ （2-3-12）

和

$$\tau = \frac{\nabla m(\boldsymbol{r})^{(1)}}{\left| \nabla m(\boldsymbol{r})^{(1)} \right|} - \left[\frac{\nabla m(\boldsymbol{r})^{(1)}}{\left| \nabla m(\boldsymbol{r})^{(1)} \right|} \cdot \frac{\nabla m(\boldsymbol{r})^{(2)}}{\left| \nabla m(\boldsymbol{r})^{(2)} \right|} \right] \frac{\nabla m(\boldsymbol{r})^{(2)}}{\left| \nabla m(\boldsymbol{r})^{(2)} \right|}$$ （2-3-13）

Gallardo（2004）提到的角度和矢量乘积的方程为

$$\theta = \cos^{-1} \left[\frac{\nabla m(\boldsymbol{r})^{(1)}}{\left| \nabla m(\boldsymbol{r})^{(1)} \right|} \cdot \frac{\nabla m(\boldsymbol{r})^{(2)}}{\left| \nabla m(\boldsymbol{r})^{(2)} \right|} \right]$$ （2-3-14）

及

$$\tau = 1/(1-\theta)$$ （2-3-15）

但是，Gallardo 分析方程很容易产生奇异性，当某一种物性比较均匀时，生成的梯度很容易接近于 0，从而使得约束项的分母趋于 0，便很容易产生奇异性。而且三角函数的周期性也容易使得约束很不稳定。

（2）交叉梯度约束。

Gallardo 等（2003，2004）将构造联合反演的目标函数的最优化问题定义为

$$P^{\alpha}(\boldsymbol{m}_1, \boldsymbol{m}_2) = \gamma_1\varphi_1(\boldsymbol{m}_1) + \gamma_2\varphi_2(\boldsymbol{m}_2) + \alpha_1 s_1(\boldsymbol{m}_1) + \alpha_2 s_2(\boldsymbol{m}_2) \qquad (2\text{-}3\text{-}16)$$

约束条件为 $\tau(\boldsymbol{m}_1, \boldsymbol{m}_2)$，即构造耦合函数，这是典型的等式约束最优化问题，可以通过拉格朗日乘数法求取最优解。但是这类最优化问题的缺点在于，反演中常用的优化方法（牛顿法，梯度类方法）不再适用。这种方法不需要进行额外的归一化等操作，也不会产生奇异点和三角函数的周期不连续性的问题，同时，被证明是有用且稳定的，在稳步发展，并被应用于多种地球物理方法中。该方法通过约束两种物性的梯度方向一致来使不同模型结构达到相似性，它无需对物性关系做先验假设（Gallardo, 2007；Gallardo et al., 2011, 2012），因此该方法提出后得到了广泛应用，国内外出现了很多将此构造耦合方式应用到不同地球物理方法之间的联合反演研究中（De Stefano et al., 2011；Doetsch et al., 2010 Fregoso et al., 2009；Hu et al., 2009；Moorkamp et al., 2011；彭淼等，2013；周丽芬，2012）。

在二维情况下，对于模型的梯度有两种方式计算（图 2-3-1）：

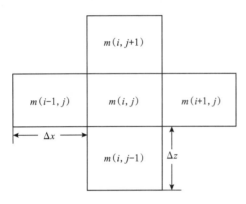

图 2-3-1　差分物性的标号分布

单边差分：

$$\begin{cases} \dfrac{\partial m_1^{i,j}}{\partial x} = \dfrac{m_1^{i+1,j} - m_1^{i,j}}{\Delta x} \\[3mm] \dfrac{\partial m_1^{i,j}}{\partial z} = \dfrac{m_1^{i,j+1} - m_1^{i,j}}{\Delta x} \end{cases} \qquad \begin{cases} \dfrac{\partial m_2^{i,j}}{\partial x} = \dfrac{m_2^{i+1,j} - m_2^{i,j}}{\Delta x} \\[3mm] \dfrac{\partial m_2^{i,j}}{\partial z} = \dfrac{m_2^{i,j+1} - m_2^{i,j}}{\Delta x} \end{cases} \qquad (2\text{-}3\text{-}17)$$

中心差分：

$$\begin{cases} \dfrac{\partial m_1^{i,j}}{\partial x} = \dfrac{m_1^{i+1,j} - m_1^{i-1,j}}{2 \cdot \Delta x} \\[3mm] \dfrac{\partial m_1^{i,j}}{\partial z} = \dfrac{m_1^{i,j+1} - m_1^{i,j-1}}{2 \cdot \Delta x} \end{cases} \qquad \begin{cases} \dfrac{\partial m_2^{i,j}}{\partial x} = \dfrac{m_2^{i+1,j} - m_2^{i-1,j}}{2 \cdot \Delta x} \\[3mm] \dfrac{\partial m_2^{i,j}}{\partial z} = \dfrac{m_2^{i,j+1} - m_2^{i,j-1}}{2 \cdot \Delta x} \end{cases} \qquad (2\text{-}3\text{-}18)$$

那么，可以得到模型的梯度方向：

$$\begin{cases} \nabla m_1 = \left(\dfrac{\partial m_1}{\partial x}, \dfrac{\partial m_1}{\partial z} \right) \\[3mm] \nabla m_2 = \left(\dfrac{\partial m_2}{\partial x}, \dfrac{\partial m_2}{\partial z} \right) \end{cases} \qquad (2\text{-}3\text{-}19)$$

在二维情况下，交叉梯度的离散形式可以写为

$$\begin{aligned} \tau_{i,j}^{\text{cross}} &= \nabla m_1^{i,j} \times \nabla m_2^{i,j} = (m_1^{i,j} - m_1^{i-1,j}, m_1^{i,j} - m_1^{i,j-1}) \times (m_2^{i,j} - m_2^{i-1,j}, m_2^{i,j} - m_2^{i,j-1}) \\ &= (m_1^{i,j} - m_1^{i-1,j}) \cdot (m_2^{i,j} - m_2^{i,j-1}) - (m_1^{i,j} - m_1^{i,j-1}) \cdot (m_2^{i,j} - m_2^{i-1,j}) \end{aligned} \qquad (2\text{-}3\text{-}20)$$

Hu 等（2009）提出交互式构造耦合同步联合反演的概念，其目标函数为

$$\begin{cases} P^{\alpha}\left(\boldsymbol{m}_1\right) = \gamma_1\varphi_1\left(\boldsymbol{m}_1\right) + \alpha_1 s_1\left(\boldsymbol{m}_1\right) + \lambda\tau\left(\boldsymbol{m}_1,\boldsymbol{m}_2\right) \\ P^{\alpha}\left(\boldsymbol{m}_2\right) = \gamma_2\varphi_2\left(\boldsymbol{m}_2\right) + \alpha_2 s_2\left(\boldsymbol{m}_2\right) + \lambda\tau\left(\boldsymbol{m}_1,\boldsymbol{m}_2\right) \end{cases} \tag{2-3-21}$$

反演过程中，两种地球物理方法是分开的，同时又通过耦合函数 $\tau\left(\boldsymbol{m}_1,\boldsymbol{m}_2\right)$ 将它们联系起来。这样构建目标函数既可以降低目标函数的复杂性，又可以避免过多权重参数的选择而导致联合反演容易陷于局部极小。

Moorkamp 等（2011）提出类似于物性关系的目标函数，基于模型梯度的构造耦合的无约束目标函数：

$$\begin{aligned} P^{\alpha}\left(\boldsymbol{m}_1,\boldsymbol{m}_2\right) = {} & \gamma_1\varphi_1\left(\boldsymbol{m}_1\right) + \gamma_2\varphi_2\left(\boldsymbol{m}_2\right) + \alpha_1 s_1\left(\boldsymbol{m}_1\right) + \alpha_2 s_2\left(\boldsymbol{m}_2\right) \\ & + \alpha_3 s_3\left(\boldsymbol{m}_3\right) + \eta_1\tau_1\left(\boldsymbol{m}_1,\boldsymbol{m}_2\right) + \eta_2\tau_2\left(\boldsymbol{m}_1,\boldsymbol{m}_3\right) + \eta_3\tau_3\left(\boldsymbol{m}_2,\boldsymbol{m}_3\right) \end{aligned} \tag{2-3-22}$$

式中，$\tau_1\left(\boldsymbol{m}_1,\boldsymbol{m}_2\right)$，$\tau_2\left(\boldsymbol{m}_1,\boldsymbol{m}_3\right)$，$\tau_3\left(\boldsymbol{m}_2,\boldsymbol{m}_3\right)$ 分别为交叉梯度耦合项。Moorkamp 等（2011）构建了一个三维的基于地震数据、大地电磁数据、标量重力数据和张量重力数据的交叉梯度联合反演框架，将交叉梯度反演从二维推向了三维和从两个物性推向了多个物性的组合。

（3）梯度点积约束。

Molodtsov 等（2011）提出了基于梯度点积约束的耦合方式，并将其应用到地震和大地电磁的二维联合反演中：

$$\tau = b\left|\nabla m\left(\boldsymbol{r}\right)^{(1)}\right\|\nabla m\left(\boldsymbol{r}\right)^{(2)}\right| + s\left[\nabla m\left(\boldsymbol{r}\right)^{(1)} \cdot \nabla m\left(\boldsymbol{r}\right)^{(2)}\right] \tag{2-3-23}$$

这里 $b=0$ 时，表示该点处两种物性是不相关的；$b=1$ 且 $s=-1$ 时，表示该点处的物性变化是正相关的；$b=1$ 且 $s=1$ 时，表示该点处的物性变化是负相关的。Molodtsov 等（2013）又进一步将梯度点积的形式做了改进，避免了梯度趋于零时的奇异性（Haber et al., 2006），但该类方式需要先验指定两种物性正负相关的区域范围。与交叉梯度约束相比较，限定了物性梯度变化的相关性方向（如指定反演区域内速度和电阻率变化存在正负相关或不相关），因此减少了特定模型反演的不确定性，改善了联合反演的效果。

在二维情况下，梯度点积的离散形式可以写为

$$\begin{aligned} \tau_{i,j}^{\text{dot}} = \nabla m_1^{i,j} \cdot \nabla m_2^{i,j} & = \left(m_1^{i,j} - m_1^{i-1,j}, m_1^{i,j} - m_1^{i,j-1}\right) \cdot \left(m_2^{i,j} - m_2^{i-1,j}, m_2^{i,j} - m_2^{i,j-1}\right) \\ & = \left(m_1^{i,j} - m_1^{i-1,j}\right) \cdot \left(m_2^{i,j} - m_2^{i-1,j}\right) + \left(m_1^{i,j} - m_1^{i,j-1}\right) \cdot \left(m_2^{i,j} - m_2^{i,j-1}\right) \end{aligned} \tag{2-3-24}$$

殷长春等（2018）提出了基于局部相关性约束的三维大地电磁数据和重力数据的联合反演，所构建的目标函数为

$$\begin{cases} \boldsymbol{\Phi}_1\left(\boldsymbol{m}_1,\boldsymbol{m}_2\right) = \boldsymbol{\Phi}_{d1}\left(\boldsymbol{m}_1\right) + \beta_1\boldsymbol{\Phi}_{m1}\left(\boldsymbol{m}_1\right) + \lambda_1\boldsymbol{\Phi}_j\left(\boldsymbol{m}_1,\boldsymbol{m}_2\right) \\ \boldsymbol{\Phi}_2\left(\boldsymbol{m}_1,\boldsymbol{m}_2\right) = \boldsymbol{\Phi}_{d2}\left(\boldsymbol{m}_2\right) + \beta_2\boldsymbol{\Phi}_{m2}\left(\boldsymbol{m}_2\right) + \lambda_2\boldsymbol{\Phi}_j\left(\boldsymbol{m}_1,\boldsymbol{m}_2\right) \\ \boldsymbol{\Phi}_j\left(\boldsymbol{m}_1,\boldsymbol{m}_2\right) = \lambda\sum_{i}^{n} r_i\left(1-p_i\right) \end{cases} \tag{2-3-25}$$

该方法假设局部区域物性参数的分布具有线性相关特征，在拟合不同观测数据时，对局部模型参数利用相关性约束进行联合反演以减少多解性。虽然采用交替迭代联合反演流程，实现了三维大地电磁和重力仿真数据的联合反演。但是对其中的窗函数和标准差的阈值确定并没有明确的说明，窗函数的选择和阈值的确定都会影响到反演的效果。

（4）Gramian 约束。

Zhdanov 等（2012）提出了一种广义的多地球物理方法联合反演的框架，引入了基于 Gramian 行列式的约束方式，该方式在参数表示为梯度关系时可简化为交叉梯度形式的约束，同时它也适用于物性存在关联的情况，并以此进行了重磁数据的联合反演试验。Gramian 矩阵约束形式如下：

$$G\left(Tm_{(1)},Tm_{(2)}\right)=\begin{vmatrix}\left(Tm_{(1)},Tm_{(1)}\right)_M & \left(Tm_{(1)},Tm_{(2)}\right)_M \\ \left(Tm_{(2)},Tm_{(1)}\right)_M & \left(Tm_{(2)},Tm_{(2)}\right)_M\end{vmatrix}\geqslant 0 \quad (2-3-26)$$

Lin 和 Zhdanov（2018）利用 Gramian 约束做了重磁数据的联合反演，充分讨论了 Gramian 矩阵在联合反演中的应用，取得了不错的效果。目标函数如下：

$$P^{\alpha}\left(\boldsymbol{m}^{(1)},\boldsymbol{m}^{(2)}\right)=\sum_{j=1}^{2}\varphi_{\mathrm{w}}^{(j)}\left(\boldsymbol{m}^{(j)}\right)+\sum_{j=1}^{2}\alpha^{(j)}s_{\mathrm{MN}}\left(\boldsymbol{m}^{(j)}\right)+\beta S_{\mathrm{G}}\left(L\boldsymbol{m}^{(1)},L\boldsymbol{m}^{(2)}\right) \quad (2-3-27)$$

$$\varphi_{\mathrm{w}}^{(j)}\left(\boldsymbol{m}^{(j)}\right)=\left\|W_{\mathrm{d}}^{(j)}\left[A^{(j)}\left(\boldsymbol{m}^{(j)}\right)-\boldsymbol{d}^{(j)}\right]\right\|_{\mathrm{L}_2}^2, \quad j=1,2 \quad (2-3-28)$$

$$\alpha(j)=\frac{\varphi_{\mathrm{w}}^{(j)}\left(\boldsymbol{m}^{(j)}\right)}{s_{\mathrm{MN}}\left(\boldsymbol{m}^{(j)}\right)}, \quad j=1,\ 2 \quad (2-3-29)$$

$$\beta=\frac{\sum_{j=1}^{2}\varphi_{\mathrm{w}}^{(j)}\left(\boldsymbol{m}^{(j)}\right)}{S_{\mathrm{G}}\left(L\boldsymbol{m}^{(1)},L\boldsymbol{m}^{(2)}\right)} \quad (2-3-30)$$

$$S_{\mathrm{MN}}^{(j)}=\left\|W_{\mathrm{m}}^{(j)}\left(m^{(j)}-m_{\mathrm{apr}}^{(j)}\right)\right\|_{\mathrm{L}_2}^2, \quad j=1,\ 2 \quad (2-3-31)$$

（5）总变分耦合方式。

Haber（2013）提出一种 JTV（Joint total variation）耦合方式，是将不同的物性梯度变化放在耦合约束项中，其表达式为

$$\tau=\sqrt{\left|\nabla m\left(\boldsymbol{r}\right)_{(1)}\right|^2+\left|\nabla m\left(\boldsymbol{r}\right)_{(2)}\right|^2} \quad (2-3-32)$$

同交叉梯度类似，这种耦合方式也是一种结构耦合。利用总变分耦合的联合反演目标函数是一个凸函数，并且有很多很好的优化性质，将基于总变分的耦合联合反演方式应用到直流电和钻孔层析成像的联合反演中，并取得很好的效果。

（6）聚类约束耦合方式。

Sun 等（2013，2016）提出的基于聚类约束的联合反演，目标函数如下：

$$\Phi\left(m_1,m_2;u_{jk},v_k\right)=\Phi_{d1}\left(m_1\right)+\beta_1\Phi_{m1}\left(m_1\right)+\Phi_{d2}\left(m_2\right)+\beta_2\Phi_{m2}\left(m_2\right)$$
$$+\lambda\left(\sum_{i=1}^{M}\sum_{k=1}^{C}u_{jk}^q\left\|p_j-v_k\right\|_2^2+\eta\sum_{k=1}^{C}\left\|v_k-t_k\right\|_2^2\right)\qquad(2\text{-}3\text{-}33)$$

该方法首先要估计数据能分为多少类别，然后根据每个数据点到类别中心的距离确定每个数据点属于某一类，类别中心在每次迭代中也是会变化的，该方法对特定的异常体（数据）有比较好的效果，但是对先验信息的要求比较高，往往要求事先数据点会落在哪些中心点附近，而且要事先知道模型数据能分为几类，不然可能效果不会太好。

（7）水平集函数约束耦合方式。

Li 等（2016）提出的水平集约束联合反演，即通过重力和地震旅行时的联合反演，取得了不错效果。其中，水平集函数定义为

$$\phi(r)=\begin{cases}>0,&r\in\Omega_0^{\text{int}}\\=0,&r\in\partial\Omega_0\\<0,&r\in\Omega\setminus\overline{\Omega}_0\end{cases}\qquad(2\text{-}3\text{-}34)$$

式中，Ω_0^{int} 表示模型区域内部；$\partial\Omega_0$ 表示模型边界；$\overline{\Omega}_0$ 表示模型空间闭集。0 水平集就表示能让背景和异常体分离的界面。密度的水平集函数表示为

$$\rho(r)=\rho_0(r)\times H\left[\phi(r)\right]\qquad(2\text{-}3\text{-}35)$$

速度的导数慢度的水平集函数表示为

$$S(r)=S_1(r)\times H\left[\phi(r)\right]+S_2(r)\times\left[1-H(\phi(r))\right]\qquad(2\text{-}3\text{-}36)$$

式（2-3-35）、式（2-3-36）中的 $H(\phi)$ 为阶跃函数：

$$H(\phi)=\begin{cases}1,&\phi>0\\0.5,&\phi=0\\0,&\phi<0\end{cases}\qquad(2\text{-}3\text{-}37)$$

因此，可以得到密度和慢度的表达式为

$$\rho(r)=\begin{cases}\rho_0(r),r\in\Omega_0^{\text{int}}\\0,r\in\Omega\setminus\overline{\Omega}_0\end{cases}\quad\text{和}\quad S(r)=\begin{cases}S_1(r),&r\in\Omega_0^{\text{int}}\\S_2(r),&r\in\Omega\setminus\overline{\Omega}_0\end{cases}\qquad(2\text{-}3\text{-}38)$$

通过水平集函数把密度和慢度（速度）两种物性结合起来，假设这两种物性有同样的结构，即在空间变化上是一致的，然后通过这种水平集约束方式，达到联合反演的目的。

（8）多种耦合方式的结合。

Lelièvre 等（2012）总结了基于各种相似性度量的耦合方式，并将其放入一个目标函数中：

$$\begin{cases}\Phi_1\left(m_1,m_2\right)=\Phi_{d1}\left(m_1\right)+\beta_1\Phi_{m1}\left(m_1\right)+\Phi_{d2}\left(m_2\right)+\beta_2\Phi_{m2}\left(m_2\right)+\lambda_1\Phi_j\left(m_1,m_2\right)\\\Phi_j\left(m_1,m_2\right)=\sum_i\rho_i\Psi_i\left(m_1,m_2\right)\end{cases}\qquad(2\text{-}3\text{-}39)$$

式中，$\Psi_i(\boldsymbol{m}_1, \boldsymbol{m}_2)$ 为各种相似度函数，包括物性经验关系、相关系数、模糊聚类和交叉梯度等各种约束函数。根据不同的地球物理场景选择不同的约束函数，并选择合适的权重因子。这种综合的目标函数系统地总结了之前的各种联合反演里的耦合方式，同时也探讨了模型约束泛函和耦合泛函之间的权重因子的选取。

Colombo 和 Rovetta（2018）提出了结合结构耦合和物性耦合的联合反演方式，目标函数为

$$\phi_t(\boldsymbol{m}) = \phi_d(\boldsymbol{m}) + \frac{1}{\lambda_1}\phi_m(\boldsymbol{m}) + \frac{1}{\lambda_2}\phi_x(\boldsymbol{m}) + \frac{1}{\lambda_3}\phi_{rp}(\boldsymbol{m}) \qquad (2\text{-}3\text{-}40)$$

式中，$\phi_t(\boldsymbol{m})$ 为总的目标函数；$\phi_d(\boldsymbol{m})$ 为数据拟合项；$\phi_m(\boldsymbol{m})$ 为模型加权项，即正则化项；$\phi_x(\boldsymbol{m})$ 为结构耦合项，可以为交叉梯度、聚类约束、梯度点积等结构耦合方式；$\phi_{rp}(\boldsymbol{m})$ 为物性耦合项，根据已知物性信息构建的物性耦合项；λ_1 为正则化因子；λ_2 为结构耦合项的权重；λ_3 为物性耦合项的权重。$\phi_x(\boldsymbol{m})$ 可以为（Gallardo et al.，2003；Gallardo，2004）

$$sc_k(\boldsymbol{m}_i, \boldsymbol{m}_j) = \nabla\boldsymbol{m}_i \times \nabla\boldsymbol{m}_j \qquad (2\text{-}3\text{-}41)$$

即为交叉梯度耦合项，也可以为梯度点积耦合（Molodtsov et al.，2015）：

$$sc_k(\boldsymbol{m}_i, \boldsymbol{m}_j) = \frac{\nabla\boldsymbol{m}_i}{\sqrt{|\nabla\boldsymbol{m}_i|^2 + \varepsilon^2}} + h\frac{\nabla\boldsymbol{m}_j}{\sqrt{|\nabla\boldsymbol{m}_j|^2 + \varepsilon^2}} \qquad (2\text{-}3\text{-}42)$$

2. 多方法二维和三维地球物理联合反演现状

地下的实际结构往往是复杂的，单一的物性参数往往不能准确反映地下的地质结构，更多的物性参数（三种或者三种以上）则可以降低反演的不确定性，也能从不同的角度（即不同的物性结构）来分析地质结构。李云平等（2002）应用合肥盆地地震测线提供的资料，进行了重、磁、电、震的统计推断联合反演，取得了较好的效果。Gallardo 等（2012）在交叉梯度的约束下实现了地震、大地电磁、磁法、重力的联合反演，并在实际资料中取得了很好的效果。多方法地球物理反演将在实际资料处理中发挥越来越重要的作用。

目前重、磁数据三维物性反演已经成为一种发展趋势。三维重、磁数据的物性反演从二维发展为三维，已逐渐成为国内外重、磁反演的主要方向（Last et al.，1983；Fedi et al.，1999；Portniaguine，Zhadanov，1999，2002）。Fedi 等（1999）运用三维位场观测数据进行反演，得到了带深度分辨率的磁化率和密度模型，并以维苏威火山的例子来证实了联合反演方法的效果。田黔宁等（2001）介绍了一种基于三角形多面体的重、磁三维反演技术，既可以通过计算机用自动迭代的方式改变反演模型，又可以通过人机交互的方式来改变模型。Fregoso 等（2009）把交叉梯度应用到三维重磁联合反演当中。Moorkamp 等（2011）提出了一种三维的 MT，重、震联合反演的框架即大型矩阵的优化方法，并行的模型参数化，灵活地实现各种物性参数的不同耦合方法。Sun 等（2012，2015，2016）提出的基于模糊聚类分析的联合反演，开创了将模糊聚类分析用于联合反演的先河，通过三维联合反演取得了很不错的效果。彭森等（2013）在大地电磁和地震走时资料的三维联合反演研究中首次引入交叉梯度，实现了能同时获得电阻率和速度模型的三维联合反演算法。

国外从 20 世纪 70 年代中期，就有关于三维电磁正演模拟的研究。随着有限差分法、有限元法、积分方程法、边界元法等应用，大地电磁二维、三维模拟和反演都取得了长足的发展（Wannamaker et al.，1984；Singer，1995；Pankratov et al.，1995；Smith et al.，1991；Zhdanov et al.，2000；Mackie et al.，1993；Newman et al.，2000；Siripunvaraporn et al.，2005；Spichak，1999；Spichak，Popova，2000）。

虽然三维反演已经有一定进展，但还存在不少问题，比如反演中的约束问题，之前的三维联合反演多是通过数据拟合来实现联合反演的目的。因此，存在如何加入先验约束信息到三维反演中以保证三维反演结果的可靠性等问题。目前的三维联合反演往往是同步联合反演或者是一种算法结合另一种物性作为约束，这样最终的反演结果会把两种或多种物性结构趋向于一致性，这只适合地下物性结构一致的情况，并不能解决不同物性有不同模型结构的情况。

3. 联合反演中约束信息的引入现状

由于地球物理反问题的病态性，无论哪种地球物理方法，如果没有约束条件或者先验信息，就不可能降低反问题的多解性，也就不能准确地反演出地下真实情况。而且重、磁方法对垂向结构的分辨能力较差，在对垂向分辨率要求较高的领域（如金属矿勘查），探测的目标体（矿体）大多是形态不规则且规模较小的地质体，没有先验信息约束的反演很难准确确定目标体。Bosch 等（2001）利用岩性约束进行二维重、磁约束反演取得了较好的应用效果。Pilkington（2006）利用物性界面约束和界面深度信息进行二维重、磁约束反演同样取得了较好的效果。姚长利等（2002）总结了重、磁反演中的各种约束条件，并指出三维重、磁反演多解性更强，约束条件与反演的结合更加艰难，但是该文并没有给出在传统如梯度法反演框架下如何耦合地质地震等约束信息，只是提到通过非线性全局优化技术提高约束条件的提取与结合。刘展等（2011）在三维密度反演中，从定性与定量的角度提出一种密度相关概率成像与基于钻井位场特征约束的双重约束机制。祁光（2013）提出的三维重、磁反演建模方法可以很好地反映地质信息，可以最小化观测场和理论场的拟合差，该方法的最大优势是可以方便地加入地质、测井和地震等约束信息，是减少多解性的有效手段，还可以发挥地质学家的经验和对区域的理解，但是这也相当于在反演建模中有了人为性因素，增加了重磁反演的不确定性。

超深层地震分辨能力低，无法得到深部的地层信息。由于实际资料中复杂的地质条件，地震反射质量差、先验约束信息少，而一般重、磁、电反演有很强的多解性，还缺少直接的岩石物性数据和指导性的地质物理模型等，因此超深层约束联合反演在实际资料中的实用化十分困难，现有的测井、地震资料往往没有做到足够的深度，但是又要知道深层的地质—地球物理模型，而这些测井、地震资料在浅层的信息也是比较准确的，这就给深层的重磁电反演提供了较好的约束信息，因此，耦合约束信息的重磁电联合反演十分有必要，也迫切需要实用化的联合反演方法来对这些实际资料进行处理。

二、基于模型空间耦合的重磁电联合反演方法

1. 基于模型空间耦合联合反演框架

一般的多方法联合反演中约束信息只能引入地震速度模型等约束的深度信息而无法兼顾地震速度模型等先验信息的结构分布。本书提出了在联合反演过程中同步耦合重磁电信

息以外的地震等先验约束信息的方法，重力、磁法、大地电磁三种方法联合反演的目标函数形式为

$$P^{\alpha}\left(m_1, m_2, m_3\right) = \gamma_1\varphi_1\left(m_1\right) + \gamma_2\varphi_2\left(m_2\right) + \gamma_3\varphi_3\left(m_3\right) + \alpha_1 s_1\left(m_1\right) + \alpha_2 s_2\left(m_2\right) + \alpha_3 s_3\left(m_3\right)$$
$$+ \lambda_1\tau\left(m_{\mathrm{r}}, m_1\right) + \lambda_2\tau\left(m_{\mathrm{r}}, m_2\right) + \lambda_3\tau\left(m_{\mathrm{r}}, m_3\right) + \lambda_4\tau\left(m_1, m_2\right) + \lambda_5\tau\left(m_1, m_3\right) + \lambda_6\tau\left(m_2, m_3\right)$$

$$（2\text{-}3\text{-}43）$$

式中，m_{r} 为公共参考模型矢量；λ_i（$i=1$，2，$\cdots$，6）为不同模型矢量耦合项的权重因子；m_i（$i=1$，2，3）为重、磁、电的模型参数矢量。公共参考模型可以是来自已有的地震资料或者反演的速度模型，也可以是钻井、地质等信息，也可以是岩石物性信息。

因此，在重、磁、电联合反演中，从重、磁、电数据资料出发，耦合地质、钻井、地震资料、速度模型或岩石物性等约束信息。根据反演网格剖分构建公共参考模型，再结合大地电磁、重力和磁法目标函数，利用基于区域模型矢量点积约束的模型空间耦合方式来耦合重力模型、磁法模型、大地电磁模型和公共参考模型，不断反演迭代，直至达到收敛条件，则可以得到高精度和可靠性高的地质地球物理模型。基于此可以构建上述耦合约束信息的重、磁、电联合反演框架，如图 2-3-2 所示。

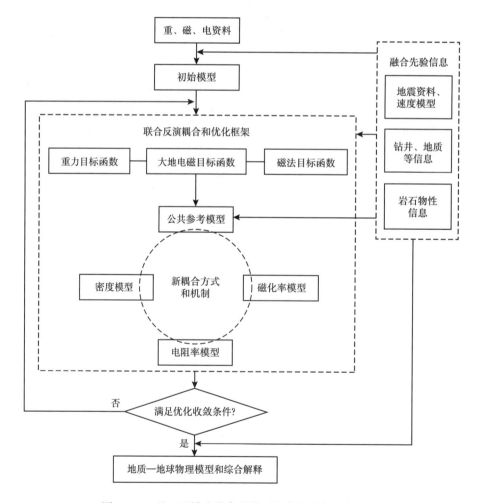

图 2-3-2　基于区域公共参考模型约束的联合反演框架

2. 基于区域模型矢量点积约束的模型空间耦合方式

1）联合反演目标函数的建立

本书提出的一种基于区域模型矢量余弦相似度平方的结构耦合方式为

$$
\begin{aligned}
P^{\alpha}\left(\boldsymbol{m}^{(1)},\boldsymbol{m}^{(2)},\boldsymbol{m}^{(3)}\right) = {}& \gamma_1\varphi_1\left(\boldsymbol{m}^{(1)}\right)+\gamma_2\varphi_2\left(\boldsymbol{m}^{(2)}\right)+\gamma_3\varphi_3\left(\boldsymbol{m}^{(3)}\right)+\alpha_1 s_1\left(\boldsymbol{m}^{(1)}\right)+\alpha_2 s_2\left(\boldsymbol{m}^{(2)}\right) \\
& +\alpha_3 s_3\left(\boldsymbol{m}^{(3)}\right)+\beta_1\tau\left(\boldsymbol{m}^{(1)},\boldsymbol{m}^{(2)}\right)+\beta_2\tau\left(\boldsymbol{m}^{(1)},\boldsymbol{m}^{(3)}\right)+\beta_3\tau\left(\boldsymbol{m}^{(2)},\boldsymbol{m}^{(3)}\right)
\end{aligned}
\tag{2-3-44}
$$

式中，$P^{\alpha}\left(\boldsymbol{m}^{(1)},\boldsymbol{m}^{(2)},\boldsymbol{m}^{(3)}\right)$ 为目标泛函；m_i（$i=1$，2，3）分别表示不同地球物理方法，如重力、磁法、地震等的模型参数矢量；$\varphi_1\left(\boldsymbol{m}^{(1)}\right)$，$\varphi_2\left(\boldsymbol{m}^{(2)}\right)$，$\varphi_3\left(\boldsymbol{m}^{(3)}\right)$ 为三种不同物性的数据拟合泛函；$s_1\left(\boldsymbol{m}^{(1)}\right)$，$s_2\left(\boldsymbol{m}^{(2)}\right)$，$s_3\left(\boldsymbol{m}^{(3)}\right)$ 为三种不同物性的模型约束泛函；γ_1，γ_2，γ_3 分别为两类数据误差的权重；α_1，α_2，α_3 为正则化因子；$\tau\left(\boldsymbol{m}^{(1)},\boldsymbol{m}^{(2)}\right)$，$\tau\left(\boldsymbol{m}^{(1)},\boldsymbol{m}^{(3)}\right)$，$\tau\left(\boldsymbol{m}^{(2)},\boldsymbol{m}^{(3)}\right)$ 分别为不同方法之间的耦合约束泛函；β_i（$i=1$，2，3）为不同耦合泛函的权重因子。

$$
\tau\left(\boldsymbol{m}^{(1)},\boldsymbol{m}^{(2)}\right)=1-\cos^2\theta_{12}
\tag{2-3-45}
$$

其中，$\cos\theta_{12}$ 为区域余弦相似度，其表达式为

$$
\cos\theta_{12}=\frac{\boldsymbol{M}^{(1)}\cdot\boldsymbol{M}^{(2)}}{\eta^{(1)}\cdot\eta^{(2)}}
\tag{2-3-46}
$$

式中，分母参考了 Molodtsov 等（2013）的处理方法，即 $|\eta^{(i)}|=\max\{|\boldsymbol{M}^{(i)}|,\eta_i^{\min}\}$，$\eta_i^{\min}>0$，$\eta_i^{\min}$ 参考 Haber 等（2006）以梯度模均值乘以估计噪声值作为小值的标准。$\boldsymbol{M}$ 可以是模型矢量 $\boldsymbol{m}$。二维情况下，假设计算模型区域如图 2-3-3 所示，横向范围网格数为 $a\sim b$，纵向范围网格数为 $c\sim d$。

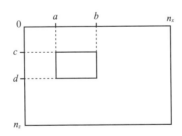

图 2-3-3　计算区域示意图

从式（2-3-45）可看出，该约束的本质在于区域模型变化的点积结果可以起到约束两种物性的互相关趋于一致的效果，以达到区域构造耦合相似的目的。

2）区域剩余模型矢量的确立

联合反演耦合方式为

$$
\boldsymbol{M}^{(1)}=\left(\boldsymbol{m}_1-\boldsymbol{m}_1^{\mathrm{b}}\right),\boldsymbol{M}^{(2)}=\left(\boldsymbol{m}_2-\boldsymbol{m}_2^{\mathrm{b}}\right)
\tag{2-3-47}
$$

式中，$\boldsymbol{m}_1$，$\boldsymbol{m}_2$ 分别为指定区域的两个模型矢量；$\boldsymbol{m}_1^{\mathrm{b}}$，$\boldsymbol{m}_2^{\mathrm{b}}$ 分别为在指定区域的参考背景；$\boldsymbol{M}^{(1)}$，$\boldsymbol{M}^{(2)}$ 分别为区域剩余模型矢量，指物性相对于参考背景的变化量。参考背景一般可以取常数值，或者固定的梯度背景。

在联合反演优化中，计算每一个区域内的剩余模型矢量的平方余弦相似度值，并约束这些值趋向于1[也即式（2-3-45）中的耦合项为0]，以保证区域模型变化量是线性相关的。当两者线性相关时，由式（2-3-45）可知耦合项等于0。同其他广泛应用的耦合约束相比，该约束避免了计算邻近网格的模型梯度比如交叉梯度（Gallardo，Meju，2003；Gallardo，2004）或者点积梯度约束（Molodtsov et al.，2011，2013）。而且，其在局部模型梯度变化非常快的地方可以减少局部不连续性所带来的计算误差问题，可以降低计算复杂度。该约束由于作了平方的处理，所以可以避免人为的先验设置梯度点积约束的方向。而且，当定义局部空间和交叉梯度、梯度点积约束一样的时候，该约束可以得到不弱于交叉梯度和梯度点积约束的结果（Shi et al.，2018）。很明显，最小化公式（2-3-45）可以使得模型参数变化量为相关的，同 Gramian 矩阵约束耦合有同样的作用。

3）耦合区域的选择

通常可以把整个模型空间划分为一个个区域空间，这个区域可以是一个 m 行 n 列的矩形，每一个 $m×n$ 矩形内的剩余模型矢量都必须满足线性相关的条件，这是因为设计的耦合约束就是要使得平方余弦相似度值趋向于1。至于区域空间的选择，一般来说，满足线性相关的条件区域可以是任意形状的。理论上，只要线性相关的条件满足了，区域可以是整个模型空间，也可以是一个个小的局部网格区域。因此，这种方法也适用于有很多小区域的复杂模型。本章，把这些区域设置成 m 行 n 列的矩形，比如 $2×2$，$3×3$ 或者 $m×n$。这些小区域可以是像瓦片一样不重叠铺在整个模型空间上，也可以是像小滑块一样覆盖整个模型空间。因此，如果整个模型空间是线性相关的话，式（2-3-45）是可以应用到整个模型空间的。

为了简便，仅画出了区域空间的示意图，如图 2-3-4 所示。把整个模型空间（矩形 $a\text{-}b\text{-}c\text{-}d$）划分为一个个小区域（矩形 $a_1\text{-}b_1\text{-}c_1\text{-}d_1$），矩形 $a_1\text{-}b_1\text{-}c_1\text{-}d_1$ 里对应的参数（$i_1 \sim i_9$）

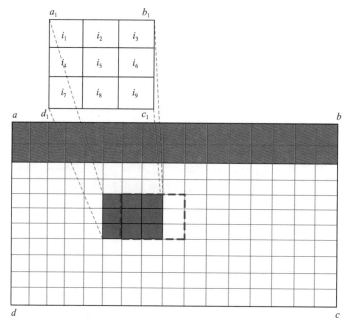

图 2-3-4　区域模型耦合方式和公共参考模型示意图（Shi et al.，2018）

就是公式（2-3-45）中的区域剩余模型矢量 M（i_1, i_2, i_3, i_4, i_5, i_6, i_7, i_8, i_9），两个模型向量中的参数顺序要保持一致。下一个区域模型矢量就是示意图中的虚线框。在每一个区域空间中，两个模型矢量同区域背景差值量被假设是线性相关的，然后计算区域内两个模型变化量的平方余弦相似度，它可以提升变化量的一致性，同时能避免像交叉梯度或者梯度点积那样计算邻近网格的模型梯度（如 i_1, i_2 和 i_4 或 i_2, i_3, i_5）。

图 2-3-4 中，矩形 a-b-c-d 为模型网格，a_1-b_1-c_1-d_1 为选定的局部模型向量，为 3×3 的矩形。由物性函数 i_1~i_9 组成的向量作为模型耦合的区域。向量里物性 i 的顺序不影响耦合结果，只要不同物性函数选取同样的顺序。图中橙色部分为公共参考模型的约束部分，其下方为无约束部分。

基于模型空间耦合的联合反演方法充分考虑了约束信息在联合反演中的作用，包括公共模型参考矢量的提出，以及其在三维重磁电联合反演中的应用，拓宽了其应用范围，更能方便应用于实际资料的处理。

3. 联合反演中约束信息的耦合

重、磁、电与地震约束的联合勘探将是重力、大地电磁向目标勘探领域发展的一个重要方向，这里的综合是多种方法多种信息的立体交叉综合，即重、磁、电的多种解释参数与地震数据、测井数据及其他地质地球物理信息在空间互约束的综合，即进行互关联的正反演。这种综合是以多功能解释工作站平台为基础，以共享之数据库为纽带，地震数据、测井数据、重力、大地电磁数据、电法数据及地理信息数据库等互相协同作战，针对某一地质目标进行方法的综合解释、联合反演，最大限度地提高解释精度，减少解的非唯一性。

本书提出了在联合反演过程中同步耦合重、磁、电信息以外的地震等先验约束信息的方法，通过公共参考模型矢量 m_r 的引入进一步有效减少多解性和提高反演精度。由于各地球物理方法的分辨尺度和反演能力难以匹配，多地球物理方法联合反演的困难在于如何实现不同方法之间的互补。同时，为了获得更全面客观的地下模型的解，必须在相对低分辨率的非地震方法的联合反演过程中考虑高分辨率（如已知地震速度模型）约束条件的融入，所以需要考虑尽可能融合重磁电方法本身以外的可获取的准确的先验模型信息。公共参考模型矢量的引入和上述条件，为处理灵敏度低的非地震方法与地震等高灵敏度方法反演尺度难以匹配和相互互补的问题提供了出路和便利。该方案就克服了目前联合反演过程中难以同步融入约束信息的困难，为将地震等先验约束信息充分融合到非地震方法的联合反演过程中减少多解性、实现实用化提供了支撑，也为综合各种信息解决实际复杂地质问题提供了条件。

公共参考模型矢量 m_r 的构建，来自可靠先验信息，如已知的地震速度模型和钻井的物性结果，由于获得的先验信息往往是区域或局部的约束，因此适用于本书强调的区域剩余模型矢量余弦相似度的耦合形式，同时又避免了以往单一利用界面约束而忽视了先验信息中的物性变化特征这一问题。如果这些信息能通过网格化建模等方式融入联合反演统一框架下，就可以组成为模型空间的区域参考模型信息。由于作为被耦合对象的某种物性，若在模型空间某些区域不存在变化或与公共参考模型无相似性结构，该耦合是不起约束作用的，所以 m_r 的构建存在其合理性；同时，由于要对其做区域剩余模型矢量余弦相似度的归一化处理，所以融合的该无量纲信息可以与联合反演的其他物性参与耦合和共享。

4. 联合反演的优化方案

在单一重、磁、电反演方法的基础上，构建了耦合约束信息的联合反演优化流程。反演流程为交互式联合反演，即将目标函数分为多个交替进行的子反演过程，各方法相对独立地进行目标函数优化，见式（2-3-48）。

$$\begin{cases} P_n^{\alpha}\left(m_1, m_2^{n-1}, m_3^{n-1}\right) = \varphi_1^n\left(m_1\right) + \alpha_1^n s_1^n\left(m_1\right) + \lambda_1^n \tau\left(m_r^{n-1}, m_1\right) + \lambda_4^n \tau\left(m_1, m_2^{n-1}\right) + \lambda_5^n \tau\left(m_1, m_3^{n-1}\right) \\ P_n^{\alpha}\left(m_1^{n-1}, m_2, m_3^{n-1}\right) = \varphi_2^n\left(m_2\right) + \alpha_2^n s_2^n\left(m_2\right) + \lambda_2^n \tau\left(m_r^{n-1}, m_2\right) + \lambda_4^n \tau\left(m_1^{n-1}, m_2\right) + \lambda_6^n \tau\left(m_2, m_3^{n-1}\right) \\ P_n^{\alpha}\left(m_1^{n-1}, m_2^{n-1}, m_3\right) = \varphi_3^n\left(m_3\right) + \alpha_3^n s_3^n\left(m_3\right) + \lambda_3^n \tau\left(m_r^{n-1}, m_3\right) + \lambda_5^n \tau\left(m_1^{n-1}, m_3\right) + \lambda_6^n \tau\left(m_2^{n-1}, m_3\right) \end{cases}$$

$$（2-3-48）$$

该优化方案使各方法的数据误差拟合项和模型稳定泛函项相对独立，而模型耦合项则是在多种方法之间交互同步进行计算，即各方法的初始模型或第 $n-1$ 次模型参数作为各自方法的第 n 次反演的子反演过程中进行基于区域模型矢量点积约束的新型结构耦合的反演优化，然后按收敛条件判断是否达到迭代条件，若满足则终止迭代，若不满足则返回重新迭代。此外，按照高精度约束低精度的原则，耦合权重因子 $\lambda_i (i=1, 2, \cdots, 6)$ 可以作为控制不同物性模型之间，以及与公共参考模型矢量 m_r 耦合的重要性大小的指标，来体现不同约束对联合反演的贡献，即使没有公共参考模型信息或缺少某类资料也可保证多方法和两两之间联合反演流程的实施。

该优化方式的特点是避免了整体优化过程的复杂性和不确定性，每个反演子系统对不同方法可以选取不同的权重因子，这样更适合各方法按自身的反演能力反映其对整体反演的贡献影响，在具体实施联合反演过程中也容易操作和实现。

三、代表性模型试验

1. 单块体二维模型

为了说明基于新型模型空间耦合方式的联合反演相对于其他主流联合反演耦合方式的优势，对比不同的联合反演耦合方式，首先设计的单块体模型如图 2-3-5 所示。模型大小为横向 10km，纵向 25km，网格为横向 100m 和纵向 100m，所以共有 100×25 个网格。密度和速度模型为一同源异常体，在横向 3.5~4km，纵向 0.5~1km 处，密度异常值为 1g/cm³，背景值为 0，速度异常值为 3km/s，背景值为 2km/s。地震反射界面在地下 2km 界面处。激发和接收均在地表，每隔 100m 设一个点，共布置 100 个点。重力异常值观测位置也在地表，每隔 100m 一个点，共布置 100 个点。初始模型均为半空间，值分别为 0g/cm³ 和 2km/s。重力和地震观测数据中均加入 5% 的高斯噪声。各类反演结果如图 2-3-6 所示。

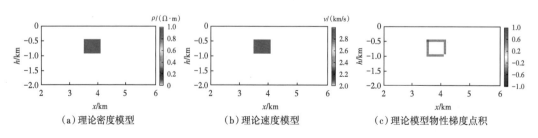

（a）理论密度模型　　　　　　　（b）理论速度模型　　　　　　　（c）理论模型物性梯度点积

图 2-3-5　单块体理论模型

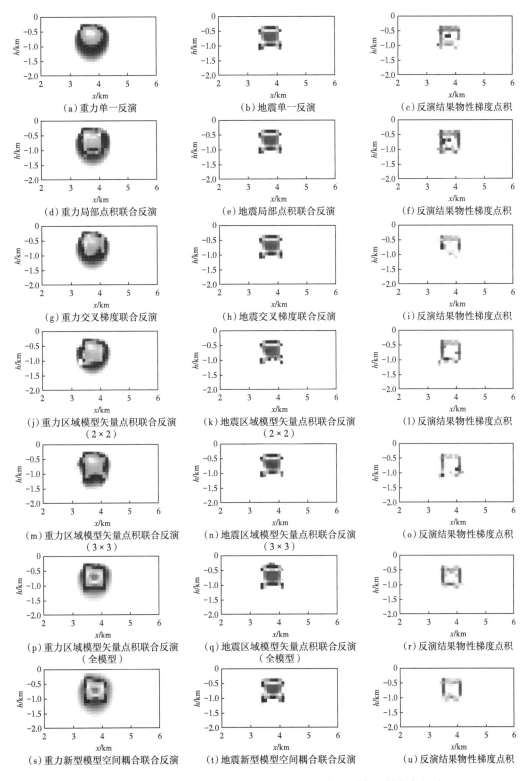

（a）重力单一反演　　　　　　　　（b）地震单一反演　　　　　　　（c）反演结果物性梯度点积

（d）重力局部点积联合反演　　　　（e）地震局部点积联合反演　　　（f）反演结果物性梯度点积

（g）重力交叉梯度联合反演　　　　（h）地震交叉梯度联合反演　　　（i）反演结果物性梯度点积

（j）重力区域模型矢量点积联合反演　（k）地震区域模型矢量点积联合反演　（l）反演结果物性梯度点积
（2×2）　　　　　　　　　　　　（2×2）

（m）重力区域模型矢量点积联合反演　（n）地震区域模型矢量点积联合反演　（o）反演结果物性梯度点积
（3×3）　　　　　　　　　　　　（3×3）

（p）重力区域模型矢量点积联合反演　（q）地震区域模型矢量点积联合反演　（r）反演结果物性梯度点积
（全模型）　　　　　　　　　　　（全模型）

（s）重力新型模型空间耦合联合反演　（t）地震新型模型空间耦合联合反演　（u）反演结果物性梯度点积

图 2-3-6　单一反演及各类约束联合反演的结果与不同方法梯度点积对比

从图 2-3-6 可以看到联合反演相对于单一反演均有了较大的改进。而在联合反演结果的比较中，局部梯度点积、交叉梯度和各种网格的基于区域剩余模型矢量余弦相似度耦合反演结果在边界处均有明显的局部不连续性，而基于新型模型空间耦合方式的联合反演结果则明显约束了异常体的边界，增强了两个模型之间的一致性。

图 2-3-7 是基于新型模型空间耦合方式联合反演结果的拟合情况。由于设置的收敛条件一致，且都达到了收敛条件，所以只展示了其中一种反演结果的拟合情况。可以看到重力和地震的反演结果都收敛了，和观测数据基本一致。

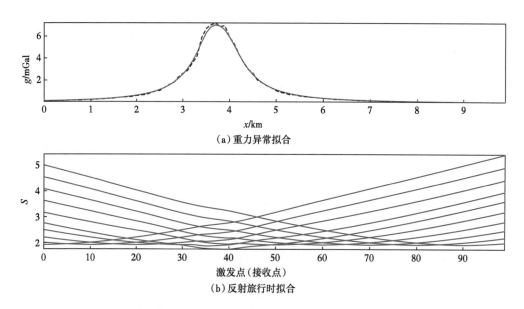

（a）重力异常拟合

（b）反射旅行时拟合

图 2-3-7　单块体模型拟合曲线（基于新型模型空间耦合方式的联合反演）

从均方根（RMS）数据拟合和模型还原度表中（表 2-3-1），可以更清楚地看到数据的拟合情况，即各种约束反演均达到了最大的反演迭代次数，且都很接近设置的拟合条件。从模型还原度中可以看出密度联合反演结果有了较大的改进，尤其是基于新型模型空间耦合方式的联合反演结果。

表 2-3-1　均方根（RMS）数据拟合和模型还原度

反演类型	数据拟合	模型还原度
重力单一反演结果	1.17	0.071g/cm³
局部点积约束联合反演重力结果	1.16	0.064g/cm³
交叉梯度约束联合反演重力结果	1.24	0.072g/cm³
基于区域剩余模型矢量余弦相似度耦合联合反演重力结果（2×2 网格）	1.12	0.068g/cm³
基于区域剩余模型矢量余弦相似度耦合联合反演重力结果（3×3 网格）	1.12	0.068g/cm³
基于区域剩余模型矢量余弦相似度耦合联合反演重力结果（100×25 全模型空间矢量）	1.03	0.054g/cm³

续表

反演类型	数据拟合	模型还原度
基于新型模型空间耦合方式联合反演重力结果	1.188	0.053g/cm³
地震单一反演结果	1.83ms	0.036km/s
局部点积约束联合反演地震结果	1.83ms	0.036km/s
交叉梯度约束联合反演地震结果	1.83ms	0.036km/s
基于区域剩余模型矢量余弦相似度耦合联合反演地震结果（2×2 网格）	1.79ms	0.036km/s
基于区域剩余模型矢量余弦相似度耦合联合反演地震结果（3×3 网格）	1.83ms	0.037km/s
基于区域剩余模型矢量余弦相似度耦合联合反演地震结果（100×25 全模型空间矢量）	1.70ms	0.035km/s
基于新型模型空间耦合方式联合反演地震结果	1.84ms	0.39km/s

2. 三角形二维模型

该模型来源于 Colombo 和 Stefano 发表的文章（2007），目标区域为 30km×6km（横向为 30km，纵向为 6km），网格个数为 150×30，横纵向网格间距相同均为 200m。其重、磁、震的模型分别如图 2-3-8 所示：图 2-3-8（a）为密度的真实模型；图 2-3-8（b）为密度反演的初始模型；图 2-3-8（c）为磁化的真实模型；图 2-3-8（d）为磁化强度反演的初始模型；图 2-3-8（e）为速度的真实模型；图 2-3-8（f）为速度反演的初始模型。

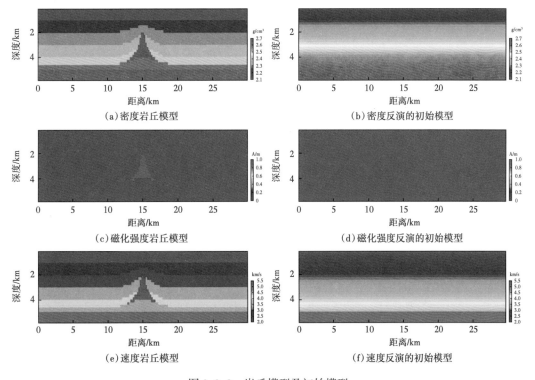

图 2-3-8 岩丘模型及初始模型

对该模型进行单一重、磁、震反演，以及采用基于模型矢量耦合方式和基于新型模型空间耦合方式进行联合反演（图2-3-9），可以看出联合结果都是优于单一反演结果。同时，在数据误差达到相同程度时，基于新型模型空间耦合方式的联合反演密度结果对岩丘的形态也有较好的表现，对于磁异常结果不仅在2~4km处反演出了岩丘的磁化强度，且形态较基于模型矢量耦合方式联合反演结果更为接近理论模型。对于速度反演结果而言，在本次反演试验中改善并不明显。但是从表2-3-2可以看出基于新型模型空间耦合方式的联合反演的模型是最佳的，说明该联合反演对各个方法均有一定的提升。

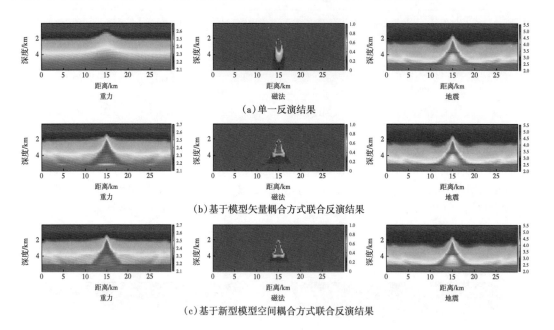

图 2-3-9　重力、磁法及地震的单一与联合反演结果

表 2-3-2　两种耦合方式联合反演的数据拟合差和模型还原度的均方根误差

反演方法	数据拟合差	模型还原度
重力单一反演	1.02	0.052
磁法单一反演	1.02	0.085
单一初至层析成像	2ms	0.199
基于模型矢量耦合方式重力联合反演	1.03	0.045
基于模型矢量耦合方式磁法联合反演	1.02	0.061
基于模型矢量耦合方式初至层析成像	2ms	0.194
基于新型模型空间耦合方式重力联合反演	1.02	0.041
基于新型模型空间耦合方式磁法联合反演	1.02	0.059
基于新型模型空间耦合方式初至层析成像	2ms	0.195

3. 复杂二维模型

为了验证基于新型模型空间耦合方式的联合反演对深层目标体的反演能力，设计了地震、大地电磁和重力的同源模型。地震层状模型如图 2-3-10 所示，从上至下各层对应的速度为 2600m/s，4000m/s，2950m/s，3800m/s，2350m/s，4000m/s 和 5400m/s。正反演所用的参数如下：有限差分声波正演模拟模型网格为 800×400；网格间距为 25m×25m；模拟了 100 炮，炮间距为 200m；检波点 800 个，道间距为 25m；模拟主频为 10Hz，采用雷克子波模拟；反演选择从 2~20Hz 的特征频率 33 个，分 11 组进行反演。

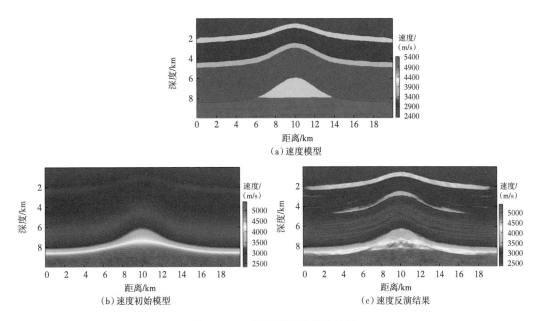

图 2-3-10　速度模型及反演结果

密度模型从上至下各层对应的密度分别为 2.214g/cm³，2.465g/cm³，2.285g/cm³，2.434g/cm³，2.158g/cm³，2.465g/cm³，2.657g/cm³。网格为 100m×100m，一共 200×100 个网格。正演数据中加入 5% 高斯噪声，单一反演迭代 30 次，拟合差为 1.05。联合反演迭代 40 次，拟合差为 1.03。真实模型、初始模型及反演结果如图 2-3-11 所示。

电阻率模型各层对应的电阻率为 20Ω·m，100Ω·m，30Ω·m，80Ω·m，15Ω·m 和 500Ω·m。网格剖分为横向 250m 间距，纵向 200m 间距。电阻率正演数据中加入 5% 高斯噪声。单一反演和联合反演初始模型均为 100Ω·m 的半空间，单一反演迭代 40 次，拟合差为 1.3。联合反演迭代 50 次，拟合差为 1.2。模型及反演结果如图 2-3-12 所示。

上述速度模型、密度模型和电阻率模型均为同源的层状模型，速度结果是利用全波形反演得到的，形态和物性都已经很接近真实模型，以速度结果作为公共参考模型，则可以在此基础上做重、电、震的约束联合反演。密度模型在单一反演中，并不能得到层状模型的结果，这是因为重力反演本身纵向分辨率就很差，联合反演的密度结果则比较清晰地展示了层状的密度模型，而电阻率模型单一反演中虽然有了层状模型的雏形，但是只是有电阻率模型的大致轮廓，而联合反演的电阻率模型则有更多的细节，物性上也更接近真实模型。

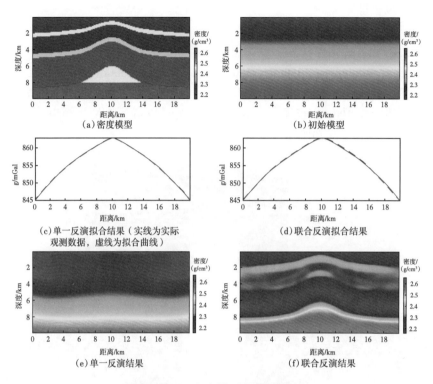

图 2-3-11　密度模型及反演结果

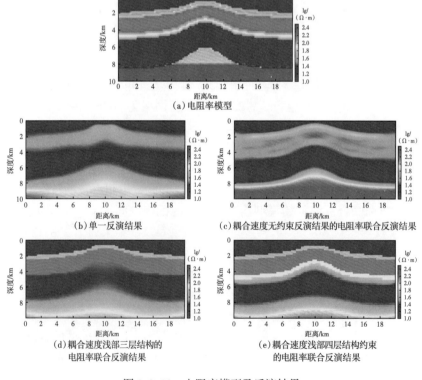

图 2-3-12　电阻率模型及反演结果

基于新型模型空间耦合方式的重电震联合反演提高了深层模型目标体的刻画能力。速度结构可耦合到联合反演过程中，明显改善了密度和电阻率反演的效果，减少了非震反演多解性。从图 2-3-12 可以看出，在可靠速度信息耦合下，电阻率联合反演揭示了速度结构不清楚的深层目标体结构。

4.三维模型

为了证明重、磁、电联合反演方法在三维情况下的效果，设计的三维联合反演模型是电阻率、密度和磁化强度同源的单一块体模型（张罗磊，2011），电阻率模型反演是单一反演，密度和磁化强度模型反演则是以电阻率反演结果作为公共参考模型，利用提出的耦合约束信息的联合反演方法，还原单块体模型。块体的密度为 $1g/cm^3$，磁化强度为 $1A/m$；背景密度为 0，背景磁化强度为 0，如图 2-3-13（a）所示。电阻率模型是 $10\Omega \cdot m$ 背景中一 $100\Omega \cdot m$ 的同源块体，其反演结果如图 2-3-13（b）所示。单一方法的反演结果如图 2-3-13（c）、（d）所示；三维联合反演结果如图 2-3-13（e）、（f）所示。同时，还统计了各个方法的模型还原度，见表 2-3-3。

表 2-3-3　不同反演类型的模型还原度均方根误差

反演方法	重力模型还原均方根误差	磁法模型还原均方根误差
单一方法	0.19	0.21
联合反演结果	0.15	0.10

电阻率模型大小为 x 方向 80km，y 方向 80km，z 方向 30km，正演网格剖分为 x 方向 1km，y 方向 1km，z 方向为 0km、1km、2.5km、4.5km、7km、10km 和 30km，网格大小为 80×80×5。反演网格剖分为 x 方向 2km，y 方向 2km，z 方向同正演一致，网格大小为 40×40×5，图 2-3-13 中反演结果 z 方向只取到 15km（为了同重磁模型保持一致）。异常体位置为 x 方向 20~60km，y 方向 20~60km，z 方向 1~10km。电阻率正演数据中加入 5% 高斯噪声。电阻率反演初始模型为半空间，为 $10\Omega \cdot m$，反演迭代 30 次，拟合误差为 1.2。

重力模型大小为 x 方向 80km，y 方向 80km，z 方向 15km，正演网格剖分为 x 方向 2km，y 方向 2km，z 方向 0.5 km，网格大小为 40×40×30，反演网格剖分同正演一致。异常体位置为 x 方向 20~60km，y 方向 20~60km，z 方向 1~10km。可以看出三个物性模型都是同源的。重力模型正演数据中加入 5% 高斯噪声。单一反演和联合反演初始模型均为 0，单一反演迭代 20 次，拟合差到 1.1，联合反演迭代 30 次，拟合差到 1.05。磁法模型与重力模型大小及网格剖分一致，正演数据中也加入 5% 高斯噪声，反演初始模型均为 0，单一反演迭代 30 次，拟合差到 1.08，联合反演迭代 35 次，拟合差到 1.06。

图 2-3-13 中针对每个模型或反演结果分别有四幅图，前三幅图是模型或者反演结果的切片，分别是 x 方向 50km，y 方向 40km，z 方向 5km，对比真实模型和反演结果，可以看到单一反演与联合反演的效果。从图 2-3-13 和表 2-3-3 中可以看出，基于新型模型空间耦合方式的联合反演结果从模型还原度更接近真实模型，从图中也能看出异常体形态和物性也更接近真实模型。这说明了提出的联合反演框架在三维情况下是可行且有效的，能得到层位清晰的地球物理模型。

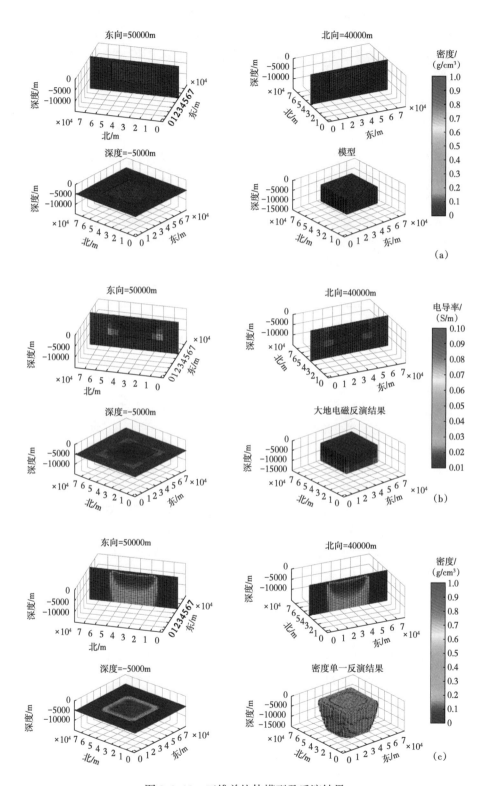

图 2-3-13　三维单块体模型及反演结果

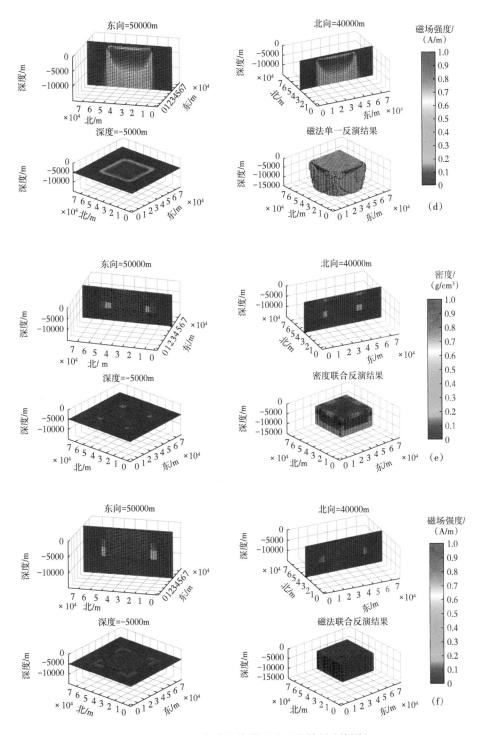

图 2-3-13　三维单块体模型及反演结果（续图）

（a）密度和磁化强度模型；（b）电阻率（电导率）反演结果；（c）密度单一反演结果；（d）磁法单一反演结果；
（e）密度联合反演结果；（f）磁法联合反演结果

第四节　地质—地球物理综合定量解释方法

为了综合识别塔里木盆地目标层的厚度及埋深等问题，针对如何充分利用联合反演的多物性结果和标定信息开展地质解释、克服传统地球物理资料地质解释历来依靠人工经验和缺乏定量解释手段、如何与联合反演过程形成处理解释系统框架，并将其应用到塔里木盆地的解释流程中去。本节分析了模糊聚类的现状并提出了基于改进模糊聚类算法对联合反演多物性结果进行综合评价的定量解释方法，下面进行详述。

一、基于改进的模糊聚类算法的定量解释技术

1. 模糊聚类的概况

聚类就是按照一定的要求和规律对事物进行区分和分类的过程，将数据点的集合分成若干类或簇，使得每个簇中的数据点之间最大程度地相似，而不同簇中的数据点最大程度地不同。增强数据集的可理解性，发现数据集中数据之间有效的内在结构和联系。在这一过程中没有任何关于分类的先验知识，仅靠事物间的相似性作为类属划分的准则，因此属于无监督分类的范畴。聚类分析是用数学方法研究和处理所给定对象的分类。人类要认识世界就必须区别不同的事物并认识事物间的相似性。聚类分析是多元统计分析的方法之一，也是统计模式识别中非监督模式识别的一个重要分支。

传统的聚类分析是一种硬划分，它把每个待辨识的对象严格地划分到某个类中，具有非此即彼的性质，因此这种类别划分的界限是分明的。样本对各个子类的隶属度取成 0 和 1 两种值，也就是说样本只能属于所有类别中的某一类别。传统的硬聚类方法大体上可分成二大类：启发式和划分式。启发式方法将数据进行树状分类，常常给出数据集的几种可能的分类情况；划分式则不同，它将数据按照某种标准划分成单一的结果。划分式技术包括目标函数法（平方误差）、密度估计法（模型搜寻）、图结构法和最近邻法。从总体而言，硬聚类算法具有花费时间少的优点，但其缺点也是很明显的。由于硬聚类方法中样本对各个子类的隶属度只能是 0 或 1 这两种值，绝对地割断了样本与样本之间的联系，无法表达样本在性态和类属方面的中介性，极易陷入局部最优解，使得所得到的聚类结果与实际要求偏差较大。

硬聚类方法具有非此即彼的性质，因此这种分类的类别界限是分明的。而实际上大多数对象并没有严格的属性，它们在性态和类属方面存在着模糊性，适合进行软划分。所以模糊聚类能够有效地对那些类与类之间有交叉的数据集进行聚类。与硬聚类方法相比，模糊聚类方法提高了算法的寻优概率，所得的聚类结果明显地优于硬聚类方法。然而由于上述方法不适用于大数据量情况，难以满足实时性要求高的场合，因此其实际的应用不够广泛，故在该方面的研究也就逐步减少了。实际中受到普遍欢迎的是基于目标函数的聚类方法，该方法设计简单、解决问题的范围广，最终还可以转化为优化问题从而借助经典数学的非线性规划理论求解，并易于计算机实现。

2. 改进的模糊聚类算法

对传统的模糊聚类算法进行了改进，基于研究区的先验约束信息和物性统计等资料，利用重、磁、电、震三维联合反演的物性结果，开展地质地球物理的聚类综合定量解释，

研发了基于模糊聚类分析的综合识别技术。传统模糊聚类是通过计算数据对象与聚类中心的距离以及其对各类别的隶属度，然后按照"隶属度加权距离平方和最小"的原则将数据集分成若干类。若直接以此方式对多物性联合反演的参数进行聚类，所得到的物性聚类中心并不总能符合地质时代和钻井的物性特征，因此从已掌握的先验信息统计出先验聚类约束中心，通过在模糊聚类的目标函数中加入先验聚类约束中心与聚类中心的误差约束泛函，可以使联合反演参数的物性聚类中心通过优化过程趋近于先验聚类约束中心，从而改变隶属度分类矩阵，得到与地质时代物性特征相符合的聚类结果。

$$\Phi_{\mathrm{FCM}}\left(u_{ik}, p_i\right) = \sum_{i=1}^{C}\sum_{x_k \in X_i} u_{ik}^{m}\left(x_k - p_i\right)^2 + \eta\sum_{i=1}^{C}\left(p_i - t_i\right)^2 \qquad （2\text{-}4\text{-}1）$$

同时，对于有地震约束条件下，引入学习向量量化算法并加以优化，通过训练已标识地质年代的数据对象，可得到适用于分类问题的原型向量，将其作为确定先验聚类约束中心的依据，较以物性均值作为先验聚类约束中心，具有更准确的分类效果。

二、模型标定综合解释试验

通过新型结构耦合可以获得重、磁、震的联合反演结果（图 2-4-1）。采用传统的聚类算法可以得到如图 2-4-2（a）所示的结果，而通过改进的模糊聚类算法对重、磁、震联合反演结果进行综合解释，其结果如图 2-4-2（b）所示，更加接近于真实模型。

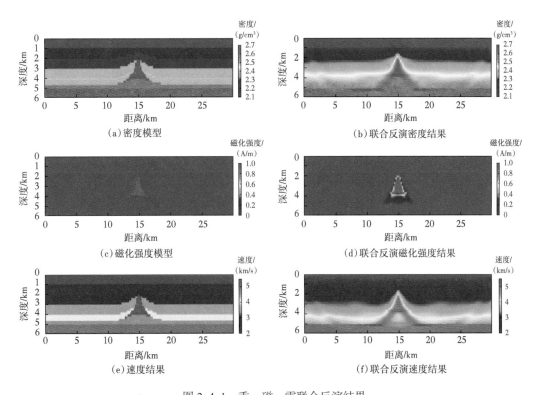

图 2-4-1　重、磁、震联合反演结果

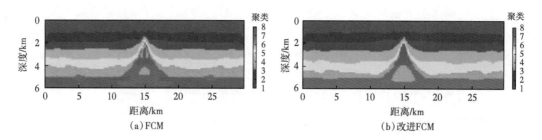

图 2-4-2　传统与改进的模糊聚类算法对重、磁、震联合反演结果的综合解释

　　分别统计了传统模糊聚类和改进模糊聚类的第五层和第七层密度和速度的物性统计，如图 2-4-3 所示，同样可以发现改进的模糊聚类算法获得的解释模型更加接近于真实模型。

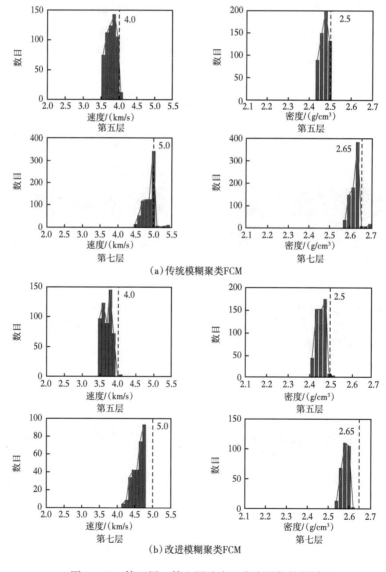

图 2-4-3　第五层、第七层速度和密度的物性统计

第三章　四川盆地重、磁、电资料处理和解释

　　四川盆地是目前我国天然气探明储量、气田发现数量和天然气累计产出数量最多的盆地。长达半个多世纪的油气勘探开发，开展了大量的物探、钻井、油气生产和地质综合研究，获得了大量的勘探成果，特别是在 2013 年四川盆地川中古隆起发现了安岳震旦系—寒武系特大型气田，结束了自 1964 年威远震旦系气田发现以来四川盆地震旦系—寒武系天然气勘探停滞的局面。经过 60 余年的艰苦探索，在该区震旦系—寒武系取得了重大突破。

　　1953—1955 年完成了全盆地 1：50 万重磁力普查及川西平原、川南泸州和川中等地的重磁力详查。1965 年，在四川南部进行 1：20 万比例尺航空磁力测量。目的是普查各种磁性矿藏及基性超基性岩。19 世纪 60 年代又以 1：10 万比例尺开展对四川盆地中部寻找石油构造和在秦岭中东部大巴山地区进行航磁测量 。70 年代对四川盆地、长江三峡地区进行了 1：20 万区域构造评价及寻找石油构造研究。80 年代后，先后又完成全四川省内 1：100 万、1：50 万的航磁和重力测量，完成部分 20 万、10 万、5 万的重点油气区的重磁测量。

　　以四川盆地及邻区的 1：50 万重力、1：20 万航磁和四条 MT 剖面数据为基础，开展重磁电资料的处理解释，采用重磁资料解析延拓、垂直导数，重力资料均衡分析、重力三维正演剥层，航磁资料化极等方法技术。

第一节　岩石物性分析

一、前人岩石物性资料收集与分析

1.密度资料

　　搜集了四川盆地沉积岩、变质岩和火山岩露头的密度资料（表 3-1-1、表 3-1-2）、沉积盖层的密度资料（表 3-1-3）和四川盆地及邻区的密度资料（表 3-1-4）。

　　表 3-1-1 和表 3-1-2 密度数据摘选自"四川省重力、航磁异常综合研究报告"。表 3-1-3 为四川省岩石露头的采样位置和露头的密度资料。在川南和川西南连续出现白垩系与侏罗系的密度界面，密度差值可达 0.13~0.15g/cm^3；在全盆地普遍存在中三叠统与上三叠统的密度界面，密度差值为 0.06~0.22g/cm^3；盆地局部存在上二叠统与下二叠统的密度界面和下寒武统的密度界面。

　　表 3-1-4 是王绪本等整理的四川盆地及邻区的地层密度统计资料。从表中可以看出，在侏罗系与白垩系之间存在一密度差为 0.12g/cm^3 的密度界面；中三叠统和上三叠统存在

密度差为 0.16g/cm³ 的密度界面；二叠系内存在一个密度差为 0.19g/cm³ 的密度界面；寒武系与震旦系之间亦存在一密度界面，其密度差为 0.14g/cm³。此外，从深部地震测深资料得知，上地幔顶部密度值为 3.30~3.43g/cm³，而地壳平均密度为 2.83~2.89g/cm³，所以壳幔界面（即莫霍界面）是深部最重要的一个密度界面，密度差为 0.47~0.54g/cm³。

表 3-1-1　四川盆地沉积岩、变质岩密度统计表

岩　性	密度值变化范围 /（g/cm³）	岩　性	密度值变化范围 /（g/cm³）
砾　岩	2.02~2.80 [2.41]	变质砂岩	2.21~2.71 [2.46]
砂　岩	1.93~2.93 [2.43]	板　岩	2.38~2.78 [2.58]
页　岩	1.78~2.47 [2.12]	千枚岩	2.52~2.67 [2.59]
石灰岩	2.52~2.88 [2.70]	片　岩	2.52~2.80 [2.66]
白云岩	2.67~2.87 [2.77]	大理岩	2.75~2.81 [2.78]

表 3-1-2　四川盆地火山岩密度统计表

岩性	密度变化范围 /（g/cm³）	
	巴颜喀拉褶皱带	龙门山褶皱带
酸性岩	2.6~2.66 [2.64]	2.62~2.67 [2.64]
中性岩	2.75~2.95 [2.87]	2.75~2.96 [2.85]
基性岩		2.81~3.00 [2.91]
超基性岩		2.70~2.84 [2.76]*
碱性岩	2.66~3.01 [2.89]	

注：* 马松岭、黄二坪超基性岩由于蛇纹石化蚀变使密度值减小。
表 3-1-1 和表 3-1-2 的 [ ] 中的数据为特征值。
密度数据摘选自 "四川省重力、航磁异常综合研究报告"。

综上所述，四川盆地地壳应该存在四个主要的密度界面（表 3-1-3、表 3-1-4 中黑色粗线）：中生界的白垩系与侏罗系地层界面，上三叠统与中三叠统密度界面，寒武系与震旦系地层界面和莫霍面。根据上述物性资料情况，密度界面没有反映震旦系与前震旦系的基底界面，因此本章利用重力数据对基底结构的研究，是对包含了基底的前寒武系研究。从地震剖面资料中可以看出，四川盆地基底和盖层存在同形褶皱，且寒武系—震旦系厚度（0.5~2.0km）不大，因此基于重力资料进行的基底构造研究也是具有参考价值。

深变质的结晶基底是高密度体，其磁性一般亦较强；浅—中等变质程度的褶皱基底，虽具有较高密度，但磁性一般均较弱。所以结晶基底与上覆地层形成的界面，重力、磁性均会有异常反映，称为同源异常；而褶皱基底与上覆地层形成的界面，可形成重力异常，却往往磁异常较弱或甚至不产生磁异常。

表 3-1-3　四川省沉积盖层密度统计表（据刘蓉莉，1993）

地表露头岩石标本的密度 / (g/cm³)　｜　井中岩心标本的密度 / (g/cm³)

界	代号	前龙门山 A	前龙门山 B	江油 A	江油 B	石棉—会理 A	石棉—会理 B	城口—宣汉 A	城口—宣汉 B	南江 A	南江 B	古蔺 A	古蔺 B	威基井 A	威基井 B	隆昌圣灯寺 8井、10井 A	隆昌圣灯寺 8井、10井 B	巴县 5井、6井 A	巴县 5井、6井 B	武胜龙女寺基井 A	武胜龙女寺基井 B
新生界	C_z	2.51		2.52		2.38						2.36									
中生界	K_2	2.66	2.69	2.52		2.35	2.36	2.60				2.44	2.42								
中生界	K_1	2.73		2.56		2.51		2.60		2.59		2.55									
中生界	J_3	2.67		2.63		2.40		2.65		2.63		2.55									
中生界	J_2	2.66	2.63	2.63	2.53	2.56	2.57	2.65	2.62	2.58	2.59	2.55	2.55					2.64	2.64	2.37	2.29
中生界	J_1	2.64		2.43		2.61		2.57		2.62		2.56							2.64		2.36
中生界	T_3	2.60		2.75	2.72	2.73		2.57		2.56		2.69				2.62	2.62		2.64		2.43
中生界	T_2	2.80		2.70		2.67		2.69		2.70		2.69	2.63	2.63	2.61	2.83			2.82	2.59	2.61
中生界	T_1	2.66		2.70				2.69		2.70		2.34		2.57		2.68					2.64
古生界	P_2	2.70		2.70				2.67		2.65		2.66		2.67		2.68	2.73				2.24
古生界	P_1	2.71	2.69			2.68	2.67		2.68	2.70	2.70					2.69					2.55
古生界	C	2.69				2.61										2.69				2.88	
古生界	D	2.63				2.65		2.69		2.68		2.69	2.69	2.62							
古生界	S	2.69				2.75		2.69		2.70		2.69		2.69							
古生界	O	2.69				2.71		2.67		2.74				2.77							3.06
古生界	$\epsilon_{2\text{-}3}$																				
古生界	ϵ_1	2.57	2.57			2.56	2.56			2.68	2.68									2.28	2.28
新元古界	Z_2	2.81				2.78	2.75			2.79	2.75									3.00	3.02
新元古界	Z_1					2.72															2.79

注：{ 表示所采地层的时代范围；表中所用原始资料为实测，只有龙女寺基井为地震钻井换算所得。

表 3-1-4　四川盆地及邻区的地层密度资料统计表

界	系	统	代号	巴颜喀拉	龙门山	四川台陷	盆内主要密度层及密度差	
新生界	第四系		Q	1.49		2.05		
	古近—新近系		E—N	2.55		2.48		
中生界	白垩系		K		2.41	2.41	σ̄=2.41	Δσ=0.12
	侏罗系	上统	J₃			2.52	2.52	
		中统	J₂			2.52	2.52	σ̄=2.53
		下统	J₁			2.55	2.55	
	三叠系	上统	T₃	2.69	2.60		2.55	T₆	Δσ=0.15
		中统	T₂	2.70	2.80	2.71	2.71	
		下统	T₁	2.74	2.66	2.68	2.68	
古生界	二叠系	上统	P₃		2.70	2.67	2.68	σ̄=2.68
		中统	P₂				2.87	
		下统	P₁				2.68	
	石炭系	上统	C₃	2.79	2.69	2.68		
		中统	C₂					
		下统	C₁	2.72				
	泥盆系	上统	D₃		2.71			
		中统	D₂	2.72	2.7	2.67		
		下统	D₁		2.65			
	志留系	上统	S₃	2.76				
		中统	S₂	2.72	2.63	2.64	2.64	
		下统	S₁	2.73				
	奥陶系	上统	O₃	2.85				
		中统	O₂		2.69	2.64	2.64	σ̄=2.66
		下统	O₁					
	寒武系	上统	€₃					
		中统	€₂	2.67		2.68	2.68	
		下统	€₁		2.57		T₁₁	Δσ=0.14
中—新元古界	震旦系 Pt₃	上统	Z₂	2.80	2.80	2.80	σ̄=2.80	
		下统	Z₁	2.70		2.81		
	前震旦系 褶皱基底	板溪群						
		恰斯、通木梁、黄水河、会理群	Pt₂	通木梁群 2.82　盐井群 2.67	2.82	2.82	σ̄=2.82	
太古宇—古元古界	结晶基底		Pt₁ AR		2.88		σ̄=2.85	

注：（1）四川盆地成果表明上三叠统为海陆过渡相。

（2）四川盆地成果统计海相沉积岩石密度差 Δσ=2.68-2.52=0.16。

（3）表中密度值均已按厚度加数 $\delta=\Sigma h_i \delta_i / \Sigma h_i$，密度层密度系算术平均。

（4）表中密度单位为 g/cm^3。

（5）表中"T"为地震波速界面。

（6）表中空白区为地层缺失或无数据。数据来源于《松潘—利川大剖面报告》，2001 年。

2. 磁化率资料

在三大类岩石中，岩浆岩普遍具有强磁性，其中又以基性岩、超基性岩的磁性最强，中性岩次之，酸性岩磁性较弱。

变质岩磁性极不均匀。一般规律是变质程度深、火山质含量丰富的岩石磁性相对强，已出露地表的、浅—中变质的褶皱基底磁性较弱。

沉积岩磁性最弱，一般磁化率均在 $50×4π×10^{-6}$ SI 以下；但当沉积岩中含有磁铁矿物时，该沉积岩会有一定磁性。盆地中部和西部地区主要为一套紫红色页岩、泥砂岩和泥灰岩（飞仙关组），其中含有较多的磁铁矿颗粒（一般为2%~8%），呈星散状分布于岩石中，因而具有一定的磁性；而在川东地区岩性变为正常沉积的灰色石灰岩（大冶组），属于基本无磁性地层。

扬子地区整体磁性特征是古元古界康定群和峻岭群，磁化率为（350~28300）$×4π×10^{-6}$ SI，平均值为（1050~16881）$×4π×10^{-6}$ SI；古—中元古界岩系包括会理群、板溪群、昆阳群和梵净山群等，浅变质岩系磁化率为（几十~几百）$×4π×10^{-6}$ SI，当含有磁铁矿时磁化率可达（1000~2600）$×4π×10^{-6}$ SI；下古生界岩系磁化率小于 $50×4π×10^{-6}$ SI，志留系碎屑岩为（100~200）$×4π×10^{-6}$ SI；上古生界岩系磁化率低，小于 $10×4π×10^{-6}$ SI；中生界岩系同样，磁化率小于 $10×4π×10^{-6}$ SI，三叠系飞仙关组的碎屑岩磁化率为（240~720）$×4π×10^{-6}$ SI；该区超基性岩类磁化率为 $5100×4π×10^{-6}$ SI，基性岩类为（1000~2600）$×4π×10^{-6}$ SI，闪长岩类为（一百至几百）$×4π×10^{-6}$ SI，花岗岩表现为弱磁性，燕山期具有磁性，二叠系玄武岩磁化率为（10~11900）$×4π×10^{-6}$SI（表3-1-5）。在四川盆地内，目前已有较多的钻孔中见到峨眉山玄武岩，如华蓥山区亦有发现，故在四川盆地中应注意以玄武岩为磁源体的磁异常。

表 3-1-5 四川盆地邻区的岩浆岩磁化率和磁化强度资料表

岩 性		代 号	巴颜喀拉褶皱带		龙门山褶皱带	
			K	J_r	K	J_r
岩浆岩	酸性岩	γ	[13.20] 2.54~369.74	[1.95] 0.2~3.86	[175] 2~1915	[15] 1~198
	中性岩	δ	[67.94] 18.55~182.37	[3.02] 0.36~22.29	[120] 8~2157	[15] 1~369
	基性岩	N			[2009] 22~19382	[225] 3~2703
	超基性岩	Σ			[5191] 466~14530	[2346] 121~15469
	碱性岩	ξ	[176.20] 45.86~335.3	[230.83] 110.30~456.87		
	喷出岩 玄武岩	$P_2β$				

注：磁化率单位为 $10^{-6}×4π$ SI，剩余磁化强度单位为 10^{-3}A/m。

[ ] 中的数据为特征值。

表 3-1-6　四川盆地及邻区磁化率和磁化强度资料统计表

岩 性		代 号		巴颜喀拉褶皱带		龙门山褶皱带		四川台陷
				K	J$_r$	K	J$_r$	K
沉积岩	盖层	Q		35.2	1.7			
		J$_2$s						170（96）
		T$_1$f				1161	31	268（268）
		P		61.7	4.0			（1460）
		Є—R		49.0	5.2	7	1	<50（20）
变质岩	浅变质基底	Z	Z$_2$			10	1	
			Z$_1$					（138）
		Pt$_3$	Pt$_3$bh					
		Pt$_2$				26	4	<100
	深变质基底	Pt$_1$—AR				[71.0] 8.0~83.5	[5] 1~102	[2000] 350~28300

注：（1）（ ）中的数据为"四川盆地地层特性参数标准柱状图说明书"的成果。

（2）[ ]中的数据为特征值。

（3）磁化率单位为：$10^{-6} \times 4\pi$ SI；剩余磁化强度单位为 J$_r \cdot 10^{-3}$A/m。

（4）Є—R 数值为除去 P、T$_1$f、J$_2$s 磁性后的磁性参数。数据来源于《松潘—利川大剖面报告》，2001 年。

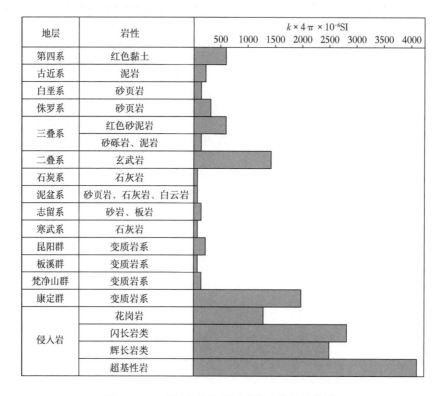

图 3-1-1　四川盆地及邻区磁化率统计柱状图

根据表 3-1-6 和图 3-1-1 的统计资料，归纳研究区地层磁性特点：

（1）中新生界沉积岩系大部分磁性很弱，磁化率为（0~100）×4π×10^{-6} SI，仅下三叠统飞仙关组有一定磁性，在华蓥山磁化率为（200~600）×4π×10^{-6} SI，在万县以东磁性已很弱。这套地层可引起局部升高的磁异常。

（2）古生界除二叠系基性火山岩外，其余地层磁性很弱磁化率一般小于 50×4π×10^{-6} SI。二叠系玄武岩磁性很强，但变化较大，磁化率为（10~11900）×4π×10^{-6} SI。玄武岩磁性不均匀，当出露地表时，可引起剧烈变化的磁异常。

（3）分布于康滇地轴的康定杂岩，其磁性不均一，一般角闪斜长片麻岩类、变粒岩类磁性较强，磁化率为（350~28300）×4π×10^{-6} SI，这套地层可在磁场上引起块状升高正磁场区。中—新元古界昆阳群、碧口群和梵净山群磁性均很弱，磁化率一般小于 100×4π×10^{-6} SI，在磁场上反映为平缓变化的负磁场区。

（4）侵入岩磁性变化较大，一般情况下由酸性到基性，磁性逐渐增强。其中超基性岩、辉长岩、辉绿岩磁性强，磁化率为（13~522）×4π×10^{-6} SI，闪长岩类也具有一定磁性，磁化率为（0~63000）×4π×10^{-6} SI，花岗岩类磁性变化大，磁化率在（8~8600）×4π×10^{-6} SI 之间变化，它们可以引起磁异常。

综上所述，四川地区磁性岩石及磁性岩层主要是位于古—中元古界的岩浆岩、基性火山岩和深变质的结晶基底。

3. 电阻率资料

前人在四川盆地及邻区开展过大量的电磁测深工作，图 3-1-2 是搜集到的王绪本等 2008 年在碌曲—中江采集的电磁测深剖面的反演结果，表 3-1-7 列出了从该剖面和其他剖面中获得的不同地区的电阻率值。

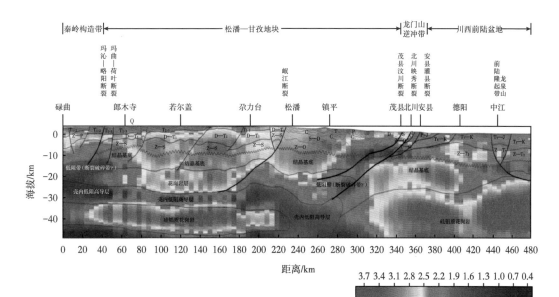

图 3-1-2 碌曲—中江大地电磁测深剖面

表 3-1-7　四川盆地不同地区的电阻率值（据刘康，2015）

参考地区	电阻率 /（Ω·m）	剖面来源
广元—剑门关	400~800	名山—广元 LMT 反演剖面
安县	>1000	安县—遂宁大地电磁测深剖面 碌曲—中江大地电磁测深剖面
映秀	>1000	映秀—简阳大地电磁测深剖面 刷经寺—郫县大地电磁测深剖面
郫县	<50	映秀—简阳大地电磁测深剖面 刷经寺—郫县大地电磁测深剖面
都江堰	200	名山—广元 LMT 反演剖面 刷经寺—郫县大地电磁测深剖面
双流—灌县	>7000	阿坝—泸州深部电性剖面
德阳—中江	400	碌曲—中江大地电磁测深剖面
射洪—遂宁	700~2000	安县—遂宁大地电磁测深剖面
遂宁—重庆	200~1000	若尔盖—重庆大地电磁测深剖面
隆昌—资阳	500~600	阿坝—泸州深部电性剖面
泸州	<400	宁蒗—泸州深部电性剖面
宜宾以西	>1000	宁蒗—泸州深部电性剖面

4. 基底物性分析

不同类型的基岩，如基性火山岩、酸性火山岩和火山碎屑岩（凝灰岩）等，具有不同的物性（密度、磁化率和电阻率），在重、磁、电资料上会形成不同的异常，并据此将不同岩性在平面上图上区分开来。

根据表 3-1-2、表 3-1-5 和表 3-1-7，整理了基岩密度、磁化率和电阻率资料（表 3-1-8），它们都来自四川盆地外前震旦系的露头测试分析。据此，归纳了四川盆地基底的重、磁、电特征，一般认为有如下关系：

（1）砂岩、泥岩等沉积岩是无磁性的，而火成岩除了凝灰岩以外磁性普遍很强；火成岩中以基性岩、超基性的玄武岩、辉绿岩的磁性最强，中性的岩次之，酸性的英安岩、流纹岩磁性较弱；火山质杂岩的磁性与混合岩化程度的强弱有关；花岗岩类的磁性变化比较大。

（2）基性的玄武岩、辉绿岩密度最高，中性的火山角砾岩密度次之，酸性的英安岩、流纹岩密度较低，而凝灰岩密度最小，花岗岩密度也偏小；杂岩的密度依然与其混杂程度相关。

（3）基性的玄武岩、辉绿岩电阻率最大，英安岩、流纹岩的电阻率次之，火山角砾岩、凝灰岩和变质岩类的电阻率较小。

表 3-1-8 四川盆地外火成岩露头的密度、磁化率资料

岩石类型	密度 / (g/cm³)		磁化率 /10⁻⁶×4π SI		电阻率
	巴颜喀拉	龙门山	巴颜喀拉	龙门山	
酸性岩	[2.64] 2.6~2.66	[2.64] 2.62~2.67	[13.20] 2.54~369.74	[175] 2~1915	未搜集到统计资料，可从 MT 剖面上分析研判
中性岩	[2.87] 2.75~2.95	[2.85] 2.75~2.96	[67.94] 18.55~182.37	[120] 8~2157	
基性岩		[2.91] 2.81~3.00		[2009] 22~19382	
超基性岩		[2.76]* 2.70~2.84		[5191] 466~14530	
碱性岩	[2.89] 2.66~3.01		[176.2] 45.86~335.30		

注：* 马松岭、黄二坪超基性岩由于蛇纹石化蚀变使密度值减小。

[ ] 中的数据为特征值。

二、四川盆地北部周缘古老地层标本采集与物性研究

2016 年 6 月，笔者完成了四川盆地北缘前寒武系岩石标本采集，样品采集区主要位于湖北西北部和陕西东南部，地形以山地为主，林木茂密，山间多毒虫毒蛇。夏季温度较高。区内道路网较发达，交通便利。根据地质图上目标岩层的出露情况，结合交通情况，确定了图 3-1-3 所示的 A、B、C 三个区域为样本采集区。根据工区内交通线路及采样点分布情况，该次采集的线路为由 A 到 B，再由 B 到 C，最后返回 A 处进行样本补采、发运等工作。样本野外采集过程共历时 9 天，完成样本采集 234 块。其中在 A 处采集了 134 块样本，包括 42 块辉绿岩样本，92 块武当山群双台组和杨坪组的砂岩、泥岩样本；在 B 处采集了 68 块样本，包括 61 块姚坪组砂岩、泥岩样本，7 块辉绿岩样本；在 C 处采集了 32 块冰碛砾岩样本。归类后，各岩层样本数分别为泥岩 62 块，砂岩 91 块，辉绿岩 49 块，冰碛砾岩 32 块。

在完成密度和磁化率测量后，根据电阻率测试要求，将样本加工为柱状塞以便测量。234 块样品中，最终加工出 207 个可供测试的柱状塞，规格为 25mm×50mm（直径×高度）；极少数样品的高度不足 50mm，但不影响电阻率测定。207 个柱状塞中包含泥岩 42 个，砂岩 91 个，辉绿岩 44 个（含 7 块姚坪组辉绿岩样本），冰碛砾岩 30 个，柱状塞编号及对应地层见表 3-1-9。同时加工了用于测量波速参数的柱状塞 17 个，规格为 38mm×50mm（直径×高度），剩余 6 块样本用于岩石矿石薄片鉴定。

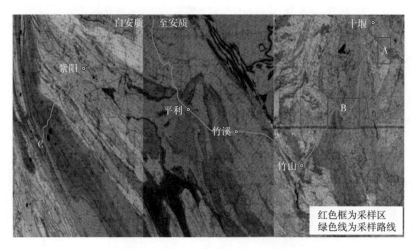

图 3-1-3　采样区地质构造及采集路线图

表 3-1-9　柱状塞编号对应地层表

样本编号	数量 / 个	对应地层和样本岩性
A001-A042	42	武当山群双台组和杨坪组的泥岩
B043-B075	33	姚坪组砂岩、泥岩
B076-B133	58	武当山群双台组和杨坪组的砂岩
C134-C170	37	杨坪组辉绿岩
C171-C177	7	姚坪组辉绿岩
D178-D207	30	南华系板溪群、峨边群、苏雄组冰碛砾岩

以上各岩性样本数统计中的样本岩性为野外初步鉴定结果，为确定所采集各类岩石样本的准确矿物含量及名称，挑选有代表性的岩石样本交由中国地质大学（北京）岩石实验室进行岩石矿石薄片鉴定，发送样品的样本编号分别为：A002、B012、B039、C009、C038、D011。分析结果见表 3-1-10。

表 3-1-10　岩石矿石薄片鉴定结果对应地层表

样本号	野外鉴定岩性	对应地层	鉴定岩性
A002	泥岩	双台组和杨坪组	石榴绢云千枚状片岩
B012	砂岩	姚坪组	含榴白云母石英片岩
B039	砂岩	双台组和杨坪组	石榴石英白云母片岩
C009	辉绿岩	双台组和杨坪组	钠长阳起绿帘石片岩
C011	辉绿岩（疑）	姚坪组	钠长绿帘阳起石片岩
D011	冰碛砾岩	南华系	中细粒岩屑杂砂岩

采集样本的鉴定结果与野外初步判定存在差别，在野外判断是泥岩和砂岩的样本，经鉴定均为变质岩，其中双台组和杨坪组的泥岩为变火山沉积岩，砂岩为变沉积岩，变质前均为泥岩或砂岩；姚坪组的砂岩为变沉积岩，变质前为含泥沙岩。姚坪组的辉绿岩因无磁或低磁性在野外无法确认，经鉴定后确认为辉绿岩。双台组和杨坪组的辉绿岩及南华系的冰碛砾岩的野外定性结果与薄片鉴定结果一致。

1. 物性测量

物性测量需测样本的三个参数，即磁化率，密度和电阻率。测试结果见表 3-1-11。

表 3-1-11 样本物性测量结果统计表

样本编号	磁化率 / (10^{-5}SI)				密度 / (g/cm³)				电阻率 / (Ω·m)			
	最小值	最大值	均值	标准误差	最小值	最大值	均值	标准误差	最小值	最大值	均值	标准误差
A001-A042	2	49	23.9	1.86	2.600	2.780	2.69	0.0069	48.6	774.8	449.90	38.946
B043-B075	8	62	29.7	2.86	2.340	2.690	2.66	0.0147	248.3	716.8	573.50	34.630
B076-B133	5	58	31.8	1.71	2.500	2.790	2.57	0.0084	3116.8	9060.0	4474.84	520.490
C134-C170	216	2466	869.6	80.02	2.860	3.000	3.01	0.0100	990.4	2237.4	1792.80	183.110
C171-C171	48	99	72.0	6.56	2.704	2.886	2.80	0.0270	1224.3	2000.5	1495.20	107.070
D178-D207	7	79	30.5	3.09	2.530	2.710	2.64	0.0080	434.1	966.1	777.30	73.680

磁化率用 ZH-1 型磁化率仪直接测量得到，对同一个样本测量至少三次，取最大值记录。

密度采用静水法测量，静水法测量方法为用 DM-3 型密度仪首先测量标本在空气中的质量，再将标本完全浸没在装有水的容器中，用仪器测量标本在水中的质量，仪器即可计算出标本的密度，其工作原理为阿基米德定律：浸在液体里的物体受到浮力减轻的质量，等于物体排开同体积液体的质量。

电阻率测量采用的仪器为 LZSD-C 型直流数字电测仪，读数为电流和电压，通过公式 $\rho=2\pi dU/I$ 计算电阻率。其中，ρ 为电阻率，d 为电极间距，U 和 I 分别为电压和电流。

测量电阻率的柱状塞经过静水浸泡 24h，无加温加压措施，测量过程在空气中进行。

测量磁化率参数采用多次测量，取最大值；密度、电阻率参数为一次测量、读数。通过计算每种岩石样本各个物性参数的算术平均值，来统计归纳岩石的物性特征。在求均的过程中，删除明显的奇异点，以消除其对资料质量的影响。

2. 物性分析

结合岩石矿石薄片鉴定结果，重新归纳地层物性，真实的地层和样本物性对照见表 3-1-12。

将六类岩性样品所测得的物性参数绘制成直方图，进行对比分析，初步总结了各种岩石类型的物性参数统计分布特征。

1）磁性特征

各岩性所测得的磁化率数据绘制成正态分布图，如图 3-1-4 所示。

表 3-1-12　地层对应样本物性最终结果统计表

样本编号	岩性	对应地层	磁化率 /（10^{-5}SI）	密度 /（g/cm³）	电阻率 /（Ω·m）
A001-A042	石榴绢云千枚状片岩	双台组和杨坪组	23.9	2.69	449.90
B043-B075	含榴白云母石英片岩	姚坪组	29.7	2.66	573.50
B076-B133	石榴石英白云母片岩	双台组和杨坪组	31.8	2.57	4474.84
C134-C170	钠长阳起绿帘石片岩	杨坪组辉绿岩	869.6	3.01	1792.80
C171-C177	钠长绿帘阳起石片岩	姚坪组辉绿岩	72.0	2.80	1495.20
D178-D207	中细粒岩屑杂砂岩	板溪群、苏雄组	30.5	2.64	777.30

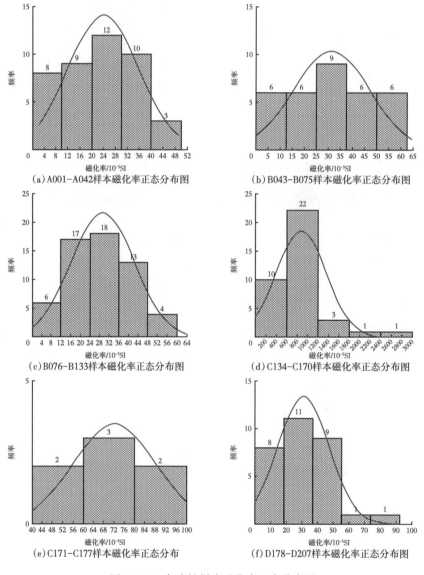

图 3-1-4　各岩性样本磁化率正态分布图

双台组和杨坪组的石榴绢云千枚状片岩磁化率均值为 $23.9×10^{-5}$ SI，呈现弱磁性；双台组和杨坪组的石榴石英白云母片岩磁化率均值为 $29.7×10^{-5}$ SI，呈现弱磁性；姚坪组的含榴白云母石英片岩磁化率均值为 $31.8×10^{-5}$ SI，呈现弱磁性；杨坪组出露的钠长阳起绿帘石片岩磁性很强，均值为 $869.6×10^{-5}$ SI，呈现强磁性，岩石样本集中分布在均值附近，差异性较小，而姚坪组的钠长绿帘阳起石片岩表现为没有磁性均值仅有 $72×10^{-5}$ SI，呈现中等偏弱磁性；板溪群的冰碛砾岩磁化率均值为 $30.5×10^{-5}$ SI，呈现弱磁性。所有岩性的岩石样本的正态分布规律性较好。

2）密度特征

各岩性所测得的磁化率数据绘制成正态分布图，如图 3-1-5 所示。

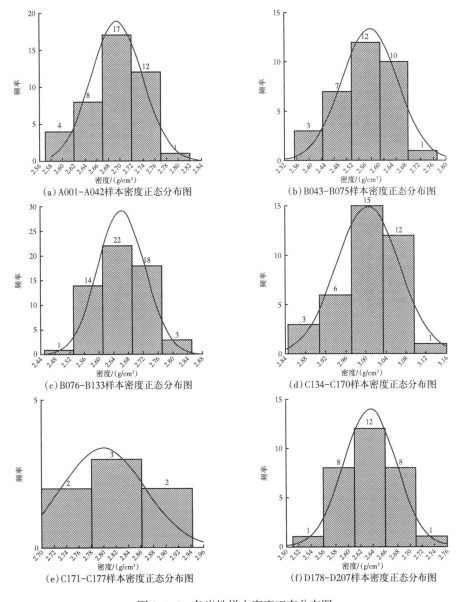

图 3-1-5 各岩性样本密度正态分布图

双台组和杨坪组的石榴绢云千枚状片岩密度均值为 2.69g/cm³；双台组和杨坪组的石榴石英白云母片岩密度均值为 2.66g/cm³；姚坪组的含榴白云母石英片岩密度均值为 2.57g/cm³；杨坪组出露的钠长阳起绿帘石片岩密度均值为 3.01g/cm³，岩石样本分布规律性较好；姚坪组出露的钠长绿帘阳起石片岩密度均值为 2.80g/cm³，其与本层的含榴白云母石英片存在 0.23g/cm³ 的密度差。板溪群的冰碛砾岩密度均值为 2.64g/cm³。所有岩性的岩石样本的正态分布规律性较好。

3）电性特征

各岩性所测得的磁化率数据绘制成正态分布图，如图 3-1-6 所示。

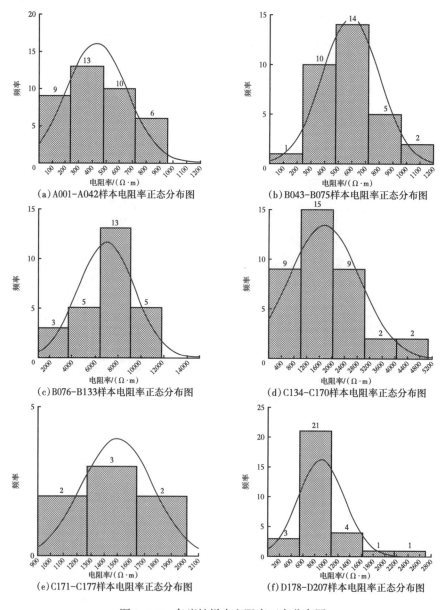

图 3-1-6　各岩性样本电阻率正态分布图

双台组、杨坪组的含榴石英白云母片岩和该层的石榴绢云千枚状片岩存在很大的电性差异，石榴石英白云母片岩电阻率均值为 4474.84Ω·m，表现为高阻，石榴绢云千枚状片岩电阻率均值为 449.9Ω·m，表现为次高阻，两者之间存在明显的电性差异。姚坪组的含榴白云母石英片岩电阻率均值为 573.5Ω·m，表现为次高阻；杨坪组辉绿岩电阻率均值为 1792.8Ω·m，表现为高阻；姚坪组辉绿岩电阻率均值为 1495.2Ω·m，与围岩的电性差异明显。冰碛砾岩电阻率均值为 777.3Ω·m，表现为次高阻。所有岩性的岩石样本的正态分布规律性较好。

4）地层物性差异对比

为直观研究各地层岩性在磁化率、密度、电阻率之间的物性差异，将各地层岩石物性数据绘制成柱状图，如图 3-1-7、图 3-1-8、图 3-1-9 所示。

如图 3-1-7 所示，在磁化率方面，杨坪组辉绿岩与周围岩性相比具有明显的磁化异常，而姚坪组辉绿岩与围岩相比，磁性差异很小。

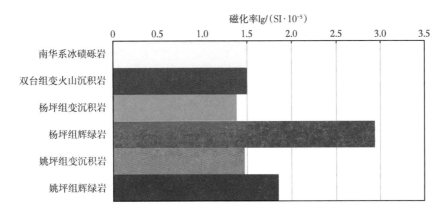

图 3-1-7　地层样本磁化率差异统计图

如图 3-1-8 所示，双台组的密度为 2.57g/cm³，和杨坪组之间的密度差异达到 0.12g/cm³；侵入的辉绿岩密度最高，达到 3.01g/cm³；姚坪组的密度为 2.66g/cm³，与侵入的辉绿岩的密度差异达到 0.14g/cm³。杨坪组与双台组之间的密度差异为 0.09 g/cm³。

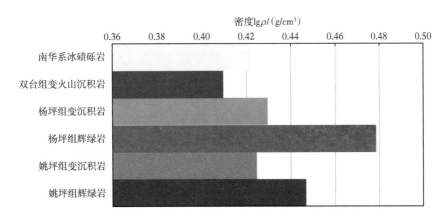

图 3-1-8　地层样本密度差异统计图

如图 3-1-9 所示，在电阻率方面，双台组显示为高阻，杨坪组电阻率相对很低，侵入的辉绿岩表现为次高阻，因此这里有两个电性层，杨坪组和姚坪组的电性差异很小，姚坪组与侵入的辉绿岩构成一个电性层。

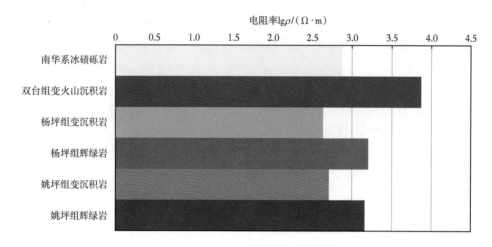

图 3-1-9　地层样本电阻率差异统计图

3. 物性分析结果

根据上述物性特征，得到深层沉积层岩石的物性特征：

（1）磁性差异主要在双台组和杨坪组的片岩与侵入的辉绿岩之间。

（2）双台组和杨坪组之间存在一个密度界面，侵入的辉绿岩与双台组、杨坪组之间存在另一个密度界面。

（3）双台组是一个高阻层，杨坪组的电阻率相对很低，辉绿岩为次高阻层，此处有两个电性层，一个在双台组和杨坪组之间，一个是辉绿岩侵入构成的电性层。

（4）姚坪组的辉绿岩磁性很弱，密度为 2.8g/cm^3，与围岩存在一个密度界面，电性表现为高阻，姚坪组本身的电性表现为低阻，此处有一个电性层。

（5）冰碛砾岩表现为次高阻，无磁，密度约 2.64g/cm^3。

三、川西火成岩物性研究

2019 年 4 月，笔者对川西南火成岩进行了多方位的物性收集工作，包括野外露头采样及磁化率测试、钻井岩心磁化率测试、测井数据整理分析等工作。

1. 川西南火成岩露头考察

在川西南峨眉山和金口河一带进行火成岩及其围岩物性采集考察工作，考察地点及目标露头如图 3-1-10 所示。此次考察主要目的为：

（1）实地考察中元古界峨边群及二叠系爆发相、溢流相及侵入相火成岩的分布及其与围岩接触关系；

（2）实测火成岩及其围岩露头磁化率数据；

（3）采集岩石露头样本，供后期进行物性研究。

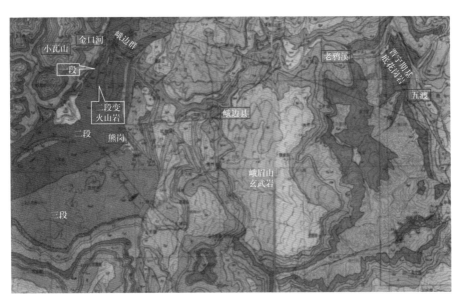

图 3-1-10　川西南火成岩考察地质图

2. 考察情况

重点考察峨眉山市、金口河市和峨边县周边晋宁期花岗岩、峨边群火山岩和峨眉山玄武岩等火成岩及其围岩的岩性、岩相及磁性强度特征，考察路线及考察地点如图 3-1-11 所示。全程历时 7 天，野外现场工作 4 天，共考察露头 28 处，共采集露头样本 71 块，考察现场进行岩石露头磁化率测量 79 次。具体岩样采集及测试信息见表 3-1-13。

图 3-1-11　川西南火成岩考察路线及采样位置图

表 3-1-13　野外考察信息统计表

地层	岩性	样品数	测量次数	磁化率/（10⁻⁶SI）
晋宁阶	花岗岩	4	9	25
	辉绿岩	0	7	1201
峨边群	火山角砾岩	3	4	40680
	玄武岩	3	6	610
	变质火山岩	3	4	925
	板岩、片岩	2	5	261
	大理岩	1	1	87
二叠系	火山角砾岩、集块岩	5	4	104000
	玄武岩	14	10	35350
茅口组	石灰岩	8	1	43
灯影组	白云岩	10	5	10
陡山沱组	砂泥岩	0	7	6
	页岩	0	6	67
其他	硅质岩、烃页岩、砂泥岩	18	10	—

3. 物性研究

考察结束后，对野外岩石露头磁化率数据进行统计并绘制各地层的岩性磁化率分布柱状图（图 3-1-12），通过数据分析可见：爆发相火山岩磁化率高于溢流相，二叠系和峨边群均有此特征；二叠系火山岩磁化率明显高于峨边群和晋宁阶火山岩；峨边群除火山角砾岩为强磁性外，其他火山岩均为弱磁性或无磁性；晋宁阶辉绿岩为弱磁性，花岗岩为无磁性；其他沉积岩、变质岩为无磁性。

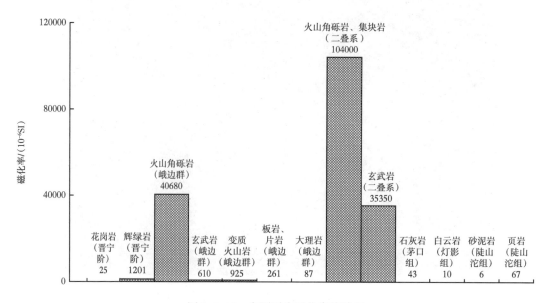

图 3-1-12　实测露头磁化率统计图

该次磁化率数据为野外露头实测数据，并对采集回来的 71 块岩石样本进行挑选，择适用样品加工成适用于室内岩石物性测量的样本进行声波、密度、电阻率、磁化率等物性测试。这对川西南火山岩开展深入的物性分析研究工作，以及指导四川盆地火山岩及深层结构勘探具有重要意义。

四、钻井岩心磁化率分析

1. 任务概况

2019 年 5 月，笔者赴四川岩心库对川西南钻遇火山岩的测井岩心开展磁化率测量工作。测量的主要目的是实测火山岩磁化率变化特征，分析总结不同岩性、岩相火山岩的磁化率特征，为四川盆地火山岩磁力勘探能够精细刻画火山岩分布情况提供物性支持。

2. 物性测量情况

工作组初步收集 20 口测井数据，经搜索岩心库岩心存放情况，实际对永探 1 井、汉 6 井、威阳 17 井、威 117 井、周公 2 井 5 口（图 3-1-13）存有岩心样本的测井岩心进行磁化率实测工作。其中永探 1 井二叠系火山岩为爆发相，汉 6 井和周公 2 井为二叠系火山岩为溢流相，威 117 井二叠系存在部分火山凝灰岩。该次共测量岩心样本 133 盒，岩心长度 334.1m，数据测量间隔为 0.1m，共实测 1682 个数据。测量岩心信息及工作量见表 3-1-14。由于汉 6 井岩心只标注了采样编号数据，深度数据缺失，无法绘制磁化率—深度关系图，其他 4 口测井获得的磁化率数据均已绘制成火山岩磁化率分布散点图（图 3-1-14）。从图 3-1-14 中可看出各测井所采集的火山岩岩心磁化率均具有较大的变化，这说明磁性特征具有分辨不同岩性火山岩的能力。

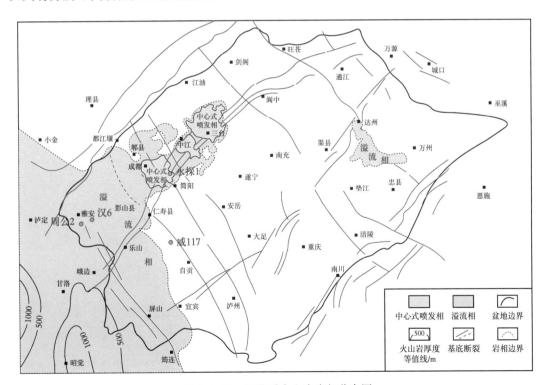

图 3-1-13　二叠系火山岩岩相分布图

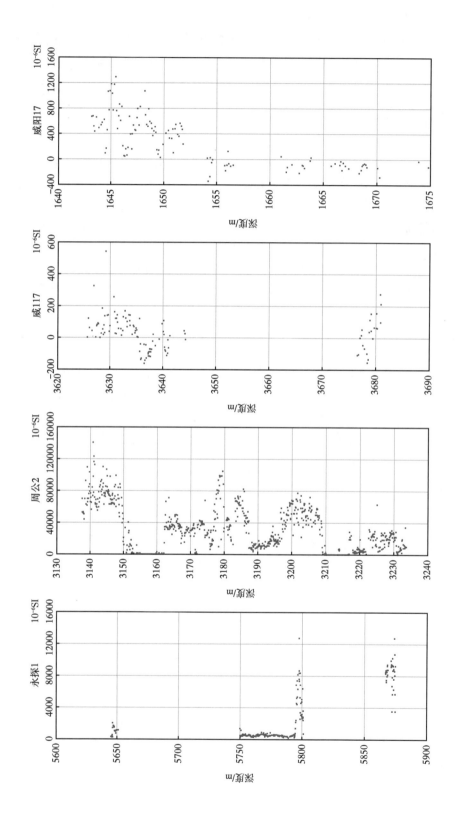

图 3-1-14 二叠系火山岩岩相分布图

岩心库所保存的各测井岩心数据并不完整，除周公2井和汉6井外，其他三口测井均存在一定的岩心缺失现象，如永探1井岩心总长度为65.2m，共有三段岩心，分别是5645~5651m，5750~5801.4m，5866.9~5874.7m；威117井有两段岩心，分别是3625.5~3644.2m和3676.5~3680.9m。

表3-1-14 岩心磁化率测量统计信息表

井号	岩心盒数	年代地层	起始深度/m	结束深度/m	样点数	井段长度/m
永探1	32	P₂b	5645.0	5651.0	17	6.0
			5750.0	5801.4	283	51.4
			5866.9	5874.7	40	7.8
汉6	29	P₂b	4594.0	4712.0	313	118.0
威阳17	4	P₂b	1643.1	1674.8	116	31.7
威117	5	AnZ	3625.5	3644.2	90	18.7
			3676.5	3680.9	22	4.4
周公2	63	P₂b	3137.4	3233.5	801	96.1
总计	133		33938.4	34272.5	1682	334.1

3. 岩心磁化率数据分析

周公2井磁化率数据观测深度范围为3137.4~3233.5m，共96.1m。观测井段内主要为玄武岩，中间夹杂部分火山角砾岩与沉积凝灰岩（图3-1-15）。玄武岩整体呈高磁性，3150m附近的沉积凝灰岩与火山角砾岩呈弱磁性，而3175~3180m的火山角砾岩呈强磁性。3210m附近的沉积凝灰岩及其以下的玄武岩整体磁性较弱。

永探1井岩心资料不全，岩心资料分三段保存，分别是5645~5651m的火山碎屑岩，5750~5801.4m的玄武岩和5866.9~5874.7m的辉绿岩，共存有岩心65.2m。具体岩心岩性如图3-1-16所示，其中火山碎屑岩呈中磁性，玄武岩整体呈中磁性，但部分井段岩心呈强磁性，可能与岩相有关，有待进一步调研。辉绿岩整体呈强磁性。

测量小组赴威远岩心库对威117井3625.5~3680.9m之间的前震旦系玄武岩进行了磁化率数据测量。从图3-1-17的测量结果来看，该层系的火山岩整体呈无磁或弱磁性。在寻找火山岩岩心过程中，测量小组发现威阳17井的火山凝灰岩也具有一定的磁性，因此对威阳17井3625.5~3644.2m段的火山凝灰岩进行了磁化率测量，通过测量发现该段岩心具有中等磁性特征，其磁化率达到了$100×10^{-6}$SI左右，最高可达$544×10^{-6}$SI，可能与该段岩心因含有含磁性火山碎屑有关。

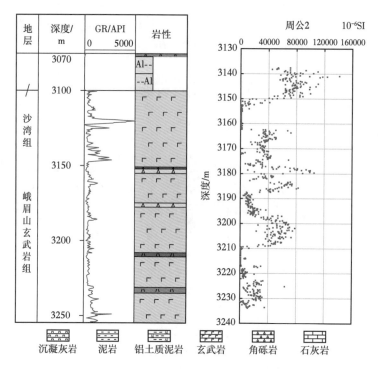

图 3-1-15　周公 2 井岩性与磁化率分布图

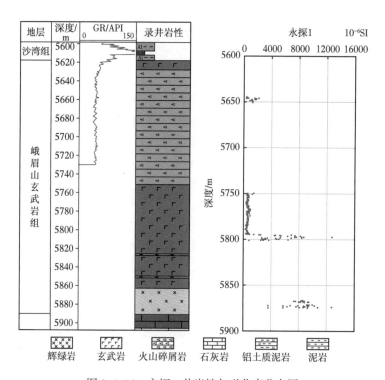

图 3-1-16　永探 1 井岩性与磁化率分布图

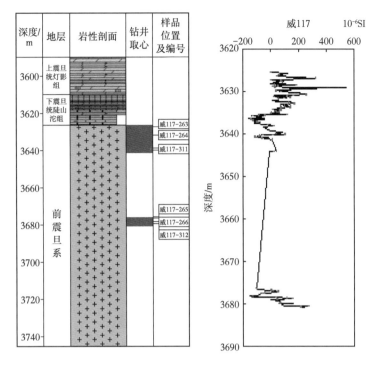

图 3-1-17　威 117 井岩性与磁化率分布图

4. 电性特征分析

研究区的电性特征研究是电法处理解释的基础工作，该次物性研究以永探 1 井和永胜 1 井的实测电阻率测井数据为主。根据永探 1 井和永胜 1 井的电阻率—深度数据，建立分层电阻率模型，以拟合测井电阻率曲线，如图 3-1-18 所示。从电阻率模型来看该区域从浅至深大致可分为低—高—低、中—高—低—低、中—高七层（表 3-1-15），其中浅层须家河组以上地层主要是沉积砂泥岩，电阻率普遍较低；龙潭组和嘉陵江组以膏岩、白云岩和石灰岩为主，电阻率整体较高；飞仙关组以砂泥岩为主，夹薄层泥质灰岩，电阻率较低；长兴组以石灰岩为主，电阻率高，但整体较薄；龙潭组以低阻砂泥岩为主；峨眉山玄武岩组整体表现为低阻；下二叠茅口组和栖霞组以石灰岩为主，整体电阻率较高。

表 3-1-15　永胜 1 井和永探 1 井电性分层特征

地层	主要岩性	电阻率特征
J—T$_3$x	砂泥岩	低
T$_2$l—T$_1$j	石膏岩、白云岩、石灰岩	高
T$_1$f	砂泥岩、泥质灰岩	低、中
P$_2$c	石灰岩	高
P$_2$l	砂泥岩	低
β	玄武岩、凝灰岩、辉绿岩	低、中
P$_1$	石灰岩	高

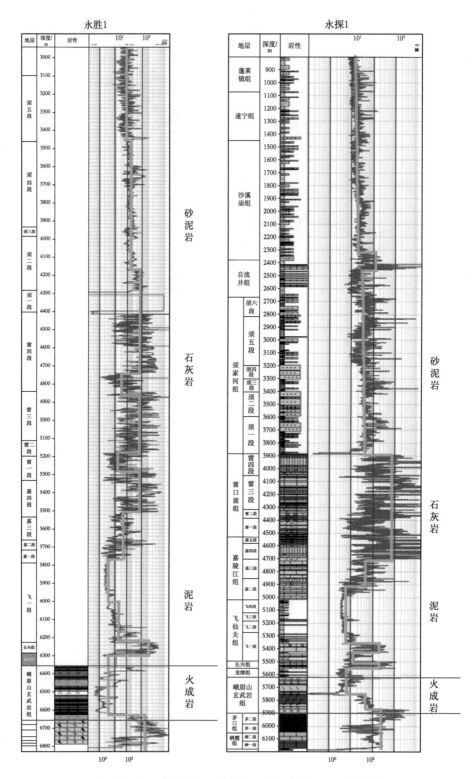

图 3-1-18　永胜 1 井和永探 1 井电阻率曲线及电性分层

川西南主要储层是二叠系火山岩，其电阻率与上覆地层的龙潭组砂泥岩较为接近，但龙潭组整体较薄，可将此两套地层看作一套目的层来作为勘探目标，该套目的层与长兴组石灰岩及下伏茅口组的石灰岩相比为中低电阻特征，电性差异较大，为识别该套二叠系火山岩提供了良好的物性基础。

第二节　重力资料处理解释

四川盆地及邻区布格重力数据由三部分拼接而成（图 3-2-1），包括 1∶50 万盆地范围的重力数据、1∶50 万周边小范围数据和 1∶100 万云贵川重力数据。拼接采用 Geosoft Oasis Montaj 软件 knit 模块。

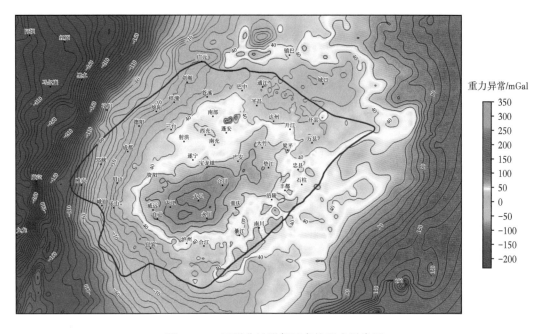

图 3-2-1　四川盆地及邻区布格重力异常图

布格重力异常包含了地壳内各种偏离正常密度分布的矿体与构造的影响，也包括了地壳下界面起伏而在横向上相对上地幔质量的巨大亏损或盈余的影响。从图 3-2-1 可以看到，该区布格重力异常总体上自西往东升高，盆地西部、西南部为重力梯级带围绕，东部为武陵山重力梯级带，北缘为近东西向分布的大巴山重力低。盆地重力异常稳定，东部和西部异常特征有所差异。布格重力值介于 -120~90mGal，其中大足重力高非常明显。龙门山地区表现为北北东向重力梯级带，川西高原为低缓重力异常背景。华蓥山以东，布格重力异常以低缓背景上发育着零散的小型圈闭异常为特点，西部与川中平缓褶皱区相对应，重力异常特征为上升的相对重力高值区，西充县和大足区两重力异常值最高；平稳重力异常区的总体形状为一菱形，与四川盆地的形状吻合。

一、重力异常向上延拓及其特征

1. 向上延拓

图 3-2-2 是向上延拓 10km、20km、40km、60km 的重力异常图。该区布格重力异常无论深浅，都是自西往东升高，盆地西部为重力梯级带围绕。大足重力高在深层依然存在，说明该异常可能是由地下深部密度变化引起的。延拓结果与盆地及周边构造单元特征相符，表征了深部结构对浅部的控制作用。

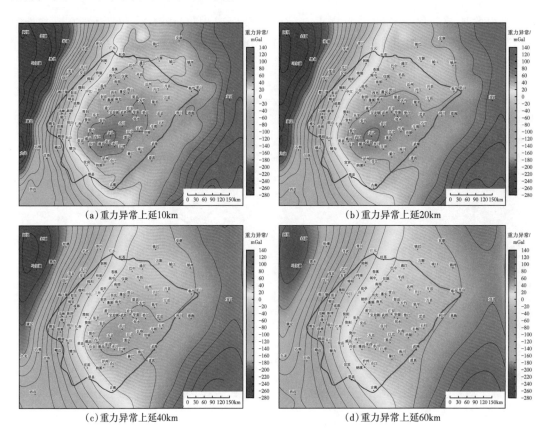

（a）重力异常上延10km   （b）重力异常上延20km

（c）重力异常上延40km   （d）重力异常上延60km

图 3-2-2　四川盆地及邻区重力异常向上延拓图

2. 剩余重力异常

用布格重力异常减去上延 40km 的深源异常，得到反应中浅层重力效应的剩余重力异常（图 3-2-3）。

对比布格重力异常（图 3-2-1）和剩余重力异常（图 3-2-3）的特征，可以看出：图 3-2-3 反映了浅部的高频异常。在盆地西北边界，汶川—德阳—绵阳地区的布格异常上为低值，而剩余异常为高值，说明该地区存在浅源重力异常。盆地中部的大足地区的布格重力异常和剩余异常均为高值，说明大足地区的重力异常受深部和浅部的共同影响。

需要注意的是，剩余重力异常不是基底剩余重力异常，利用上延 40km 的重力效应从布格重力异常中减去而得到的剩余重力异常，能够粗略地反映中浅层的重力效应。将通过二维重震建模和三维正演剥层，提取盆地基底的剩余重力异常。

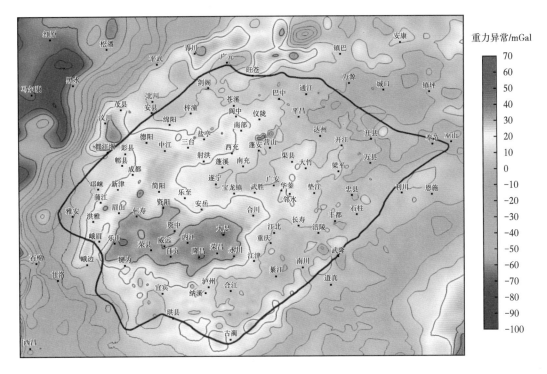

图 3-2-3 四川盆地及邻区剩余异常图

二、重力异常的均衡特征

地表地形的起伏造成的载荷差异将在地壳深部乃至更深的部位得到充分补偿。在某一补偿深度之下，地球的压力处于流体静平衡状态，因此，在补偿界面以上的单位截面柱体中的质量必须相等，过多的地表负荷会导致在补偿界面之上要有等量的质量亏缺才能达到静态平衡，反之亦然。根据 Airy 地壳均衡理论，陆地和海底地形起伏会在地下产生山根或反山根，设地壳平均密度为 ρ_0，莫霍面密度差为 $\Delta\rho$，地形海拔高度为 H，则山根厚度 $t=H(\rho_0/\Delta\rho)$。Airy 均衡状态下的理想深度（记作 A）就等于 t 与均衡补偿面的深度（记作 T）之和，$A=t+T$。

1. 均衡重力异常

均衡改正的求取，一般第一步是将研究区内大地水准面以上多余的按正常地壳密度分布的物质全部"移去"，即遍及全区的地形校正；第二步是将这移去的质量全部"填补"到大地水准面以下至均衡补偿面之间（或是山根与反山根）的范围内。然后从布格重力异常中减去均衡改正值，得到均衡重力异常。在没有莫霍面数据的地区，均衡重力异常可以认为是消除了莫霍面起伏和深层的重力效应，反映的是地壳内的密度和构造信息。

利用 Geosoft Oasis Montaj 软件计算均衡异常：基于 Airy 均衡模型，以研究区平均莫霍面深度 40km 为均衡补偿面的深度，正常密度设为 2.67g/cm³，地幔密度设为 3.3g/cm³，莫霍面密度差为 0.63g/cm³。利用卫星测量的四川盆地及邻区的高程数据，计算得到山根厚度 $t=3.24H$，如图 3-2-4 所示；计算山根在海平面处的三维重力效应，再从布格重力异常中减掉即得均衡重力异常（图 3-2-5）。

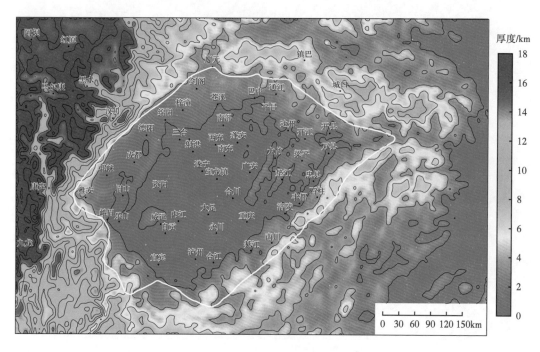

图 3-2-4　四川盆地及邻区山根厚度图

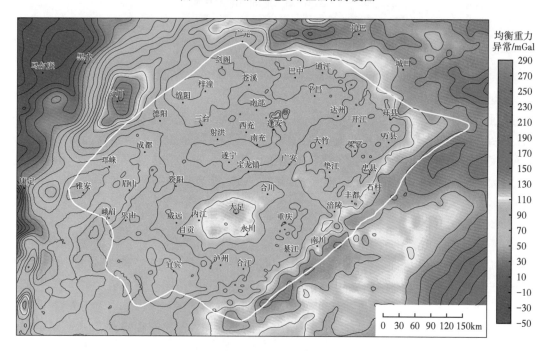

图 3-2-5　四川盆地及邻区均衡重力异常图

从图 3-2-5 上可以看出，均衡重力异常自西北向东南递增，在川西北的茂县、汶川一带出现一个相对高的均衡重力异常块；在大足地区也出现了相对周围较高的均衡重力异常，说明这两个地方相较周围地区更不均衡。根据重力异常向上延拓的结果（图3-2-2），汶川地区的重力异常没有深源效应，所以推测该地区的地壳深度比周围更小，或者存在浅层的地质异常。大足地区的布格重力异常和均衡重力异常都是高值，有待进一步研究分析。

均衡重力异常是地壳以上物质的构造和物性变化的综合体现。盆地内绵阳—苍溪、雅安—成都、遂宁—南充和宜宾四个地区表现为重力低，大足地区为重力高，大致勾画出的中浅层重力异常分布特征，为分析四川盆地的基底结构提供了参考。

2. 地壳均衡深度

通过研究理想均衡状态下的地壳深度（记作 A）与实际莫霍面深度（记作 M）的差值，也可以了解研究区的均衡状态。记 ΔD 为均衡差异深度，$\Delta D = A - M$。

以四川盆地平均莫霍面深度 40km 为均衡补偿面的深度，正常密度设为 $2.67g/cm^3$，地幔密度设为 $3.3g/cm^3$，莫霍面密度差为 $0.63g/cm^3$。利用卫星测量的四川盆地及邻区的高程数据，计算得到山根厚度 $t=3.24H$，如图 3-2-4 所示。然后加 40km 得到 A，如图 3-2-6 所示。

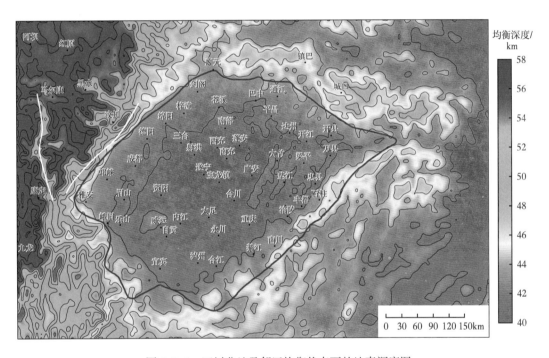

图 3-2-6　四川盆地及邻区均衡状态下的地壳深度图

从图 3-2-6 可见，四川盆地均衡状态下的地壳深度等值线稀疏，变化很小，变化范围集中在 41~43km；盆西外围等值线密集，尤其以川西北甘孜地区，这与该区域山地地形起伏较大有关，厚度为 51~60km；深度最大的地方出在线盆外西侧的康定—九龙一带，达到 63km。从图上还可以看出与龙门山断裂带、鲜水河断裂带走向一致的深度变化梯级带（图上白色线条），梯度为 0.3~0.4 深度 / 距离。

为了研究中所参考的莫霍面深度图的准确性，搜集了 19 条地震剖面资料，提取出每条地震剖面解释的莫霍界面深度，对莫霍面深度图进行对比与厘定，结果如图 3-2-7 所示。从图上可以看出，重庆与大足地区莫霍面埋深在盆地内部最浅，只有 36km 左右，因而大足重力异常受地壳结构、特别是莫霍面隆起的影响很大。

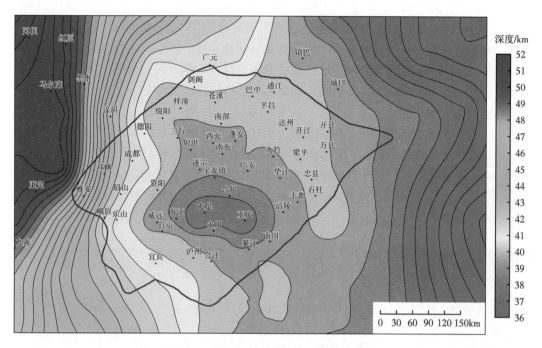

图 3-2-7　四川盆地及邻区的莫霍面深度图

从均衡状态下的地壳深度（图 3-2-6）中减去实际莫霍面深度（图 3-2-7），即可得到图 3-2-8 所示的均衡差异深度。

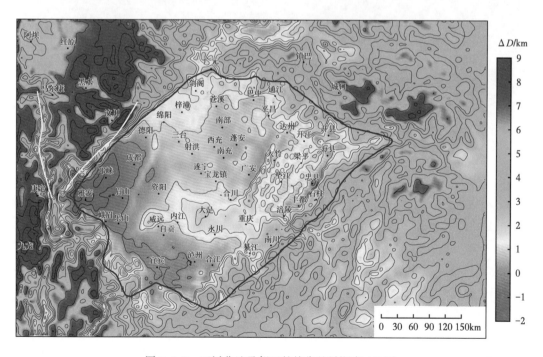

图 3-2-8　四川盆地及邻区的均衡差异深度 ΔD 图

四川盆地内的均衡差异深度图的等值线稀疏，变化很小，大部分在 -1.5~1.5km，基本处于均衡状态；在盆地西部的雅安、邛崃地区均衡差异深度的值达到 -3.0~-2.0km；在大足—重庆地区均衡差异深度的值偏高，为 2.1km，说明该地区的地壳仍没有达到均衡状态。康定—雅安一线是均衡差异深度梯度最大的地区，且是鲜水河断裂带和龙门山断裂带的交汇处。

盆外均衡差异深度的值均大于 3.0km，川西大于 8km，说明四川盆地内部比盆外更接近均衡状态，盆外的地壳深度过大，地表需要"下沉"才能达到均衡，且盆西要比盆东下沉更多；盆内雅安—邛崃地区则应该"抬升"。这种均衡沉降模式可以用图 3-2-9 表示，上层为四川盆地及邻区地形图，下层为莫霍面图，图中的三个箭头分别表示地壳要想达到均衡状态，地表的下沉或抬升趋势，箭头的颜色和大小表示了下沉或抬升的尺度。

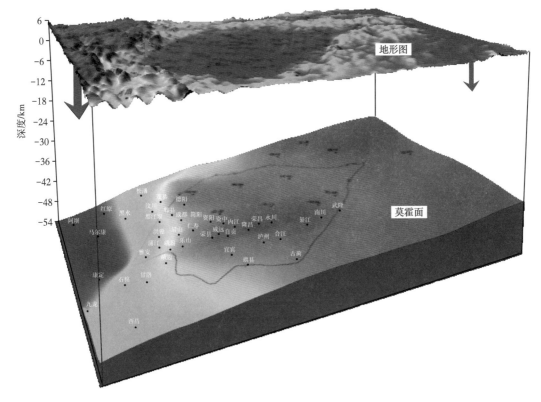

图 3-2-9 四川盆地地壳均衡沉降模型图

（箭头的颜色和大小表示了下沉或抬升的尺度）

由于均衡重力异常和均衡差异深度都可以反映四川盆地及邻区的均衡状态，将图 3-2-5 与图 3-2-8 进行比较，可发现二者在形态分布上有较大差异：均衡重力异常表现为西低东高，而均衡差异深度表现为西高—中低—东高，大足地区的相对高值依旧存在。盆地以西负的均衡重力异常与较大的均衡差异深度表明盆地西部的莫霍面过深，对山的隆起补偿不足，或者说地表隆起过量。盆地以东正的均衡重力异常则与较大的均衡差异深度相悖，前者说明莫霍面过浅（对地表隆起补偿过量），后者说明莫霍面过深。由于盆地以西（川藏地区）的地势变化剧烈、莫霍面抬升明显（图 3-2-9 的立体效果），而盆地以东

（湘鄂地区）的地势相对平缓，这表明两种均衡处理方法在地势变化较大的山地地区效果比地势平缓的地区更好，同时地壳密度在横向上的密度不均一也会影响处理结果。

三、重力异常的二维重震建模

穿过盆地的三条高精度地震剖面（图3-2-10）详细展示出从侏罗系到震旦系内部构造。Line-1剖面起于青川县，经渠县，到忠县；Line-2剖面起于安县，经宝龙镇，到涪陵区；Line-3剖面起于邛崃市，经威远县，到合江东部。

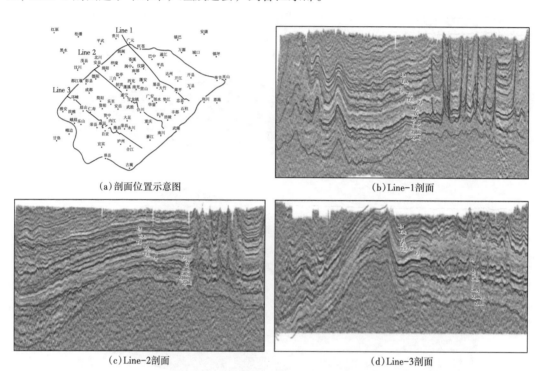

| (a)剖面位置示意图 | (b)Line-1剖面 |
| (c)Line-2剖面 | (d)Line-3剖面 |

图 3-2-10　四川盆地三条北西向地震大剖面

由于沉积层横向的波速变化不大，因此在进行二维重震联合建模时采用横向均一的密度参数（表3-2-1），这也基本符合盆地构造相对稳定的地质特征。

表 3-2-1　二维剖面拟合的密度参数

地层	埋深 /km	密度 /（g/cm³）
地表	0	0
三叠系底	0.5~5.0	2.48~2.54
二叠系底	1.5~7.5	2.68
寒武系底	3.5~10.0	2.66
莫霍面以上	36.4~51.7	2.80
莫霍面以下		0.60

在 LCT 软件中，选取 J_1、T_3、P_2、$\in$ 和 Z_2 进行二维重震联合建模。由于剖面中只有震旦系以上的地层构造，在二维重震联合建模之前，利用莫霍面深度资料（图 3-2-7），以 $0.6 \ g/cm^3$ 的密度差计算出莫霍面起伏的重力效应，再从布格异常中减去，以此作为二维重震联合建模的理论重力异常值。

1. 三条剖面的拟合结果

图 3-2-11、图 3-2-12、图 3-2-13 分别是参考 Line-1、Line-2 和 Line-3 三条地震剖面而建立的二维模型，图中绿线是观测重力值，红线是模型计算重力值，黑色虚线是拟合差。

由于模型采用的密度参数是横向均一的，所以三个模型的计算重力值（红线）的形态与地震剖面解释的地层起伏非常接近，而且计算重力值的形态不会因为密度参数的调整而发生明显的变化。比较每个模型的观测重力值（绿线），发现其与计算重力值的吻合度非常差，趋势上差异很大，甚至相反。例如，在基于 Line-1 建立的模型（图 3-2-11）中，110~240km 范围内的观测重力曲线是上下起伏的，而模型计算的重力曲线是单调递增的；基于 Line-2 建立的模型（图 3-2-12）的观测重力曲线在地层隆起的最高位置（200km 左右）是凹下去的，而模型计算的重力曲线是凸起的；同样的，在基于 Line-3 建立的模型中，观测重力曲线与模型计算重力曲线差异也是非常大的。

综合分析认为，图 3-2-11 至图 3-2-13 所示的重震联合建模无法满足拟合要求，消除莫霍面起伏的重力效应后的重力异常与元古宇以上地层的拟合效果不佳。

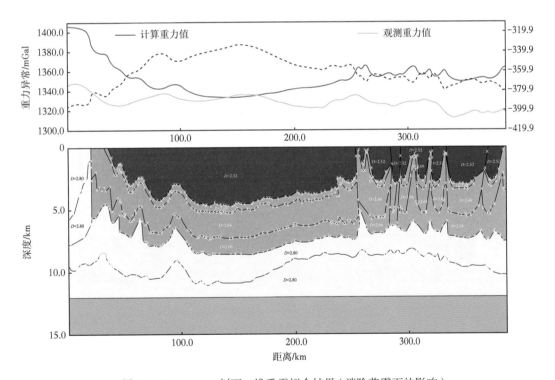

图 3-2-11 Line-1 剖面二维重震拟合结果（消除莫霍面的影响）

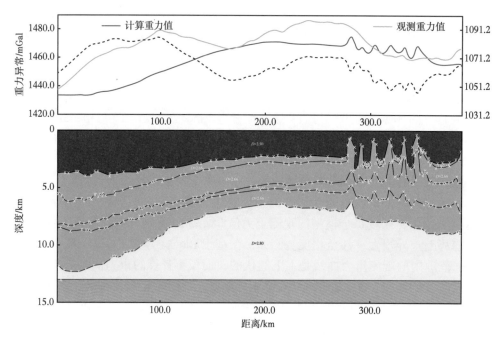

图 3-2-12　Line-2 剖面二维重震拟合结果（消除莫霍面的影响）

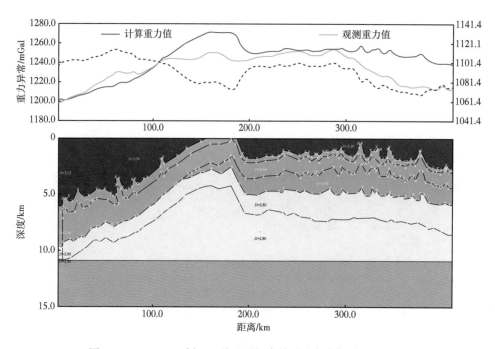

图 3-2-13　Line-3 剖面二维重震拟合结果（消除莫霍面的影响）

2. 上地幔高速体的重力效应

　　通过进一步搜集、分析地质资料，发现四川盆地上地幔存在高速体，且分布不均一。为了使重力数据的处理和解释更符合四川盆地的实际地质情况，在进行二维重震联合建模和三维重力正演剥层时，除了消除莫霍面起伏的效应，还考虑到地幔高速体的重力效应。

参考了南京大学鲍学伟博士和美国伊利诺伊大学宋晓东教授、李江涛博士的最新研究成果后。基于面波数据，获得了高精度的中国大陆岩石圈结构。

基于 Line-1、Line-2 和 Line-3 三条地震剖面（图 3-2-10），以横波速度 3.55km/s 为参考值，提取了地幔高速体的埋深和范围。根据密度、波速的转换关系，采用高速体密度差为 0.1 g/cm³ 来计算其重力效应。

图 3-2-14 展示了四川盆地的岩石圈结构，图中白线划分了基底面和莫霍面。莫霍面上下使用了两套色标以突出地壳和地幔速度的变化。图中的红色虚线是地幔高速体的重力效应，右侧红色坐标是重力效应的幅值。从图 3-2-14 可以看出，地幔高速体可以产生幅值为 35~70mGal 的重力异常。

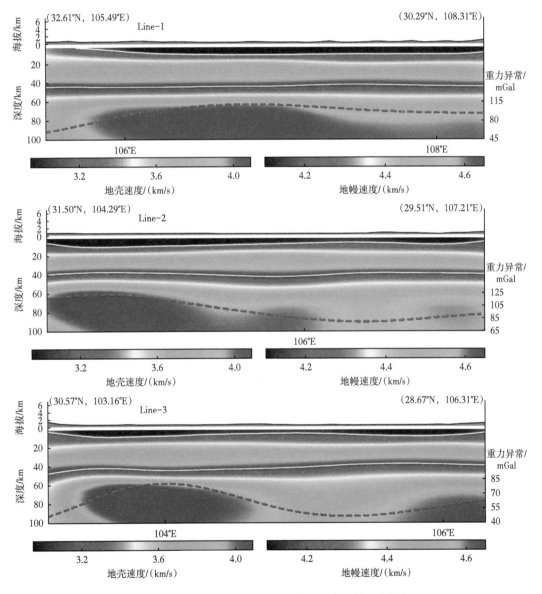

图 3-2-14 三条剖面的岩石圈结构及高速体重力效应

3. 考虑地幔高速体重力效应的二维重震联合建模

从布格重力异常中减去地幔高速体重力效应和莫霍面起伏的重力效应，作为二维重震联合建模的理论重力异常。图 3-2-15 至图 3-2-17 是新建立的二维模型，每个模型及其密度参数与图 3-2-11 至图 3-2-13 是相同的。图中绿线是观测重力值，红色线是模型计算值（与图 3-2-11 至图 3-2-13 结果相同），黑色虚线是拟合差。

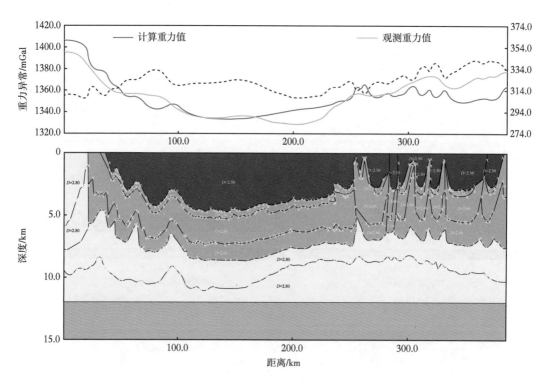

图 3-2-15　Line-1 剖面二维拟合结果（消除莫霍面和地幔高速体的影响）

从图 3-2-15 至图 3-2-17 可以看出，考虑上地幔高速体的重力效应后，基于 Line-1 剖面和 Line-2 剖面建立的二维模型的拟合结果获得了很大的改善，但对 Line-3 剖面的改善效果不明显。不难理解，图中的拟合差 $\Delta G=G_{bgr}-G_{mtl}-G_{mh}-G_{sdmt}$（$G_{bgr}$、$G_{mtl}$、$G_{mh}$、$G_{sdmt}$ 分别表示布格重力异常、地幔高速体重力异常、莫霍面起伏的重力异常和沉积盖层重力异常），即反映基底构造和岩性变化的剩余重力异常。从图 3-2-15 至图 3-2-17 可以看出，Line-1 剖面和 Line-2 剖面中的拟合差比较平缓，说明剩余重力异常的变化不大；而 Line-3 剖面的拟合差没有因地幔高速体效应的消除而发生明显改变，因此其剩余重力异常和基岩的密度变化较大。

4. 重力异常的三维正演剥层

为了得到基底的重力异常信息，对四川盆地及邻区的布格重力异常进行了三维正演。对寒武系、上二叠统和上三叠统的地震反射构造图进行了矢量化，获得了这三个地层的深度数据，如图 3-2-18（a）~（c）所示，加上重新厘定的莫霍面深度数据（图 3-2-7），总共四套地层深度资料。利用 LCT 软件进行三维重力正演，得到上地幔高速体的重力效应、莫霍面以下物质及其起伏产生的重力效应、莫霍面—寒武系底界、寒武系—二叠系—三叠系—地表（沉积盖层）的重力效应。

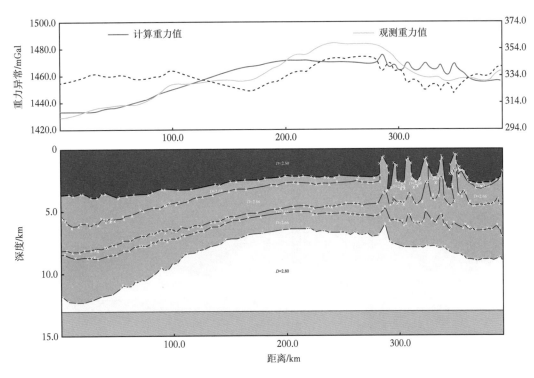

图 3-2-16　Line-2 剖面二维拟合结果（消除莫霍面和地幔高速体的影响）

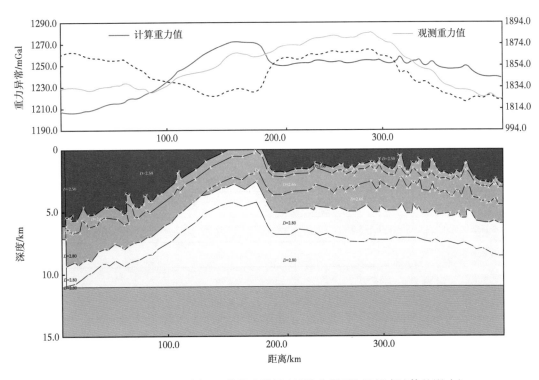

图 3-2-17　Line-3 剖面二维拟合结果（消除莫霍面和地幔高速体的影响）

1）地质—地球物理模型

利用寒武系、上二叠统和上三叠统的深度资料［图 3-2-18（a）~（c）］建立三维正演地质模型。根据四川盆地及邻区的密度资料并结合二维重震联合建模的结果，对四个地层赋以合适的密度参数（表 3-2-1、表 3-2-2），建立地质—地球物理模型，如图 3-2-18（d）所示。

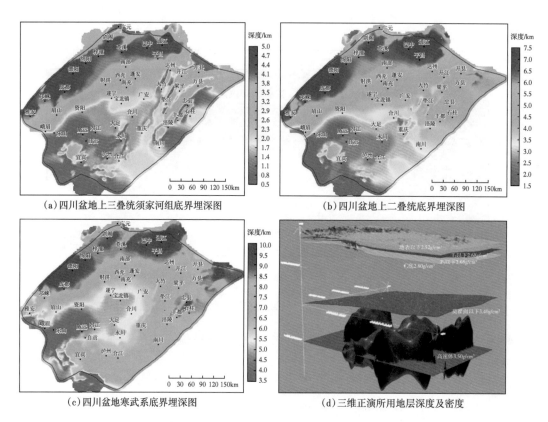

（a）四川盆地上三叠统须家河组底界埋深图　　（b）四川盆地上二叠统底界埋深图

（c）四川盆地寒武系底界埋深图　　（d）三维正演所用地层深度及密度

图 3-2-18　四川盆地地层图和三维正演模型

表 3-2-2　五个地层的重力正演参数

地层	埋深 /km	绝对密度 /（g/cm³）	剩余密度（上—下）/（g/cm³）
地表	0	0	0
三叠系底	0.5~5.0	2.52	-0.16
二叠系底	1.5~7.5	2.68	0.02
寒武系底	3.5~10.0	2.66	-0.14
莫霍面以上	36.4~51.7	2.80	-0.6
莫霍面以下		3.40	-0.1
地幔高速体	55~104	3.50	0.1

2）重力效应正演

选用剩余密度来计算重力效应，每层的正演结果如图3-2-19所示。

从图中可以看出，上覆三个地层的正演结果［图3-2-19（a）~（c）］形态上与地层深度特征［图3-2-18（a）~（c）］基本一致，莫霍面起伏的重力效应［图3-2-19（e）］相对平缓，体现了区域场的低频、长波长的特性，而地幔高速体的深源重力效应［图3-2-19（f）］则印证了二维拟合时的结果：为了使重力数据处理和反演更加符合四川盆地的实际地质情况，应当考虑地幔物质的影响。

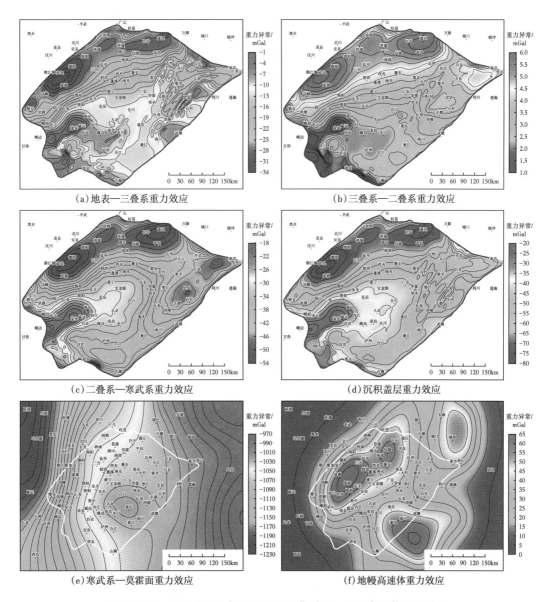

（a）地表—三叠系重力效应

（b）三叠系—二叠系重力效应

（c）二叠系—寒武系重力效应

（d）沉积盖层重力效应

（e）寒武系—莫霍面重力效应

（f）地幔高速体重力效应

图3-2-19 四川盆地及邻区沉积层和莫霍面、地幔高速体重力效应

3）地形相关法计算大区域场

地壳均衡主要有普拉特假说及艾里两种假说。普拉特假说认为，均衡重力异常山脉是由地下物质从地下某一个深度起向上膨胀而形成，山越高，密度越小，并且在某一深度之上横截面相同的直立柱体的质量相等，故山越高，岩石的密度越小。艾里假说认为，山脉又如木块漂浮在水上一样，山越高，其底部下陷到密度大的介质中的深度越大，即山有山根。

艾里假说更接近地壳的实际情况，艾里假说的均衡模式表示一些不同高度的岩石柱体漂浮在密度较大的均质岩浆岩之上，并处于静力平衡状态，有如密度均匀而高度不等的木块漂浮在水中一样。柱体顶端出露的高度越大，底部在岩浆中下陷也越深，也称之为山根和反山根。

根据艾里假说的地形与地壳厚度之间存在的相关性，用地表高程反算由于地壳厚度变化产生的区域场。

收集到四川盆地及邻区的地表高程，网格为 90m×90m，东经 95°~115°，北纬 20°~40°，东西跨度 20°，南北跨度 20°。四川盆地及邻区地表高程如图 3-2-20 所示。采用延拓回返低通滤波对地表高程滤波，延拓高度 10~50km，获得不同参数的区域地形高程，如图 3-2-21 至图 3-2-25 所示。然后，根据重力测深公式 $G=2\pi f\sigma H$ 进行计算，式中，f 为万有引力常数，σ 为中间层改正密度，H 为区域地形高程。获得四川盆地及邻区相应的区域重力异常，如图 3-2-26 至图 3-2-30 所示。针对四川盆地区域重力异常，如图 3-2-27 至图 3-2-35 所示。

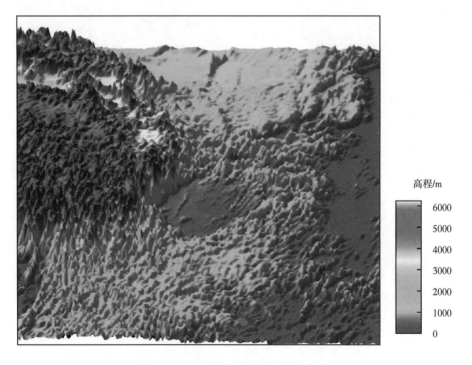

图 3-2-20　四川盆地及邻区地表高程

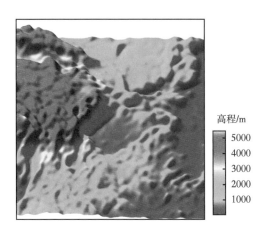

图 3-2-21　四川盆地及邻区地表高程
（延拓 10km）

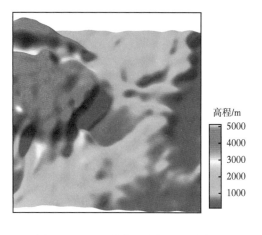

图 3-2-22　四川盆地及邻区地表高程
（延拓 20km）

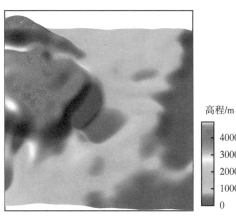

图 3-2-23　四川盆地及邻区地表高程
（延拓 30km）

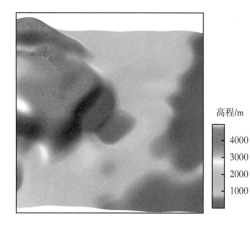

图 3-2-24　四川盆地及邻区地表高程
（延拓 40km）

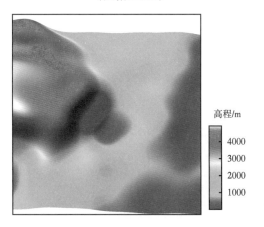

图 3-2-25　四川盆地及邻区地表高程
（延拓 50km）

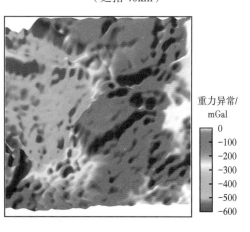

图 3-2-26　四川盆地及邻区区域重力异常
（延拓 10km）

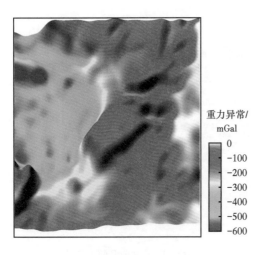

图 3-2-27　四川盆地及邻区区域重力异常
（延拓 20km）

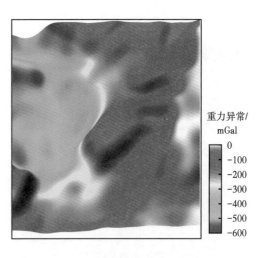

图 3-2-28　四川盆地及邻区区域重力异常
（延拓 30km）

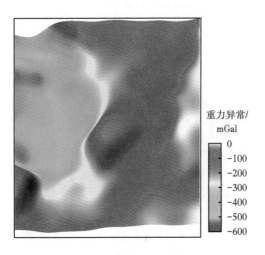

图 3-2-29　四川盆地及邻区区域重力异常
（延拓 40km）

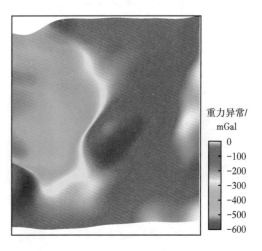

图 3-2-30　四川盆地及邻区区域重力异常
（延拓 50km）

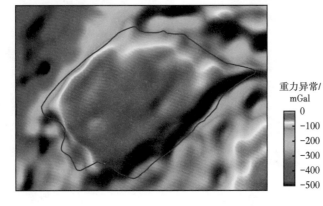

图 3-2-31　四川盆地区域重力异常（延拓 10km）

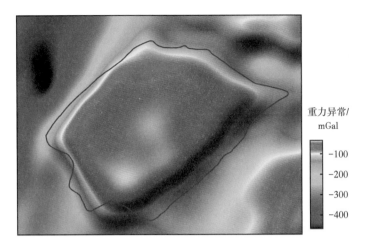

图 3-2-32　四川盆地区域重力异常（延拓 20km）

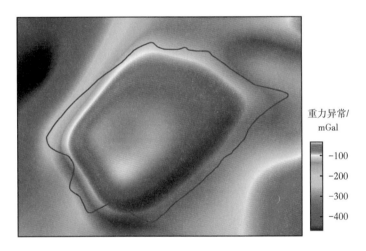

图 3-2-33　四川盆地区域重力异常（延拓 30km）

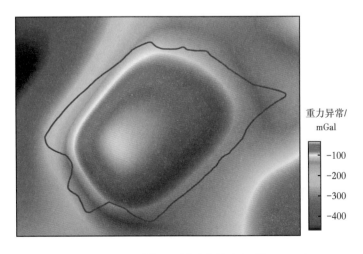

图 3-2-34　四川盆地区域重力异常（延拓 40km）

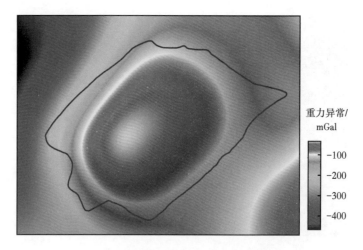

图 3-2-35　四川盆地区域重力异常（延拓 50km）

4）深层剩余重力异常

对布格重力异常采用三维重力异常正演剥层（图 3-2-19）及区域场校正后，获得了四川盆地深层重力异常（图 3-2-36），从图中可见，深层重力异常呈北东走向，正负相间分布。对深层重力异常反演，获得了板溪群底界埋深图（图 3-2-37），最小埋深大于 7km，最大埋深小于 15km。根据重力反演获得的板溪群埋深减去利用地震资料获得的寒武系埋深［图 3-2-18（c）］得到前寒武系沉积岩厚度图，也即南华系＋板溪群厚度图（图 3-2-38），从图中可见，最大厚度小于 10km 与地质调查 8~10km 厚度一致。

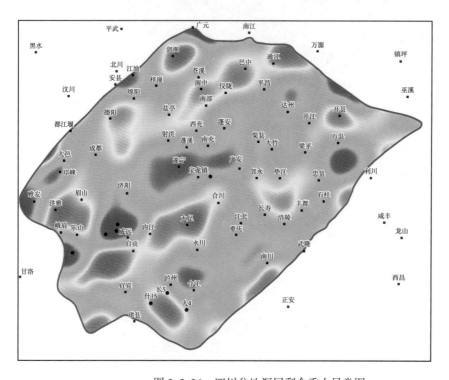

图 3-2-36　四川盆地深层剩余重力异常图

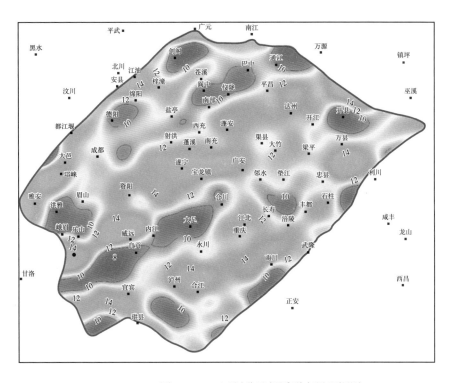

图 3-2-37 四川盆地板溪群底界埋深图

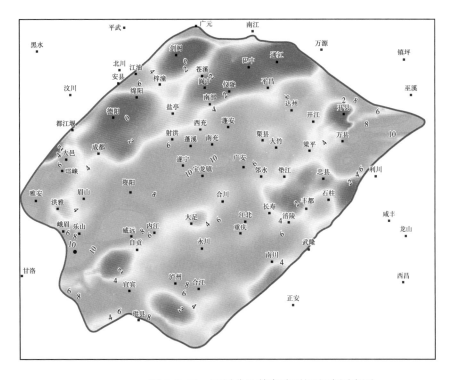

图 3-2-38 四川盆地前寒武系沉积岩厚度图

第三节　航磁资料处理解释

四川盆地内航磁资料比例尺为 1:20 万的网格数据，外围航磁资料比例尺为 1:50 万，对不同范围的航磁资料进行了两次处理，首先对四川盆地及邻区面积 $65 \times 10^4 km^2$，以及 $163 \times 10^4 km^2$ 航磁资料进行了处理。图 3-3-1 为四川盆地及邻区的航磁异常图。

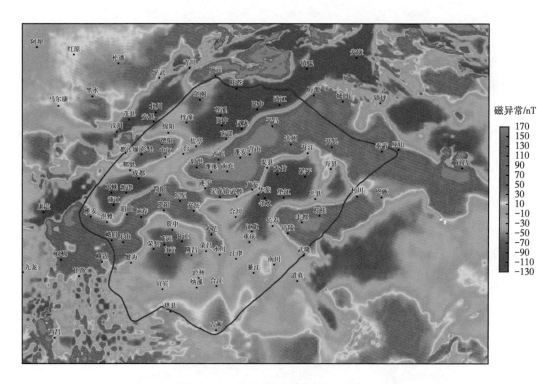

图 3-3-1　四川盆地及邻区航磁异常图

如图 3-3-1 所示，南充和石柱地区表现为强磁性特征，异常值分别约为 415nT 和 195nT。

一、变倾角、变偏角化极

考虑到四川盆地纬度跨度超过 7°，在处理磁异常数据时，采用变倾角化极，能更好地反应垂直磁化的效果。地磁倾角从 34°~50°，偏角为 -1.66°±0.6°，对磁异常进行变倾角、变偏角化极。结果如图 3-3-2 所示。

图中白色区域是四川盆地及邻区的火山岩地质露头，可以看出：变倾角化极结果与火山岩出露吻合较好。从图中可见雅安—万源的北东向强磁异常条带，长 580km，宽 50~100km，异常幅值高达 400nT；三台—武隆北西向负异常将其分隔，三台是一个已知的基底凹陷。在盆地外还存在万源—宜昌的北西向的强磁异常条带。

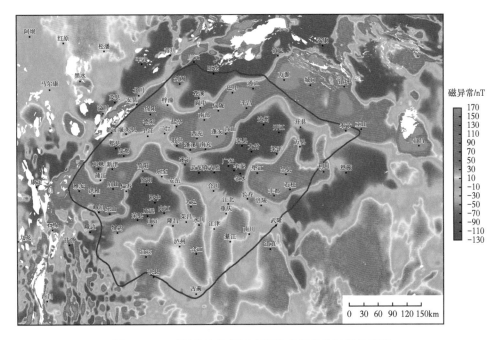

图 3-3-2　四川盆地及邻区变倾角变偏角化极磁异常图

二、考虑剩磁的化极

在四川盆地及邻区的航磁数据处理中，利用改进后的程序，得到了四川盆地及邻区的剩余磁化方向：倾角 70°，偏角 -10°。该磁化方向是四川盆地及周边整体磁异常的等效磁化方向。利用该磁化方向，对四川盆地航磁资料进行变倾角、变偏角化极，得到图 3-3-3。

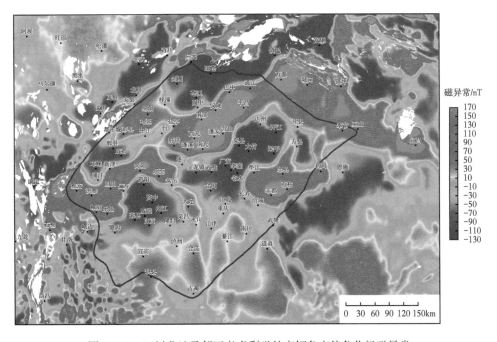

图 3-3-3　四川盆地及邻区考虑剩磁的变倾角变偏角化极磁异常

三、南充、石柱强磁区的剩磁特征

选取南充—旺苍和石柱—大竹两组正负磁异常区，如图 3-3-4 所示。采用变倾角化极，对比剩磁对化极结果的影响。地磁方向：中心倾角 44°，中心偏角 -2°；倾角 43.5°~46.5°，偏角 -2.12°~-1.86°。图中白色箭头是正负异常峰值点的指向。

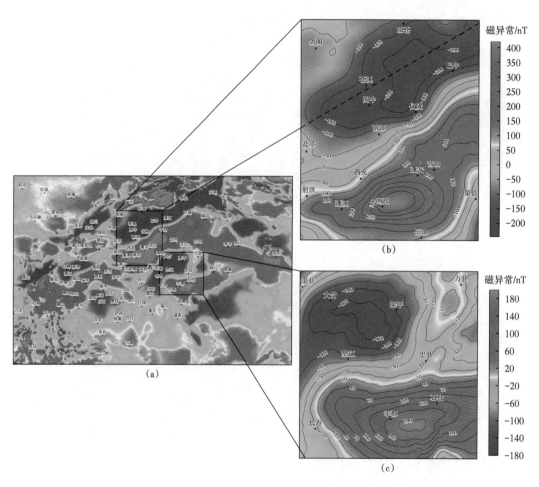

图 3-3-4　南充—旺苍和石柱—大竹选区示意图

1. 南充—旺苍

程序计算的磁化方向是倾角 3.3°，偏角 -0.5°，与地磁场偏角差异很大。图 3-3-5 是南充—旺苍地区不考虑剩磁和考虑剩磁的化极结果对比图。图 3-3-5（a）幅值为 -280~480nT，与原始磁异常 -240~420nT 的幅值相当；而图 3-3-5（b）幅值为 -300~800nT，说明剩磁效应很强。原始磁异常［图 3-3-4（b）］和一般化极结果［图 3-3-5（a）］显示，磁异常峰值位于西充和蓬安之间，而且在南部—巴中还有两处闭合等值线。但在考虑剩磁影响后［图 3-3-5（b）］，磁异常峰值位于南部—仪陇之间，北偏达 77.5km，且是唯一的等值线闭合处。两种化极结果的巨大差异说明剩余磁化在南充强磁区是很强的。

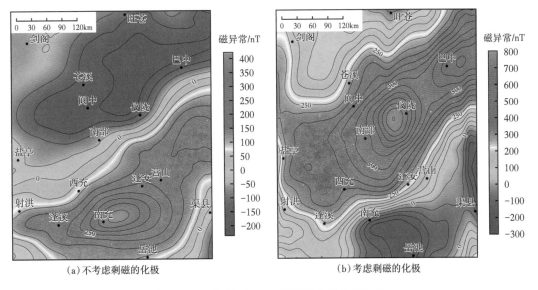

（a）不考虑剩磁的化极　　　　　　　　　（b）考虑剩磁的化极

图 3-3-5　南充—旺苍地区两种化极结果对比

基于以上认识，在对基底结构特征的综合地球物理解释中，特别是在基底岩性划分时，将南充以南的区域视为负异常区。

2. 石柱—大竹

程序计算的磁化方向是倾角 21°，偏角 -41°，与地磁倾角差异不大，但是偏角差异很大。图 3-3-6 是石柱—大竹地区不考虑剩磁和考虑剩磁的化极结果对比图。原始磁异常［图 3-3-4（b）］和一般化极结果［图 3-3-6（a）］显示，石柱—大竹磁异常化极前后的幅值变化和北偏都不是很剧烈，磁异常峰值位于丰都—石柱之间，为闭合等值线。但在考虑剩磁影响后［图 3-3-6（b）］，磁异常峰值位于垫江，北偏约 25km。图 3-3-6（a）幅值为 ±225nT，与原始磁异常相当；而图 3-3-6（b）幅值为 -320~280nT，变化也不大。总体来说，石柱地区的剩磁效应较弱。

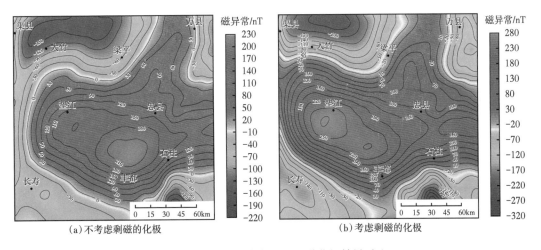

（a）不考虑剩磁的化极　　　　　　　　　（b）考虑剩磁的化极

图 3-3-6　石柱—大竹地区两种化极结果对比

四、磁场的延拓特征

为了突出深、浅部岩石磁性特征，对磁异常进行了向上延拓不同高度，得到上延5km、10km、30km和50km的磁异常［图3-3-7（a）~（d）］。

向上延拓10km后绵阳异常显著减弱，说明该处是浅源异常。在德阳与射洪之间存在鞍状的低磁异常，为三台凹陷所引起。从磁异常上延到50km可以看出，西充—通江高磁异常依然存在，说明此处是深源磁异常。西充—通江磁异常及邻区构成一似菱形或三角形的强磁场区，其边框可能是基底断裂或裂谷的反应，断区两侧岩性应存在较大差异。在盆地以东，有北西向的强磁异常，深部磁源，推测与西充—通江强磁区是同性的。康滇—川西南地区有峨眉山玄武岩露头，在上延10km后散乱的高频正异常基本消失，说明出露地表的玄武岩效应已经受到压制。上延40km磁场强度异常衰减幅度巨大，说明康滇—川西南地区的正异常多为浅源异常，深部磁性较弱。

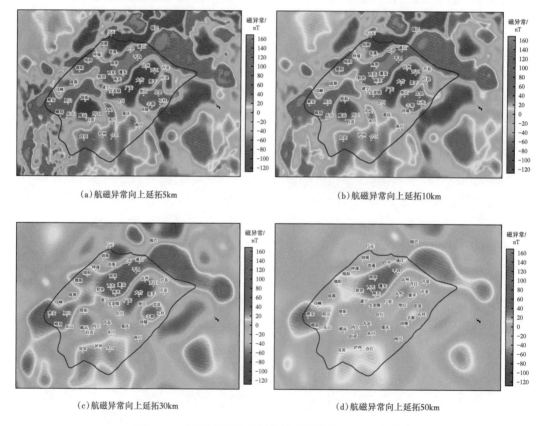

（a）航磁异常向上延拓5km　　　　　　　　　　（b）航磁异常向上延拓10km

（c）航磁异常向上延拓30km　　　　　　　　　　（d）航磁异常向上延拓50km

图3-3-7　四川盆地及邻区化极磁异常向上延拓系列图

五、磁场的线性特征

化极磁异常的垂向二阶导数结果（图3-3-8）的形态特征显示了四川盆地磁场的线性特征。

从图 3-3-8 能看出四川盆地内部的磁场特征与盆地外部显著不同，盆地被激烈变化的导数异常环绕。由于航磁异常的垂向二阶导数对浅层褶皱的识别度很高，所以在盆地边缘，这些激烈变化的导数与盆地外部的剧烈地形起伏有关；而在四川盆地内，导数形态变得平缓，而且在盆地范围内来看，不同地区的导数形态各不相同，有一定的分区性。按照导数的形态、走向，可以把四川盆地的磁场分为 7 个区域。

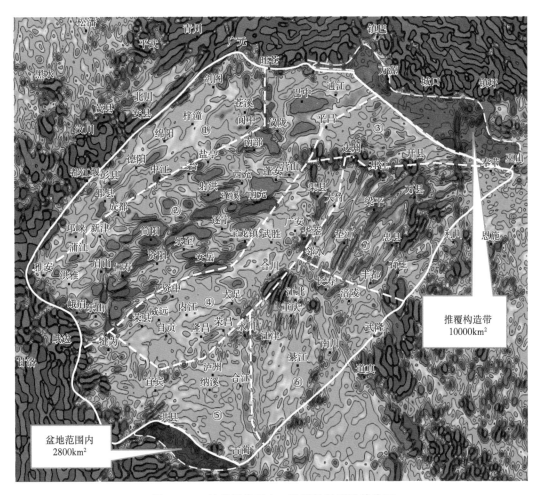

图 3-3-8　航磁异常垂向二阶导数结果及其分区

另外，从图 3-3-8 中可以看出，四川盆地东部及西南部的磁异常垂向二阶导数的形态特征在盆内外具有一致性。认为盆地东部存在逆冲推覆构造，西南部不是推覆构造，并提出了四川盆地边界重新划分的方案。

图 3-3-9 为航磁不同高度倾斜角剖面，可以用于划分断裂。

六、二叠系火成岩磁异常分析

图 3-3-10 为盆地内钻遇二叠系火成岩的钻井分布。从图上可以看出，二叠系火成岩的分布相对集中，主要位于川东、川西和川西南。

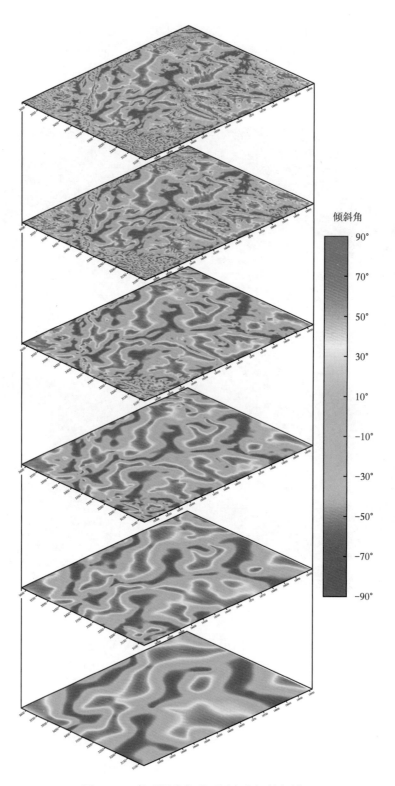

图 3-3-9　航磁异常航磁不同高度倾斜角剖面

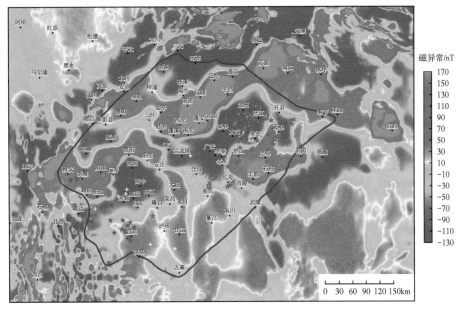

图 3-3-10　四川盆地化极磁异常与钻遇基底和二叠系火成岩的井位图

★为钻遇二叠系玄武岩井；△为钻遇二叠系辉绿岩井；　为钻遇基底井

二叠系火成岩厚度和埋深不一，厚度从几米到 300m 不等，川东埋深大，川西和川西南埋深浅，从 2~5.8km。根据钻井资料，对不同地区的二叠系火成岩进行 2.5 维磁异常正演，如图 3-3-11 所示。设地质体长、宽均为 1000m，厚度选取该地区的火成岩厚度的最大值，磁化率为二叠系火成岩平均磁化率 $1460 \times 4\pi \cdot 10^{-6}$ SI，得到表 3-3-1。从表中可以看出，二叠系火成岩的磁异常最高 10nT，综合考虑有几 nT 的磁异常。所以，在进行基底反演、磁化率反演时，二叠系火成岩的干扰较小。

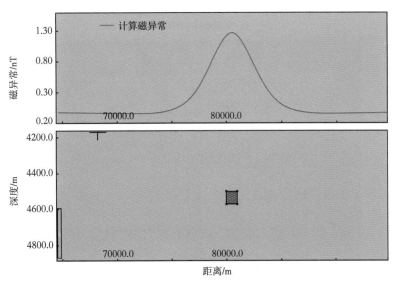

图 3-3-11　二叠系火成岩磁异常二维正演

（长方体，磁化率 $1460 \times 4\pi \times 10^{-6}$ SI，深 4500m，厚 70m，长、宽 1000m）

表 3-3-1　二叠系火成岩磁异常

位置	埋深 / m	厚度 / m	长、宽 / m	磁化率 （$4\pi \cdot 10^{-6}$ SI）	地磁场 / nT	倾角偏角 / (°)	磁异常 / nT	幅值 / nT
川东	4500	70	1000	1460	49735	90/0	-0.02~1.32	1.34
川西	5000	300	1000	1460	49735	90/0	-0.70~3.89	3.59
川西南	2500	100	1000	1460	49735	90/0	-0.19~10.13	10.32

七、地震航磁综合解释剖面

收集到地震解释大剖面，并与航磁资料进行了对比，如图 3-3-12 至图 3-3-17 所示。结合地表露头，地震资料，开展了综合对比分析，从图 3-3-18 中可见，盆地外围地表露头的基性火山岩与正磁异常对应，火山岩年龄主要为 790~830Ma，西乡群玄武岩年龄在 950—879Ma。

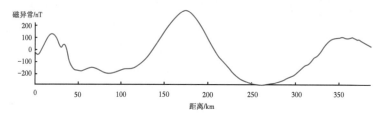

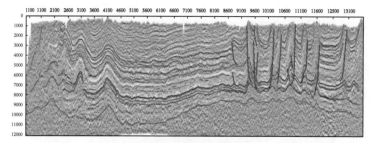

（a）航磁地震综合解释剖面图

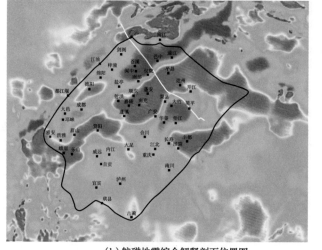

（b）航磁地震综合解释剖面位置图

图 3-3-12　测线 1 航磁地震综合解释图

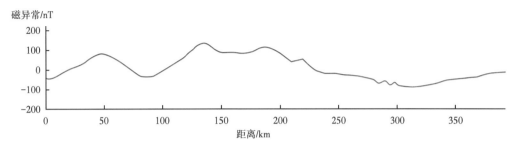

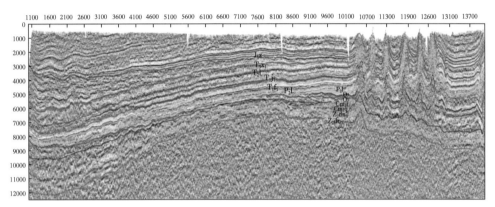

（a）航磁地震综合解释剖面图

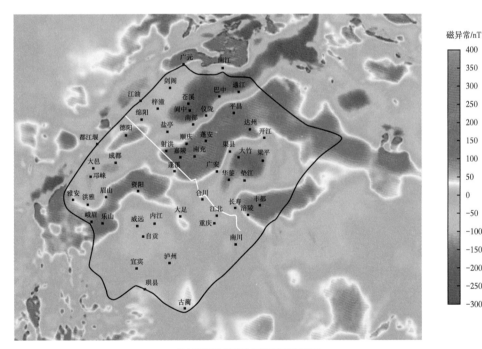

（b）航磁地震综合解释剖面位置图

图 3-3-13　测线 2 航磁地震综合解释图

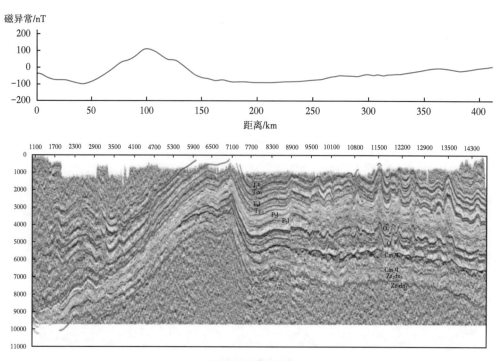

（a）航磁地震综合解释剖面图

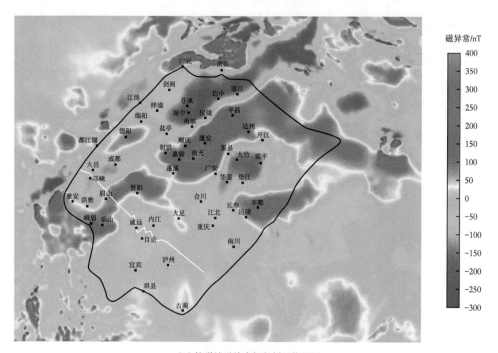

（b）航磁地震综合解释剖面位置图

图 3-3-14　测线 3 航磁地震综合解释图

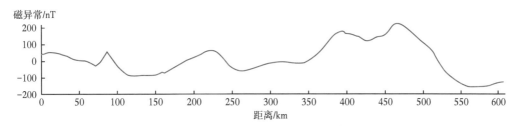

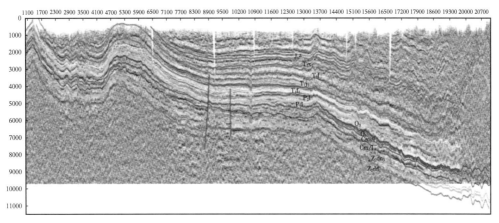

（a）航磁地震综合解释剖面图

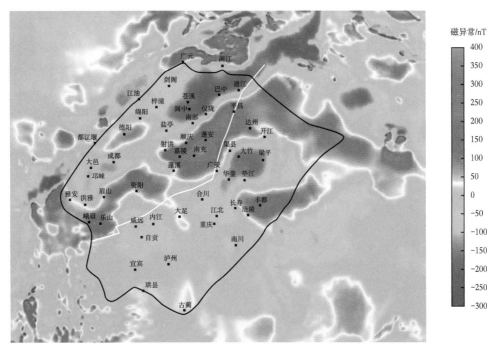

（b）航磁地震综合解释剖面位置图

图 3-3-15 测线 4 航磁地震综合解释图

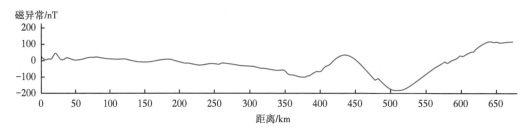

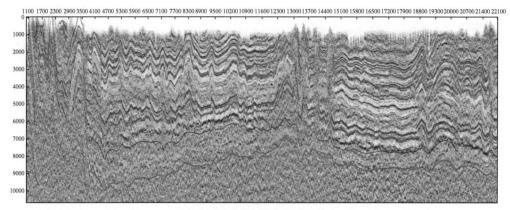

（a）航磁地震综合解释剖面图

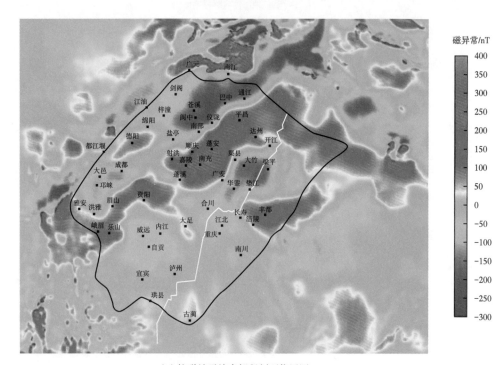

（b）航磁地震综合解释剖面位置图

图 3-3-16　测线 5 航磁地震综合解释图

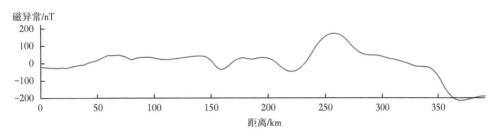

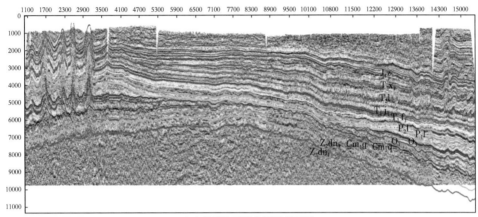

（a）航磁地震综合解释剖面图

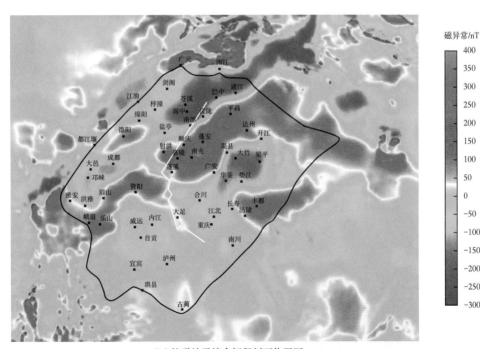

（b）航磁地震综合解释剖面位置图

图 3-3-17　测线 6 航磁地震综合解释图

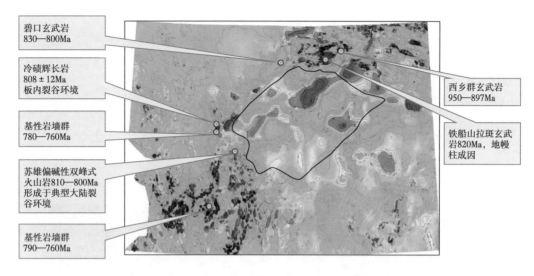

图 3-3-18 地表露头与航磁对比分析图

八、区域航磁资料的处理解释

为了从更大范围研究四川盆地，重新收集了四川盆地及邻区资料，面积 $163 \times 10^4 km^2$（图 3-3-19），对航磁资料进行向上延拓处理，分别延拓 5km、10km、20km 和 30km（图 3-3-20 至图 3-3-23）。从图中可见，随着延拓高度的增加局部异常得到了衰减，区域异常获得了增强。盆地中部的北东向强磁异常，盆地北部的北西向强磁异常，盆地南部的南北向异常。

图 3-3-19 四川盆地及邻区航磁异常图

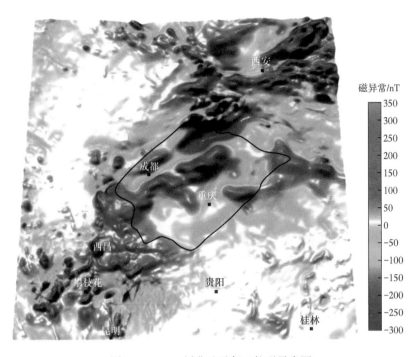

图 3-3-20 四川盆地及邻区航磁异常图

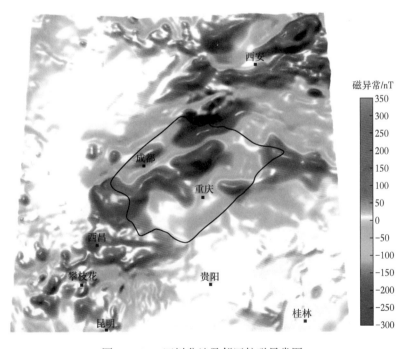

图 3-3-21 四川盆地及邻区航磁异常图

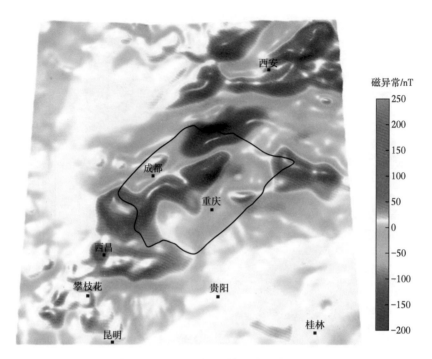

图 3-3-22　四川盆地及邻区航磁异常图

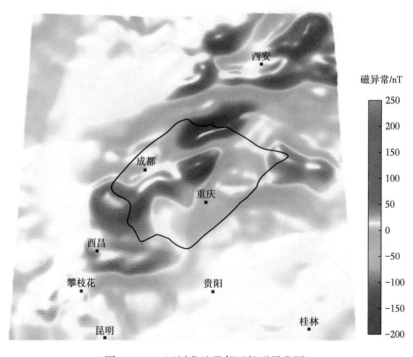

图 3-3-23　四川盆地及邻区航磁异常图

第四节　川中大地电磁 MT 资料处理和解释

以往的钻井及地震勘探表明，四川盆地川中地区震旦系油气的分布与深部裂谷的发育有一定关系。而本书也主要研究盆地深层裂谷分布及沉积物分布情况，因此收集了川中高石梯—龙女寺地区电法勘探资料进行处理分析，目的是通过多信息综合处理解释技术，开展深层地层结构勘探，强化深层信息提取，刻画深部裂谷及断层结构信息，以了解震旦系裂谷发育特征，理清高石梯—龙女寺构造的地层分布以及深层岩浆岩发育特征，研究深部油气生储盖环境及其与地层结构的关系。

一、研究区概况

乐山—龙女寺古隆沉积盖层由震旦系、古生界、中生界和新生界组成，具有厚度巨大、多旋回的特点。区内地表广泛出露中生界、新生界。新生界分布于古隆起西部成都平原一带。白垩系主要分布于成都平原北部中江—三台—绵阳—梓潼一带，在古隆起西南也部分出露（图 3-4-1）。

乐山—龙女寺古隆起基底由前震旦系变质岩和岩浆岩构成，时代上属太古宇至中—新元古代。基底之上发育震旦系—第四系沉积盖层，震旦系—中三叠统是以碳酸盐岩为主的海相沉积，上三叠统—第四系为陆相沉积（图 3-4-2）。

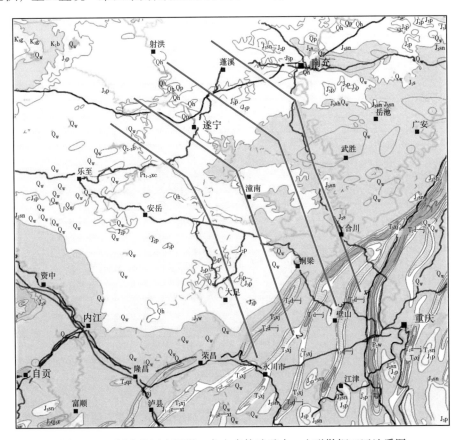

图 3-4-1　川中地区高石梯—龙女寺构造重力、电磁勘探工区地质图

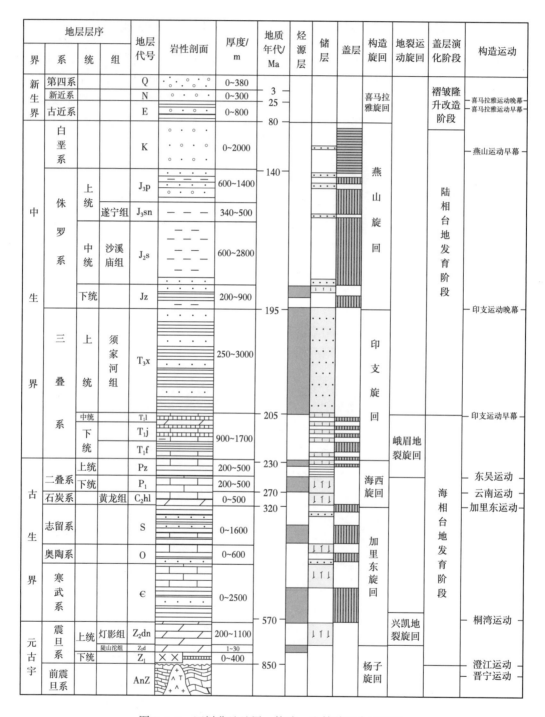

图 3-4-2　四川盆地地层、构造、生储盖组合柱状图

1. 白垩系—古近系

主要分布于威远构造以西的地区，该套地层厚 0~2000m，最大值出现在古隆起川西核部龙门山前，至资阳—威远地区厚度为 0m。

2. 侏罗系

广泛出露地表，并长期遭受风化剥蚀。古隆起东南翼部宫深 1 井侏罗系残厚仅31.0m，为下侏罗统自流井群珍珠冲组。核部西段资 1 井残厚 162.0m，剥蚀至下侏罗统自流井群马鞍山组。东段高科 1 井侏罗系残厚 1810m，保留至中侏罗统沙溪庙组。

3. 三叠系

1）须家河组

晚三叠世是全盆地由浅海台地沉积转变为内陆湖盆沉积时期，发育一套海陆过渡相沉积，古隆起区内须家河组厚度比较稳定，厚度为 500~700m。核部资 1 井钻遇最大厚度达到 701.0m，女基井钻厚 626m，高科 1 井钻厚 533.5m，东南翼部自深 1 井钻厚 543.2m，盘龙 1 井钻厚 606.0m，宫深 1 井钻厚 511.0m。最薄地区出现在古隆起西南端老龙 1 井，钻厚 151.0m，系由现今须家河组该处地表出露被剥蚀所致。

2）雷口坡组

雷口坡组为一套潮坪相碳酸盐岩及膏盐岩沉积，受印支运动二幕的影响，雷口坡组广遭剥蚀。由古隆起西北翼向东南翼依次剥蚀至雷四段、雷三段、雷二段、雷一段。区内雷口坡组残厚变化较大，古隆起东南翼盘龙 1 井缺失该套地层，自深 1 井钻厚 178.5m，古隆起西段核部资 2 井钻厚 439.5m，东段核部女基井钻厚 370.5m。

3）嘉陵江组和飞仙关组

嘉陵江组以碳酸盐岩沉积为主，为一套局限海台地相膏盐岩、云岩及石灰岩沉积。区内厚度为 350~600m，川西地区厚度较薄，老龙 1 井钻厚 364.5m，向东逐渐增厚，古隆起东段核部高科 1 井钻厚达 619.0m。飞仙关组为一套海相碎屑岩及碳酸盐岩沉积，区内该组厚度为 400~550m，其中古隆起核部女基井钻厚达 535.5m。

4. 二叠系

在盆地内分布稳定，下统梁山组、栖霞组、茅口组主要为碳酸盐岩，上统龙潭组、长兴组、大隆组由碳酸盐岩、碎屑岩、火山岩组成。上二叠统、下二叠统之间存在沉积间断。古隆起区内二叠系厚度稳定，厚度为 500m 左右。古隆起核部高科 1 井钻厚 538m，川西老龙 1 井钻厚 661.0m，核部东南翼部自深 1 井钻厚 519.5m，盘 1 井钻厚 769.5m。

5. 志留系

为一套碎屑岩沉积，以泥页岩为主。志留系仅分布于古隆起核部外围地区，厚 0~1000m，最厚地区出现在隆 32 井钻厚达 969.5m。

6. 奥陶系

古隆起核部大面积缺失奥陶系，该套地层仅分布于古隆起核部边缘及外围地区，厚 0~600m。其中古隆起核部安平 1 井、高科 1 井、女基井和磨深 1 井钻厚仅几十米，古隆起东南隆 32 井奥陶系保存完整，厚度达 669.5m。

7. 寒武系

古隆起范围内寒武系发育齐全，包括麦地坪组、筇竹寺组、沧浪铺组、龙王庙组、高台组和洗象池组。但因遭到加里东期长期风化剥蚀，寒武系各组地层均受到影响，由川中古隆起边缘至川西核部依次缺失洗象池组、高台组、龙王庙组、沧浪铺组和筇竹寺组。古隆起区内寒武系厚 0~1500m。川西核部局部地区寒武系完全缺失，地层厚度最大值出现在古隆起南翼窝深 1 井，钻厚 1449m。

8. 震旦系

古隆起区内震旦系包括下震旦统陡山沱组和上震旦统灯影组两套地层。

1）灯影组

为大套质纯白云岩，古隆起区钻厚 500~800m，其中老龙 1 井最厚达 796m，高石 1 井最薄，为 534m。灯影组内部以"蓝灰色页岩"为界分为上下两段，其下段又可划分为下贫藻层、富藻层和上贫藻层。通常把灯影组进一步划分为四段。

（1）灯影组一段（灯一段）：厚 30~490m，以白云岩为特点，菌藻类化石贫乏。测井自然伽马低值，曲线呈小锯齿夹大锯齿状，电阻率曲线大锯齿状。

（2）灯影组二段（灯二段）：厚 200~550m，以块状富含菌藻类的白云岩为主，典型特征是"葡萄、花边"构造十分发育；上部菌藻类显著减少，单层厚度变小，呈薄层状。测井自然伽马值低，曲线近于平直；电阻率高值，曲线小锯齿状，偶夹大锯齿状。

（3）灯影组三段（灯三段）：厚 0.4~60m，以碎屑岩为特征，普遍发育含凝灰质的蓝灰色泥岩，测井自然伽马高值，曲线大锯齿状；电阻率低值，曲线小锯齿状。

（4）灯影组四段（灯四段）：厚 0~440m，以块状含硅质条带或团块的白云岩为特点，菌藻类较多，但不如灯影组二段发育。测井自然伽马低值，曲线平值或小锯齿状；电阻率高值，曲线呈锯齿间互。

2）陡山沱组

是震旦纪早期海侵的产物，岩性为浅灰色砂岩夹少许泥岩及砂泥质白云岩。该套地层原称为喇叭岗组，现统一称为陡山沱组。古隆起核部钻厚 9~21.5m。其厚度较盆地周边薄，岩性与周边同期产物观音崖组上部相近。

二、资料概况

该次收集数据为 2015 年西南油气田部署的重、磁、电综合勘探项目，共部署重力和大地电磁法剖面 4 条（图 3-4-3），重力和电磁点同点采集。剖面总长度 600.84km，坐标点 1207 个，点距 200m。处理主要使用大地电磁数据进行深层盆地结构及沉积层的分布特征研究。

该项目共完成物理点 1250 个，其中坐标点 1207 个，检查点 43 个，检查率为 3.56%，全区分布较为均匀，检查点最大误差为 3.52%。经统计，所有测点平均有效采集时间为 17.91h。在处理过程中，为了有效压制干扰，采集数据处理全部采用了磁参考、Robust 处理技术；低频数据叠加次数均大于 3 次，所有采集数据都达到了 38 号频点，能够满足研究需要。

三、电性特征研究

分析地层岩石的电性特征是电法资料分层解释的基础，由于不同地质构造单元物质组成和结构不同，地电结构的特征也必然不同，进而使得电性变化规律、异常特征也不同。因此，正确认识岩石电性特征是进行电法资料处理解释的基础。

区内测井较多，电阻率的统计首要是收集统计以往区内及工区周边钻井，挑选 7 口数据较全钻井进行电阻率统计工作，见表 3-4-1。并对川中地区收集到的钻井进行电阻率曲线的制作，如图 3-4-4 所示。

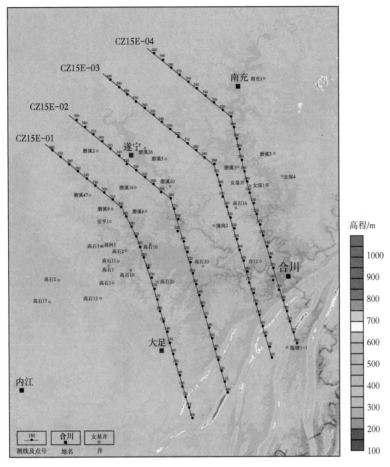

图 3-4-3　重力、电磁测点位置及高程图

表 3-4-1　川中高石梯龙女寺地区钻井电阻率统计一览表

地层	测井电阻率统计 /（Ω·m）							
	高石1井	高石2井	高石3井	高石6井	高石10井	高石11井	磨溪8井	总平均值
J—Q	48.0	46.5	29.1	49.2	75.7	123.9	63.3	60.4
T_3	85.9	58.6	49.7	71.9	85.7	74.4	49.5	67.5
T_2l	1057.6	1711.1	310.8	2006.2	4387.1	3259.0	1997.6	1953.5
T_1j	2113.4	2256.7	1080.5	4102.9	5973.4	4816.9	2722.0	3264.8
T_1f	13.9	20.2	21.2	17.8	19.7	16.4	22.1	18.8
P_2	104.0	311.0	651.0	275.0	351.0	873.0	125.0	370.0
P_1	655.0	779.0	1648.0	552.0	1221.0	840.0	549.0	890.0
O	38.3	154.0	311.8	53.3	295.6	47.3	149.7	137.1
$\in_{2+3}$	1257.6	1299.6	1517.9	2472.1	1306.4	2741.5	880.9	1647.8
$\in_1$	1548.2	1657.7	1258.7	1612.0	2148.8	2897.4	742.3	1675.4
Z_2dn	9853.6	14794.7	7876.4	13172.1	10200.8	16447.8	8056.8	10815.8

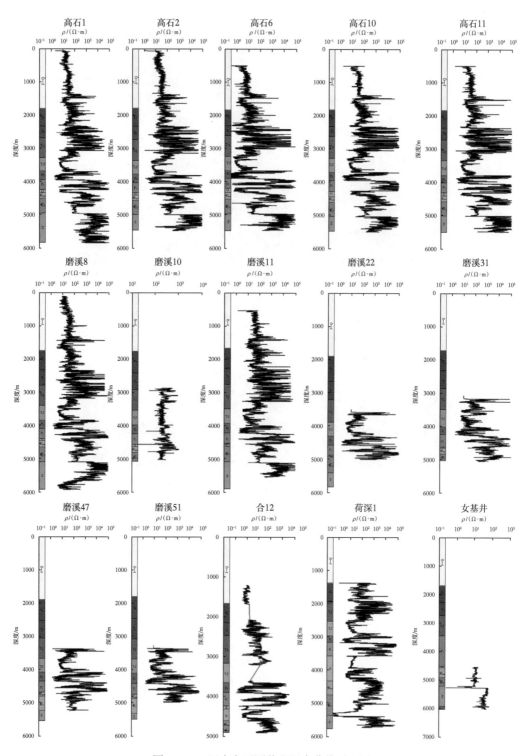

图 3-4-4　区内主要测井电阻率曲线对比图

　　从表 3-4-1 中可以看出，该区上三叠统以上地层呈低阻特征；下三叠统嘉陵江组到中三叠统雷口坡组为一套次高阻层；下三叠统飞仙关组到中二叠统同呈低阻特征，但因其厚度小，在反演剖面上表现为与寒武系—奥陶系同一大套略低于上覆嘉陵江组与下伏灯影组的中—低阻层；上震旦统呈高阻特征。各套地层电阻率具体特征如下：

1）侏罗系及以上地层

电阻率较稳定，整体表现为低阻，纵向上电阻率最低，总平均值为 $60.4\Omega \cdot m$。

2）三叠系

电阻率值变化比较大，在几个至几千 $\Omega \cdot m$ 之间，在纵向上表现为下三叠统、中三叠统高阻，上三叠统相对低阻的特征。

3）二叠系

收集到的井全部钻遇该地层，曲线形态相似，电阻率值变化也比较大，在几个至几千 $\Omega \cdot m$ 之间，在纵向上表现为"上低下高"的特征，总平均值为 $1670.6\Omega \cdot m$。

4）奥陶系

收集到的井全部钻遇，区内残留厚度较小，一般只有 $100\Omega \cdot m$ 左右，表现为低阻特征，总平均电阻率为 $137.1\Omega \cdot m$。

5）寒武系

横向上电阻率曲线形态相似，电阻率一般在 $1000\Omega \cdot m$ 以上。

6）震旦系

电阻率值较上覆地层明显抬升，其内部电阻率变化也较大，但整体表现为高阻特征，总平均电阻率值为 $10815.8\Omega \cdot m$。

此外，收集了部分野外对基底岩系进行了电阻率实测数据（表 3-4-1），通过综合统计、分析得到该区的综合电阻率资料（表 3-4-2）。

表 3-4-2　川中高石梯—龙女寺地区综合电阻率统计表

系	地层	测井平均电阻率 / $(\Omega \cdot m)$	实测平均电阻率 / $(\Omega \cdot m)$	电性界面分层 / $(\Omega \cdot m)$	
侏罗系	J—Q	60.4		64.0	低阻
三叠系	T_3	67.5			
	T_2	1953.5		2609.2	次高阻
	T_1j	3264.8			
	T_1f	18.8		18.8	
二叠系	P_2	370.0		370.0	
	P_1	890.0		890.0	中—低阻
奥陶系	O	137.1			
寒武系	$\in_{2+3}$	1647.8		1153.4	
	$\in_1$	1675.4			
震旦系	Z_2dn	10815.8		10815.8	次高阻
	Z_1		4010	4010.0	中阻
	Pt_2		9091	9869.7	高阻
	$AR—Pt_1$		11562		

从表 3-4-2 可以看出，该区存在着五个主要电性层。

上三叠统以上地层主要为陆相碎屑岩沉积，电阻率较低，一般为 $64\Omega \cdot m$。

中三叠统—下三叠统嘉陵江组电阻率变化比较大，相对于上覆、下伏地层来说，其电阻率高，一般都达到上千欧姆米，表现为次高阻特征，电阻率平均在 $2600\Omega \cdot m$。

下三叠统飞仙关组的电阻率较低，一般为 $20\Omega \cdot m$，表现为低阻特征；奥陶系和寒武系相对上覆、下伏地层明显较低，一般为 $1000\Omega \cdot m$ 左右，整体上表现为次低阻特征。

下二叠统相对上覆、下伏地层来说，电阻率明显较高，一般为 $600\Omega \cdot m$ 左右，整体表现为高阻层特征，但其厚度一般 300m 左右，在反演剖面表现与上、下地层形成一大套中—低阻地层。

基底电阻率一般为 $9000\Omega \cdot m$ 左右，表现为基底高阻特征。

结合以上多种资料，绘制了研究区灯影组以上地层电阻率平均值柱状图（图 3-4-5）。从图中可以看出，该区按电性层可划分为四套，$T_1 j$—T_2 碳酸盐岩及膏盐岩、$Z_2 dn$ 白云岩构成高阻地层，具体划分如下。

第一电性层：对应上三叠统须家河组、侏罗系及以上地层，纵向上电阻率最低；

第二电性层：对应下三叠统、中三叠统，表现为次高阻特征。

第三电性层：对应寒武系—下三叠统飞仙关组，表现为低阻层特征。

第四电性层：对应上震旦系，电阻率值最高，表现为高阻特征。

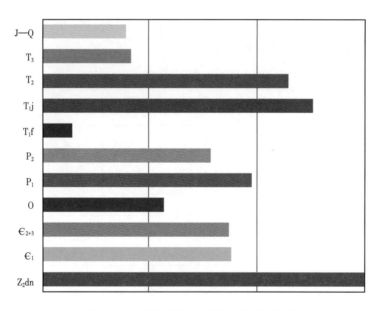

图 3-4-5　研究区综合地层电阻率柱状图

据以往的研究成果，该区若存在早期裂谷，应主要沉积下震旦统，结合野外实测数据（表 3-4-2）及邻区同时期地层物性数据，统计得到下震旦统及基底岩性及物性见表 3-4-3、如图 3-4-5 所示。从表 3-4-3 可看出，深部断陷沉积岩性多样，有砂岩、页岩、泥岩及火山岩。此外，区域上该期有一套冰碛物沉积。根据图 3-4-5 统计结果，早期断陷内沉积物主要表现为低密、低阻特征。

表 3-4-3 区内下震旦统及基底岩性表

地层	岩性
Z_1	砂岩、页岩、泥岩、冰碛岩、火山岩
Pt_3	片岩、千枚岩、变质安山岩
Pt_2	片岩、白云岩、闪长岩
$AR—Pt_1$	斜长角闪岩、角闪斜长片麻岩、混合岩等

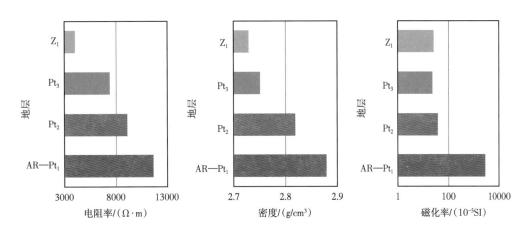

图 3-4-6 下震旦统及基底岩系物性统计

四、数据预处理

1.数据解编及组剖

野外提供的是单点功率谱文件，数据解编就是从功率谱文件中读出视电阻率和相位数据，结合测量数据组成剖面文件，以便下一步剖面处理。

2.去噪处理

在没有干扰情况下，电法野外观测得到的是光滑连续的曲线；由于天然噪声及人文噪声的影响，虽然野外数据处理中采用了远参考和 Robust 处理等一系列去除噪声的处理方法，但是由于干扰存在的多样性和复杂性，实测数据中还存在一定的噪声和随机因素的干扰，导致实测的视电阻率和相位曲线光滑性差，个别频点的电阻率值发生非正常的跳跃，俗称"飞点"，这种曲线直接用于反演解释误差很大（图 3-4-7）。另外，受噪声影响，个别点虽然从单点看质量较好，但在剖面上与两侧曲线形态不连续，因此，必须对原始的视电阻率和相位曲线进行编辑和平滑。

该区的原始资料质量相对较好，大部分测点曲线光滑、连续、误差小，曲线形态明确，剖面曲线连续性好。局部地区，由于受工业、人文和自然因素干扰，个别频点出现跳跃或误差较大，需要进行去噪处理。

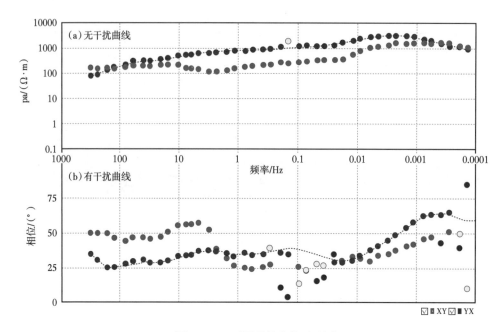

图 3-4-7　不同质量曲线对比图

在对曲线编辑去噪过程中，主要掌握以下原则：

（1）了解全区视电阻率和相位曲线的基本形态；

（2）进行剖面对比，根据相邻相似的原则，参考相邻曲线，尽量保留微弱信息；

（3）根据振幅和相位间内在联系，对振幅和相位进行恢复；

（4）对于首支下掉的曲线，应将下掉的频点抬回到曲线整体趋势上来；

（5）根据区内已知的地质物探等资料，分析曲线特征，了解曲线变化规律。

3. 模式识别

电法观测曲线共有两支，即 TE 极化模式和 TM 极化模式。一般认为，在二维地质构造条件下，沿构造走向方向极化的为 TE 极化，而垂直构造走向方向极化的为 TM 极化。从电性上考虑，由于 TM 极化垂直构造，它受到电性横向不均匀性影响较强，畸变也相应变强，反映电性分界较清楚。TE 极化平行构造走向，受到电性横向不均匀性影响较弱且畸变小，曲线形态连续性好，可以较好地反映电性的纵向特征。

在实际资料处理过程中，张量阻抗主轴方向有 90° 的模糊性，因此，TE 极化和 TM 极化模式不确定，这就需要人为来判别，模式识别原则为：

（1）在盆地内构造稳定区，选取尾支上升支作为 TE 极化模式；在高阻隆起区，选取尾支上升支作为 TM 极化模式。

（2）TE 极化与 TM 极化模式的区别主要反映在低频段，沿着剖面同一频点电阻率值变化大、不稳定的是 TM 极化，反之就是 TE 极化。

（3）反演时选取上升支，也就是盆地内选 TE 极化模式，隆起区选 TM 极化模式。

（4）复杂情况还要结合其他已知资料具体分析。

4. 静态位移校正

静态效应是由于近地表存在局部电性不均匀体时，电阻率分界面上极化电荷的堆集引起电场的畸变，由此产生一个与外电场成正比的附加电场，且与频率无关。表现在单点曲线上，就是电阻率曲线沿纵轴产生平移，但相位曲线不受影响。表现在视电阻率断面图上，就是电阻率值出现直立的陡变带，俗称"挂面条"现象（图 3-4-8）。

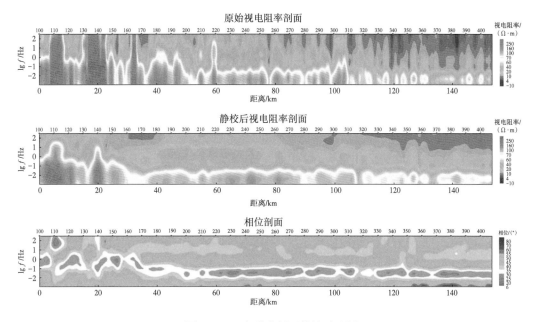

图 3-4-8 电磁法剖面静校对比图

静态位移校正前，首先要正确识别曲线是否受到静态效应的影响，识别特征如下：

（1）一般浅层都具有各向同性，所以视电阻率的 XY 和 YX 两支曲线的首支形态应该一致，互相重合，如果两支曲线首支分离，则可能存在静态效应影响。

（2）根据相位资料进行判断。理论证明相位资料基本不受静态效应影响，因此，如果视电阻率断面图上发生电阻率陡变现象，而相位断面上没有这种变化，则表明有静态效应影响。

（3）根据地表地质条件及构造特征对比相邻测点进行判断。在相同构造单元内，相邻测点的曲线特征和视电阻率值应连续可比。因此，如果曲线特征相似而视电阻率值突变，则表明存在静态效应影响。

静校正的方法很多，一般应做多种静校正方法试验，选取适合的最佳静校正方法，并选取合适的校正基准。该区主要采用了以下三种方法。

1）空间滤波法

浅层不均匀体的影响属高频噪声，且埋藏越浅，高通特征越明显，因此，对其实施低通滤波，可以消除静态位移的影响。

2）大地电磁函数向上延拓法

其原理是在原观测面上部加盖一层电性均匀层，这一均匀层顶部为平面，底部与地形相吻合，然后将观测面上的数据上延到水平面上，这样就使得原观测面上的大地电磁传输函数发生了变化，这一变化与原观测点上的传输函数及加盖层的电性和几何参数相关，传输函数上延之后，相当于观测点远离局部不均匀体，局部不均匀体的响应由于频散，同时

135

几何衰减更快而迅速减弱，深部构造的响应则由于上延高度有限，而几乎不变。地形影响虽然存在，但已大大削弱，加盖层的层参数已知，在进行二维反演时可将其作为已知参数固定，它是一种新的消除地形影响的方法。

3）人工智能法

由于附加电场与频率无关，因此，受静态效应影响的曲线表现为整体的移动，而曲线形态不发生变化，因此，可以采用手动平移的办法进行校正，该方法可以作为其他方法的补充，平移的原则是：

①作首支曲线相关分析，在表层均匀的情况下，可将曲线首支校到同一基准面上；

②参考地面地质并结合测区内电测井信息，进行校正；

③如果一维性比较好，则将两条曲线校到同一基准面上。

应该说明的是，每一种校正方法都不可能一步到位，各种校正方法应该互相补充、互相验证，这样，才会使校正的结果更趋于客观。

从图3-4-8上可以看出，原始视电阻率断面横向上浅层电性不连续，静校正后的视电阻率横向变化规律性更加明显，且又保证了静校正前的变化趋势，静校正后的视电阻率变化规律与不受静态位移影响的相位断面所揭示规律一致，这表明静态位移得到较大程度的压制。

五、资料反演

1. 自由反演

经过预处理后的数据，反映的还是地下介质电阻率与频率的关系，与地下地质结构不是简单的对应关系，而是一种复杂的非线性关系。反演是通过一系列复杂的计算把频率域数据转化为某一地球物理模型（电阻率与深度的关系），该模型反映地下介质的地电结构特征，为定量解释提供依据。

各种不同的反演方法都有各自的特点，不同的勘探目的、不同的勘探任务及不同的地电条件适用于不同的反演程序，所以，要根据具体情况对不同的反演方法进行取舍。

从图3-4-9各种反演方法的对比可以看出：

（1）用不同反演方法所得反演结果大轮廓是一致的，都能揭示地下电性层起伏形态。不同反演方法的结果对地层的起伏形态、构造单元、断裂的位置的反映基本是一致的。

（2）一维反演算法简单、速度快，但受干扰影响大，反演精度低，纵向上成层性差。它可以用来初步了解地电分布，并为其他二维反演方法提供初始模型。

（3）二维反演由于考虑了电性的横向变化，所以精度高，反演结果更加实际、合理，因此二维反演优于一维反演。

通过分析对比，并通过地震和钻井资料的标定，认为二维连续介质反演要优于其他反演方法。该方法在反演中考虑了地形影响，并最大限度地消除或压制了地形和静位移的影响，在地层层位追踪、断裂位置的推断、局部构造的划分等方面比较客观，因此在资料的地质解释过程中主要采用了二维连续介质反演。

2. 约束反演

由于电法观测的频率点有限及观测数据误差的存在，反演结果的非唯一性是不可避免的。地球物理反演中可以反演确定拟合模型的平均值，它可以对应多个地下模型。因此，为了减少解的非唯一性，应当尽量多地利用先验信息，使研究结果达到合理，提高解释精度。

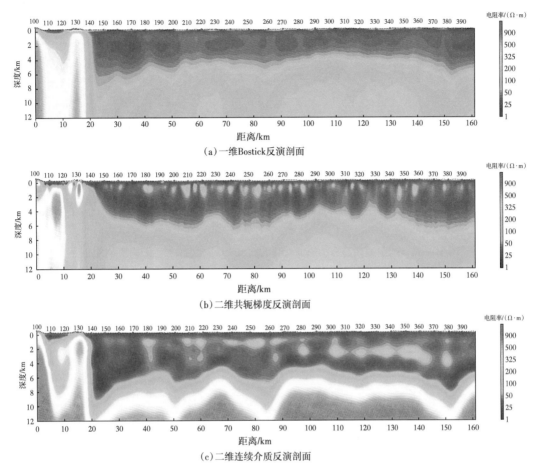

（a）一维Bostick反演剖面

（b）二维共轭梯度反演剖面

（c）二维连续介质反演剖面

图 3-4-9　电磁法剖面反演效果对比图

　　勘探目标层（裂谷）埋藏相对较深，在常规的二维连续介质反演剖面上对裂谷有显示，但对其具体规模和埋深无法精确刻画。而该区地震资料相对较多，而且地震对上震旦统及以上地层反射清楚，结构可靠，因此，在自由反演成果（图 3-4-11）的基础上，充分利用地震的解释成果（图 3-4-10）等资料构建电法约束反演模型，进行约束反演，最后得到约束反演电阻率剖面（图 3-4-12）。

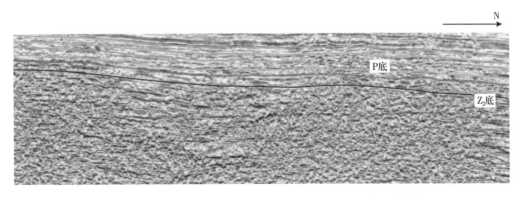

图 3-4-10　川中地区高石梯—龙女寺 CZ15E-01 测线地震成像

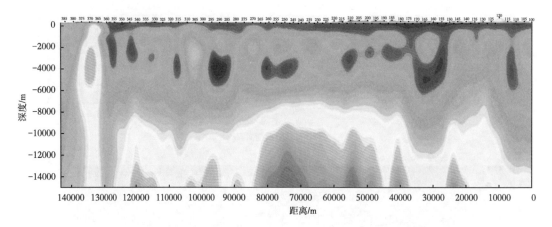

图 3-4-11　川中地区高石梯—龙女寺 CZ15E-01 测线自由反演电阻率剖面

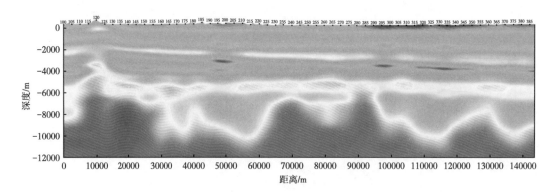

图 3-4-12　川中地区高石梯—龙女寺 CZ15E-01 测线约束反演电阻率剖面

约束反演过程如下：

（1）浅部（上震旦统以上）主要参考地震，利用地震的层位解释构建浅部深度模型。

（2）深部（下震旦统以下）主要依据二维连续介质反演结果，结合重、磁、震等多种资料综合建立深层初始模型。

（3）依据统计的电阻率值进行层位充填，然后进行约束反演。

（4）在反演过程中先对全地层进行约束反演，使各地层分成结构尽量不变化，主要反演电阻率数值变化，之后约束住浅层地层厚度，放开深层地层厚度约束条件，并减小深层电阻率变化范围至 10%，同时反演深层沉积层厚度和电阻率值。由于先进行过一轮电阻率反演工作，在该轮工作中电阻率的变化不会太大，主要以厚度变化为主。

（5）反演结果的模型响应与实测数据对比，如果误差大，反复调整模型，直到误差减小到一定程度，并且模型符合地质现象和规律，把该模型作为最终解释结果。

从图 3-4-11 和图 3-4-12 可以看出，约束反演与二维连续介质反演的形态相似，但约束反演对层位及裂谷的规模、埋深等刻画更精细。从误差统计图（图 3-4-13）来看除高陡山区及强干扰区附近，两者的正演模型响应与实测数据拟合误差基本在 20% 以内，大部分测点的拟合差能保持在 10% 以下，而相对于自由反演来说，约束反演的拟合误差更小，其误差曲线能平滑，说明约束反演结果真实可靠，能有效地提高解释精度。

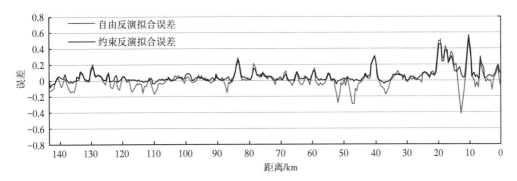

图 3-4-13 川中地区高石梯—龙女寺 CZ15E-01 测线约束与自由反演拟合误差对比曲线

六、地质解释

深层和超深层勘探一直是油气勘探的难题，通过固定浅层地层信息，对全部地层电阻率使用紧约束条件，放开深层沉积层厚度约束条件，可以有效地反演深层地层的厚度变化特征（图 3-4-14）。

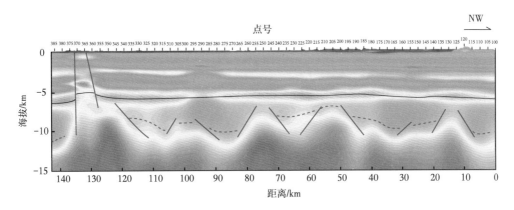

图 3-4-14 川中地区高石梯—龙女寺 CZ15E-01 测线约束反演电阻率剖面

从 CZ15E-01 线反演剖面（图 3-4-14）来看，220 号点以南整体在海拔 -12000~-6000m 范围为一低阻层。在 115 号点至 126 号点处，柱状高阻团块上隆至地表，结合露头地质、区域地质背景，该处为华蓥山逆冲带。根据前人研究成果，华蓥山逆冲褶皱带有两次逆冲，一次为中生代晚期，一次为新生代中期，在本书研究的裂陷期，该逆冲带应该属于南部断陷一部分。整个断陷南部受华蓥山逆冲断裂带的改造，面貌复杂化。断陷内地层整体南厚北薄、向北抬升，呈不对称地堑构造格局，华蓥山逆冲带主断裂以北可划分为"两次凹夹一次凸"。各次凹均表现为南深北浅、向中央凸起抬升，断陷内基底最大埋深在海拔 -12000m 以深。次凸在该测线上范围从 187 号点至 200 号点，凸起上基底埋深较浅，一般海拔在 -8000m 左右。

第五节 川西北综合地球物理解释

川西北地区天然气资源丰富，含气层系多、领域广，是该盆地重点勘探领域。针对川西北地区逆冲推覆带构造复杂、成像难度大等关键问题，进一步开展技术攻关，为川西北双鱼石及周缘构造探井部署提供构造地质模型及地震成像技术的需求十分迫切。

龙门山推覆构造带地表地下地质条件非常复杂，双探9井揭示了地下存在多套地层倒转，与老二维地震资料的认识有较大偏差。为此，在龙门山推覆构造带优选二维地震测线及束线三维开展地震资料叠前处理和精细解释攻关研究，攻关研究虽取得了良好效果，但仍存在速度场认识不清、整体构造形态争议较大等问题，制约了深层勘探目标准确成像效果。

为解决川西北地区逆冲推覆带构造复杂、成像难度大等关键问题，进一步开展了地震构造建模及成像技术攻关。在前面地质构造建模研究的基础上，通过野外地质调查及"戴帽"工作，结合区域构造背景、区域运动学背景及构造演化研究，开展了川西北部地区综合构造地质研究，建立了川西北部构造整体认识；通过龙门山构造带野外露头、近地表电法处理解释成果，结合区内多条高精度地震测线，精细刻画断裂体组合，建立了川西北部地区复杂构造带构造模型，对地震速度建模进行了有效指导。同时开展综合地球物理技术研究，发展地质、物探处理与解释一体化的攻关技术，通过不同构造模式的重力、电法正演，结合不同资料的侧面印证，综合判别不同构造模式解释方案的合理性，并结合音频大地电磁（AMT）和瞬变电磁（TEM）高精度电法采集处理解释，为地震成像速度建模提供中浅层结构信息，提高川西北部复杂构造带中浅层的速度模型精度，改善构造成像精度。

一、第一轮模式论证

笔者收集了大量地质及地震资料（图3-5-1），不同的单位对该测线的成像解释方案均不尽相同，其中方案A与方案C均认为该区域深层为滑脱冲段结构，而方案B与方案D认为该区域深层为叠瓦冲断结构。在综合研究前人成果与该地区构造特征后，对过双探9井的2016CXB02束线三维地震剖面进行重新整理、解释，形成了四套解释方案（图3-5-2），其中方案A和方案B为叠瓦冲断型［图3-5-2（a）、(b)］，方案C和方案D为滑脱冲断型两种构造解释模型［图3-5-2（c）、（d）］，这两种不同方案的巨大差别，根据其建立的速度模型对成像效果影响很大，如何选择合理的解释模型至关重要。但以现有的资料和信息很难确定那种解释方案更加合理。同时，该区域部署过大地电磁法和重力勘探项目，可以利用电法和重力数据进行正反演来对四种解释方案进行模拟论证，以优选合理解释方案。

利用前文的物性研究成果，收集的不同地层密度数据，分别建立图3-5-2中四种解释方案的模型对应密度模型体（图3-5-3），并利用这四个模型进行重力正演，将正演结果

（图3-5-4中的红色曲线）与收集的实测重力数据对比（图3-5-4中的绿色曲线），以此验证模型的合理性。

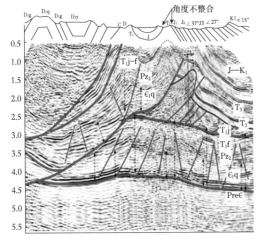

（a）方案A 过双探9井叠前时间偏移阶段成果初步解释

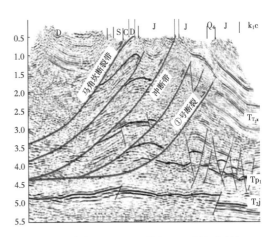

（b）方案B 2016CXB02线（line 106）叠后时间
偏移剖面初步成果

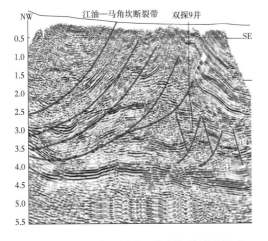

（c）方案C 过双探9井束线三维叠前时间偏移剖面

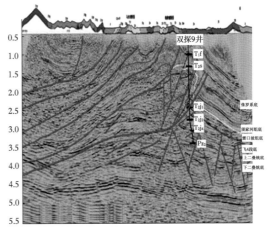

（d）方案D 2016CXB02束线三维叠前时间偏移剖面

图3-5-1 收集到的2016CXB02地震解释剖面

从图3-5-4的重力值拟合情况可以看出在测线两端四个模型差别不大的地方，正演结果与实测结果误差都比较小；而在中部冲断带位置，方案A和方案B的拟合曲线与实测结果误差较大，方案C的误差较小，但其在冲断带的左侧有一段拟合较差，疑是浅层石炭系与泥盆系厚度偏大，需要进行调整；方案D的滑脱冲断模型对应的正演结果与实测结果误差较小，整体拟合较好。重力正演结果认为方案D的滑脱冲断模型较为合理。

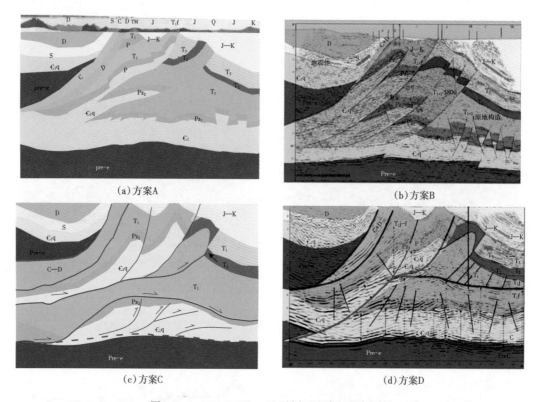

（a）方案A

（b）方案B

（c）方案C

（d）方案D

图 3-5-2　2016CXB02 地震剖面四套解释剖面

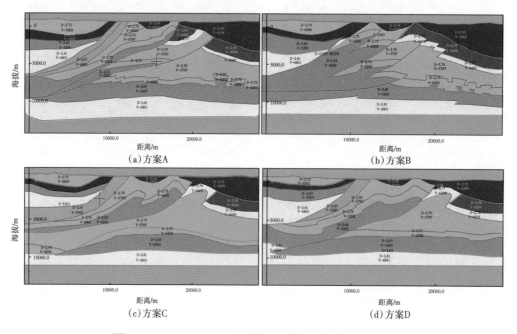

（a）方案A

（b）方案B

（c）方案C

（d）方案D

图 3-5-3　2016CXB02 地震剖面四套解释方案的密度模型

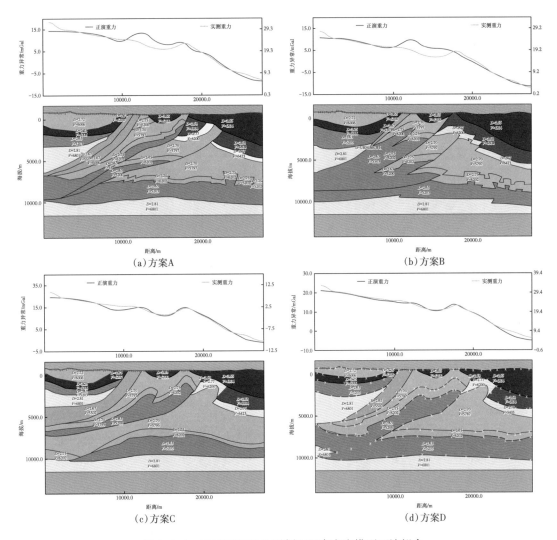

图 3-5-4 2016CXB02 地震剖面四套密度模型正演拟合

　　在进行重力正演验证的同时，还收集不同地层的电阻率数据及其物性变化区间，建立叠瓦冲断型和滑脱冲断型两种构造模型的四种解释方案（图 3-5-2）对应电阻率模型体（图 3-5-5），并利用收集到的大地电磁法数据加载电阻率模型进行约束反演，获得约束反演电阻率剖面（图 3-5-6），对反演剖面进行正演计算，将正演电阻率曲线与收集的实测的电阻率曲线对比，并计算两者在各频率上的误差，形成误差分布图（图 3-5-7），可以看出：方案 A 在地震剖面（图 3-5-5）上的石炭系和泥盆系出露较小，地下埋深范围也较小，以至于高频数据与浅层模型电阻率值拟合较差，造成在该区域反演误差较大。深层 6000m 以深寒武系范围偏小，拟合情况也不太好，造成剖面中部中频段拟合误差较大。方案 B 与方案 A 类似；方案 C 与方案 D 反演结果较好。由于两种方案的只是在剖面中部中二叠系层位的断距大小和滑脱层的形态上存在较小差异，因此，两种方案拟合误差比较相似，无法确定哪个更优。

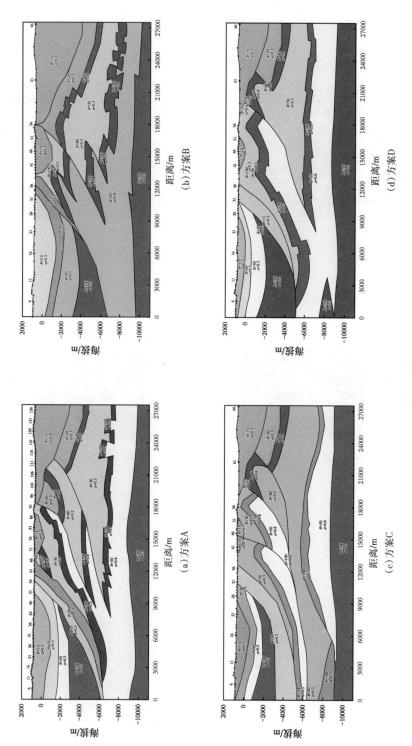

图 3-5-5　2016CXB02地震剖面四套电阻率模型

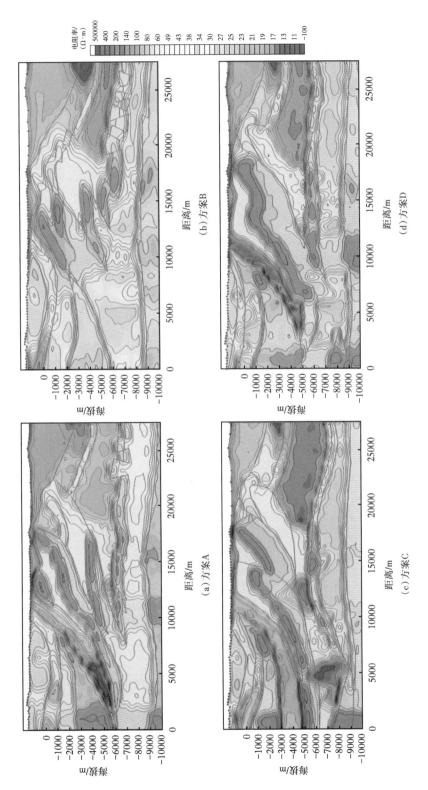

图 3-5-6 2016CXB02地震剖面四套电阻率模型约束反演剖面

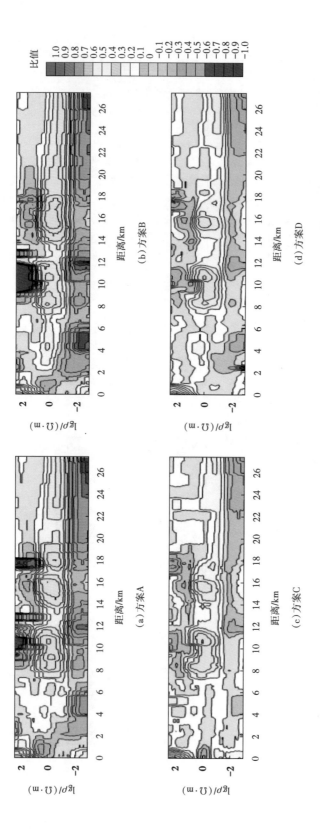

图 3-5-7　2016CXB02地震剖面四套电阻率模型约束反演拟合误差断面图

二、第二轮模式论证

地震解释人员在综合考虑重力和电法论证结果上，以滑脱冲段结构的构造模式对地震剖面进行重新解释，但剖面中部存在部分反射界面不清晰的区域（图 3-5-8 红圈），无法确定该区域是二叠系还是三叠系，而该区域的反射波组性质，影响深大断裂位置及延伸的解释，对深层冲断构造时序与分布的解读造成了严重影响。以此建立了两个新的焦点模型（图 3-5-9），利用重力和电法的辅助验证能力对新模型进行正反演验证。

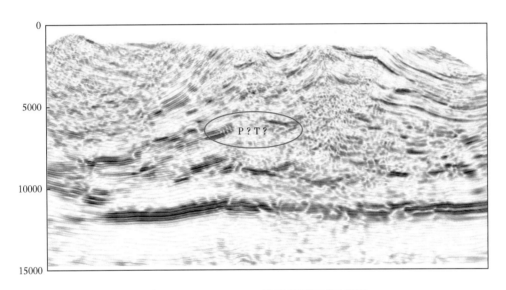

图 3-5-8　2016CXB02 地震存疑区域示意图

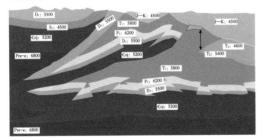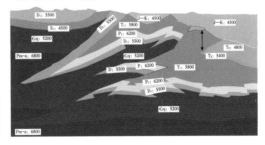

图 3-5-9　2016CXB02 线焦点模型

通过重力模型及其从拟合情况来看（图 3-5-10），由于二叠系的平均密度为 2.75g/cm³，上三叠统的平均密度为 2.67g/cm³，两者之间差异不大，形态分布不同所引起的重力异常在曲线上反映不大，而寒武系的密度（2.63g/cm³）与围岩之间密度差异大，是主要影响地层，所以需要以寒武系的分布情况来识别模型的合理性。从正演拟合情况来看，方案 B 由于中部推覆作用使寒武系挤压二叠系与泥盆系，造成二叠系与泥盆系滑脱层上移，使低密度寒武系厚度增加，造成正演重力曲线较实测曲线偏低，与实测结果拟合较差。因此，重力正演倾向于方案 A 比较合理。

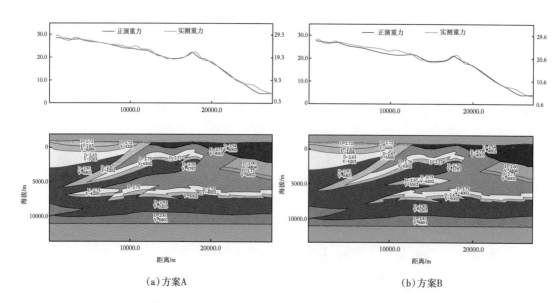

（a）方案A　　　　　　　　　　　（b）方案B

图 3-5-10　2016CXB02线重力模型及正演拟合曲线

　　同时也开展了电法验证工作，建立了焦点模型的电阻率模型（图 3-5-11），并开展了约束反演，从反演结果来看，两个模型的约束反演剖面（图 3-5-12）相似度较高；而两者反演误差断面图（图 3-5-13）整体拟合情况较一致，但方案 A 的误差幅值和高误差的范围较方案 B 要小一些，因此，电法约束反演结果也倾向于方案 A。

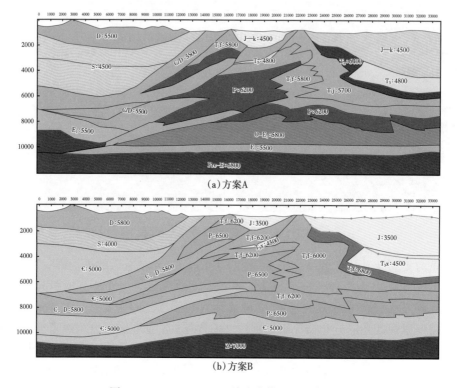

图 3-5-11　2016CXB02线焦点模型电阻率模型

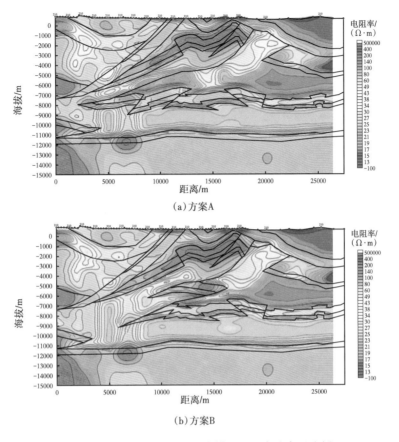

图 3-5-12　2016CXB02 线焦点模型电阻率约束反演剖面

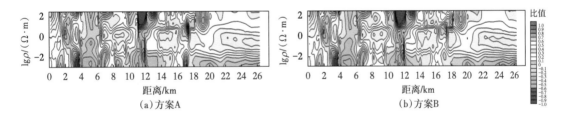

图 3-5-13　2016CXB02 线焦点模型电阻率约束反演拟合误差断面图

三、应用效果

将由近地表电法建立的浅层速度模型（图 3-5-14）和由多信息深层复杂结构识别所得到的中深层模型［图 3-5-10（a）］结合应用，建立用于指导建立速度模型的构造地质模型（图 3-5-15）。在图 3-5-15 的构造地质模型基础上，填充各地层的速度数据，建立较为准确的初始速度模型（图 3-5-16）。利用获得的初始速度模型进行叠前深度偏移，获得偏移成像结果［图 3-5-17（b）］，与仅用常规地震速度分析进行的偏移结果［图 3-5-17（a）］相比，地震成像效果明显改善，推覆体结构更清楚、中部地层波阻关系更自然、底部寒武系厚度更合理。

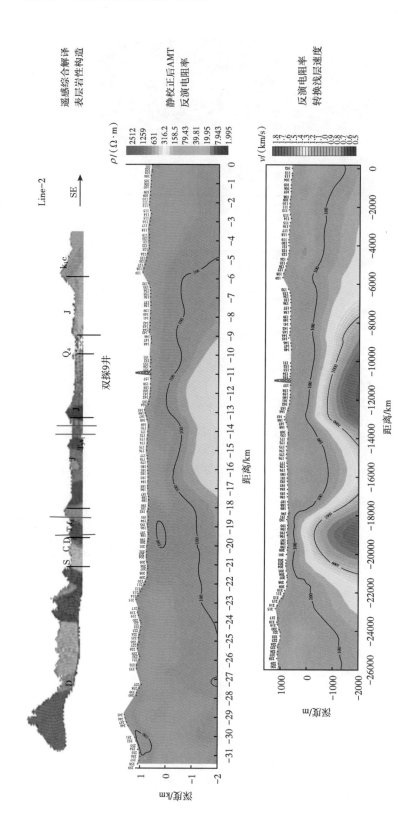

图3-5-14 2016CXB02线AMT电阻率反演与速度转换

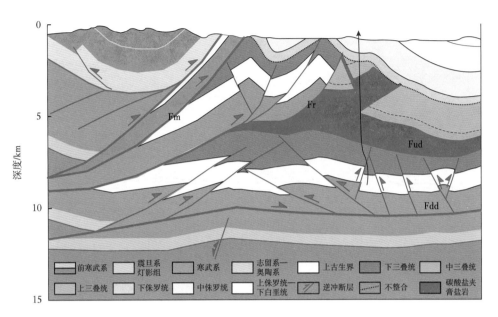

图 3-5-15 构造地质模型

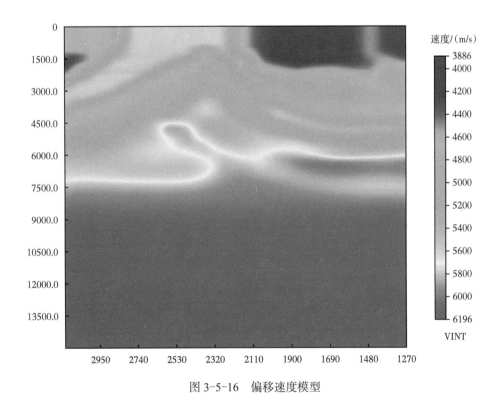

图 3-5-16 偏移速度模型

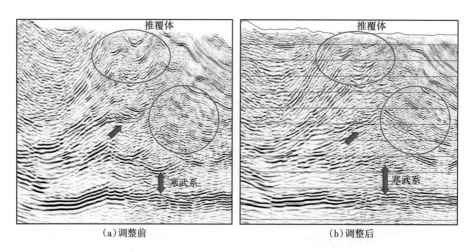

(a)调整前	(b)调整后

图 3-5-17　CXB02 线浅层速度调整前后对比

第六节　成果和认识

根据 1∶50 万数字地质图，获得了四川盆地及周缘地区地面断裂展布图（图 3-6-1），从该图中可见地面断裂分布。根据重磁电资料，解释了四川盆地及邻区断裂（图 3-6-2），主要存在北东、北向、东西、南北四组断裂，其中北东、北向为共轭断裂，东西、南北为共轭断裂。

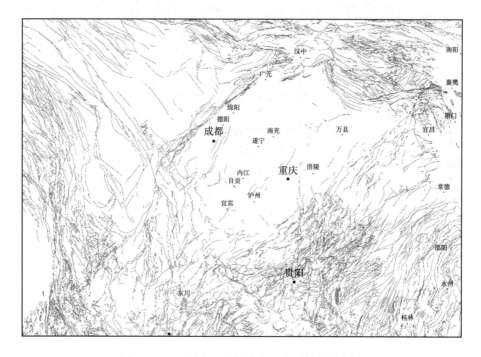

图 3-6-1　四川盆地及周缘地区地面断裂展布图

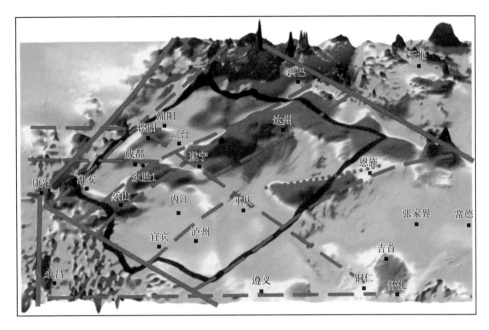

图 3-6-2 四川盆地及邻区航磁异常图

一、盆地中部存在两条北东向断裂

断裂长度 570km，切穿下地壳。存在二期活动，发育于南华纪，在二叠纪仍有活动。为断裂延长长、切割深的深大断裂。其西边的北东向断裂过眉山—通江一线，过盆地北部边界后至万源以北，断裂解释依据如下：

（1）从航磁异常图（图 3-6-2）可见，条带状强磁异常，强磁异常的东、西边界为密集的等值线梯度带；

（2）根据航磁资料反演得到的南华系厚度图（图 3-6-5）可以看到，条带状强磁异常对应为南华系厚度较大，在广安附件，最大厚度大于 4km；

（3）从深层重力异常图（图 3-2-36）可见，盆地中部存在一条北东向重力低，重力低两侧为等值线密集带，断裂与密集带对应，与航磁异常方向、位置一致；

（4）根据重力资料反演得到的新元古界深度图、厚度图（图 3-6-5）可见，深层断陷北东走向，基底最大埋深在遂宁附近大于 14km，新元古界厚度大于 8000m。与航磁反演结果方向、位置一致；

（5）从 2019 年新采集的北西向的时频电磁剖面可见（图 3-6-3、图 3-6-4），深层断裂与航磁梯度带对应，断裂东掉，重磁电解释结果不谋而合。

二、盆地东部存在两条北东向断裂

断裂长度大于 200km（图 3-6-5）。其西边的北东向断裂过垫江—利川，其东边的北东向断裂过武隆—宣恩，断裂解释依据如下：

（1）从航磁异常图（图 3-6-2）可见条带状强磁异常，强磁异常的东、西边界为密集的等值线梯度带；

（2）根据航磁资料反演得到的南华系厚度图（图 3-6-5）可以看到，条带状强磁异常对应为南华系厚度较大，广安—渠县裂谷在广安附件最大厚度大于 4km；

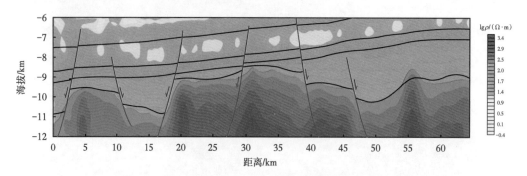

图 3-6-3　时频电磁 3 线电阻率反演剖面

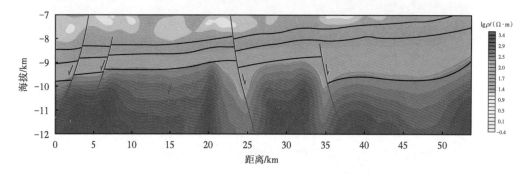

图 3-6-4　时频电磁 4 线电阻率反演剖面

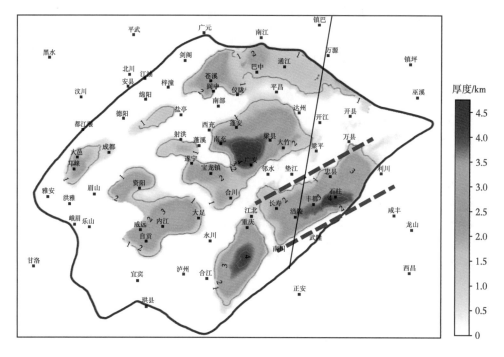

图 3-6-5　四川盆地重磁综合反演南华系厚度图及地壳测深剖面位置

（3）根据地震资料解释得到的寒武系底界埋深图可以看到，条带状强磁异常对应为寒武系底界埋深较大；

（4）在人工源地震测深剖面处（图3-6-5），根据地震测深剖面解释的断裂（图3-6-6）与航磁梯度带及航磁反演的断裂（图3-6-7）一一对应，进一步证实了断裂及深层裂谷存在（涪陵—石柱裂谷，裂谷宽120km）。

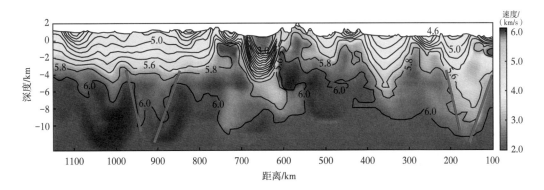

图 3-6-6 地震勘探解释的地壳测深剖面（据藤吉文，2014，断裂解释略有修改）

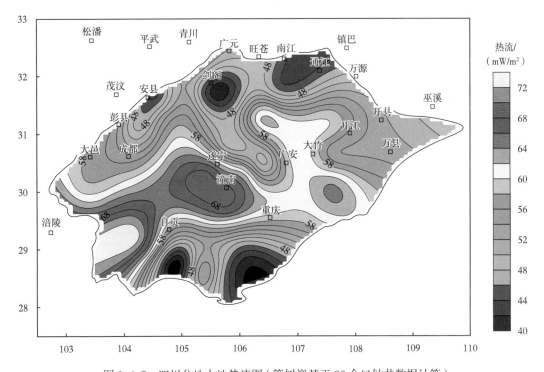

图 3-6-7 四川盆地大地热流图（管树巍基于90余口钻井数据计算）

三、盆地中部存在一条北西向绵阳—遂宁—南川断裂

断裂在盆地内过绵阳—遂宁—南川一线，最后与近东西向断裂相交于铜仁附近，断裂长度近600km，这条北西向分界线（断裂），将盆地南北两分，该断裂发育时间早，持续

时间长，现今仍有活动盆地断裂解释的依据：北西向断裂过宝隆镇—涪陵一线，将北东向裂谷分为南北两部分。

（1）从航磁异常图3-6-2可见，北东向航磁异常间断，断裂处存在北西向磁异常。

（2）从反演的南华纪厚度图可以看到，断裂的南北厚度变化较大；另外涪陵—石柱裂谷至于此断裂，说明该断裂发育时间较早。

（3）从深层重力异常图及利用重力资料反演的深度图、厚度图可见，在北西向断裂处存在异常错动及分割现象，说明该断裂发育时间较早。

（4）基于90余口钻井数据计算了盆地内热流值，从图3-6-7中可见这条断裂对热流有明显的控制作用，也说明了该条断裂对现今的地球物理场有控制作用。

（5）从四川盆地及邻区地形图3-6-8可见，在绵阳—遂宁—重庆存在一条北西向的深沟，深沟、涪江与断裂位置一致，进一步说明了该断裂现今仍有活动。

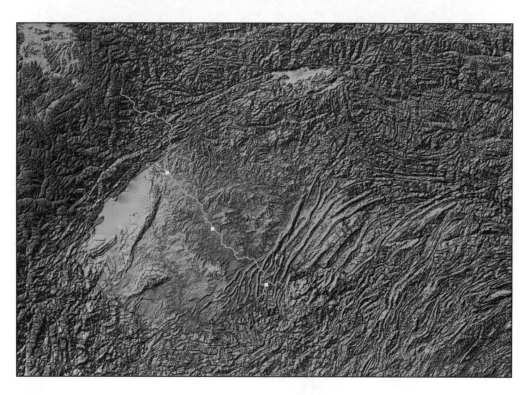

图3-6-8　四川盆地地形图

四、提出"条带状强磁异常是裂谷火山岩响应"的认识

四川盆地内发育北东、北向向新元古代裂谷，为主动型的地幔柱相关裂谷，北东、北西两组强磁异常相交处为地幔柱位置。

图3-6-9为四川盆地航磁异常图，从图中可见，盆地及邻区主要存在北东、北西两组强磁异常。其中，盆地内部为两条北东向强磁异常，盆地北部存在北西向强磁异常，两组强磁异常相交，夹角120°。

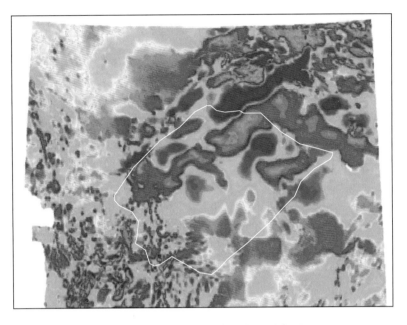

图 3-6-9　四川盆地及邻区航磁异常图

根据裂谷形成起源特征的四分法方案（Merle O, 2011；图 3-6-10）：（1）地幔柱相关裂谷（主动型）；（2）转换断层相关裂谷（被动型）；（3）造山相关裂谷（被动型）；（4）俯冲带相关裂谷（被动型或主动型），均与大洋中脊形成有关。国外四大类裂谷的重磁异常特征主要有以下两点：

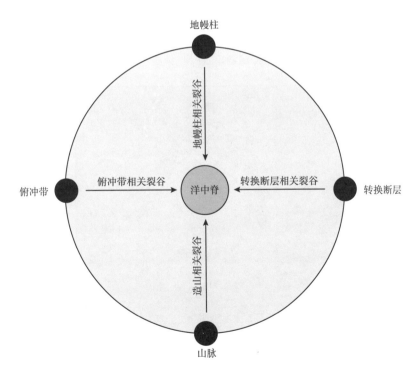

图 3-6-10　裂谷形成起源特征的四分法方案（据 Merle O, 2011）

（1）地幔柱相关裂谷（主动型裂谷）：条带状强磁异常，有明显的磁力正异常（数百 nT），有一定的延伸（数百千米至上千千米），异常条带较宽（数十千米至上百千米）。

（2）俯冲带、造山带和转换断层相关的裂谷（被动型或主动型裂谷）：区域重力负异常，磁异常往往沿控制裂谷发育的断裂分布，异常宽度有限。

与地幔柱相关的裂谷有北美大陆中部、OSLO、西伯利亚等裂谷。以北美大陆中部裂谷为例，北美大陆中部裂谷系是世界上一条大型的元古宙裂谷带，其时代约为 1100Ma，延伸长达 2000km，在航磁图上表现最明显的特征之一，是呈现一系列的线状异常。图 3-6-11 为北美大陆中部航磁异常图，北东、北西两组条带状强磁异常，条带状强磁异常与裂谷一一对应（图 3-6-12、图 3-6-13），一个重要的启示是地幔柱位于北东、北西条带状强磁异常交汇处。根据这一启示提出新元古代四川盆地北部存在地幔柱，北东、北西向强磁异常相交 120°，为 360° 的三分之一。证据之一是在强磁异常交汇处附件，发现了铁船山拉斑玄武岩，年龄 820Ma，为地幔柱成因。

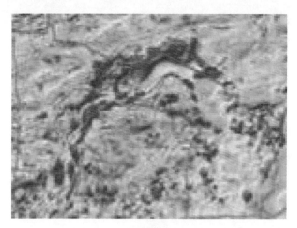

图 3-6-11　北美大陆中部航磁异常图

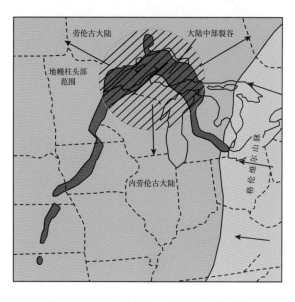

图 3-6-12　北美大陆中部裂谷系平面图

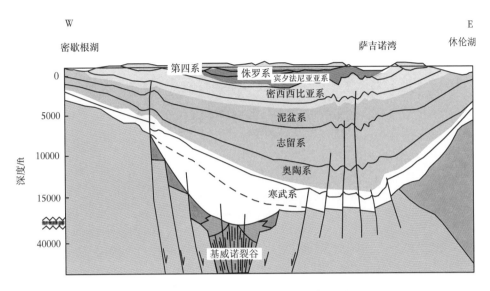

图 3-6-13　北美大陆中部裂谷系剖面图

华南板块的北部为澳大利亚或东南极洲。推测三叉裂谷的一支为南澳阿德莱德（Adelaide）裂谷，南澳阿德莱德新元古代地堑沉降带为典型的裂谷系沉积，并伴随少量火山岩及火山碎屑岩沉积。阿德莱德陆相火山作用具明显的双模式特征，火山凝灰岩的锆石 SHRIM PU-Pb 年龄为 802Ma，与华南裂谷盆地早期火山作用时限及特征可相对比（王剑等，2001）。

南澳阿德莱德裂谷系演化史无论是地层层序还是火山及 Marinoan 冰期之前的冰川事件，都与华南裂谷演化史有很好的相似之处，反映了二者在新元古代裂谷盆地演化早—中期具有十分密切的联系（Li et al.，1995，1996，1999）。

五、提出四川盆地深层具有东西分带、南北分块特征

板溪与南华纪拉张具有继承性，但是南北有差异。从四川盆地航磁异常图及反演的南华系厚度图及深层重力异常图及反演的基底埋深及前震旦厚度图可见，四川盆地深层具有东西分带、南北分块特征。目前南华系残留裂谷主要有三个条带，位于盆地中部的北西向广安—渠县裂谷，最大厚度在广安附近，残留厚度大于 4km；位于盆地东部的北西向涪陵—石柱裂谷，最大厚度在石柱附近，残留厚度大于 4km；位于盆地东部的重庆—綦江裂谷，北西向的绵阳—遂宁—南川断裂将其与涪陵—石柱裂谷分开。

第四章 塔里木盆地重、磁、 电资料处理和解释

目前深层和古老层系已逐渐成为勘探和研究热点（Zhu et al.，2019）。特别是塔里木盆地深层，寒武系领域从 1997 年和 4 井始，已经历了 20 多年的勘探历程，截至 2020年 2 月，盆地内已完钻探井 22 口，除中深 1C 井、中深 5 井、柯探 1 井、轮探 1 井等在寒武系白云岩中获得油气重要发现外（Zhu et al.，2015），其他井先后失利。虽然已经明确下寒武统玉尔吐斯组烃源岩的分布及其作为主力烃源岩外（Zhu et al.，2018），深部裂陷分布及其对上覆层系的控制作用、肖尔布拉克组储层分布、震旦系白云岩储层分布、断裂体系，以及不同块体拼和关系等，还尚不十分清晰，但已成为制约深层勘探的重要因素。

对于塔里木盆地深层南华系—震旦系的研究，前人做了大量基础工作，有力推动了近些年的勘探部署。比如，吴林等（2016）基于二维地震、钻井、露头等资料，分析了塔里木新元古代盆地发育特征。陈永权等（2019）根据二维地震解释成图，分析柯坪运动前后的构造格局变化，以此解决生烃凹陷的问题等。众所周知，常规地震勘探信号传播到8000m 以深深层时，地震分辨率、信噪比低、反射质量差，一定程度上不满足深层南华系—震旦系分布刻画的资料要求，解释结果因人而异，多解性很强（丁道桂等，1996；李秋生等，2000；于常青等，2012）。

针对塔里木盆地开展的地球物理研究多基于单一方法的处理或大尺度地质结构的反演解释（高锐等，2000；徐鸣洁等，2005；胥颐等，2001；侯遵泽等，2011；杨文采等，2012，2015；向阳，2017；Zhang et al.，2020），一定程度上还不能准确揭示塔里木盆地深部地层的展布情况，而且单一地球物理方法在反演和解释上往往存在多解性。因此，在前人研究的基础上，采用针对性新方法，结合寒武系以上可靠地震资料的约束，运用大地电磁和重磁资料开展三维联合反演，来有效刻画盆地的基底结构与深层南华系—震旦系的残留地层分布。

根据第二章提出的研究方案，并结合综合地球物理新方法技术，提出了塔里木盆地重、磁、电、震数据处理和地质地球物理综合解释的具体流程，如图 4-0-1 所示。

下面就从地质概况与岩石物性，重、磁、电数据处理和联合反演，地质地球物理综合解释这几个方面来详细介绍综合地球物理方法技术在塔里木盆地的应用。

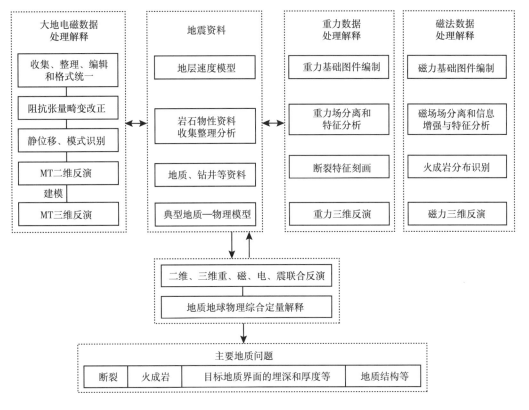

图 4-0-1　塔里木盆地重、磁、电、震数据处理和综合定量解释流程图

第一节　地质概况与岩石物性资料

一、地质概况

　　塔里木盆地是我国最大的克拉通断陷复合型盆地。它经历了前古生代地槽、古生代地台、中新生代内陆盆地三个发展阶段。盆地内划分为三隆四坳及四个台缘断隆，共 11 个构造单元。该盆地为压扭性，在多期构造运动作用下，受边界条件和基底结构的制约形成背斜、古潜山、不整合、岩性和断块五种类型圈闭。沉积的多旋回形成多套生储盖组合，发育了寒武系至奥陶系、石炭系至二叠系、三叠系至侏罗系、上白垩统至古近系四套主要生油层系。盆地地质构造演化有利于油气生成和聚集，具有形成大油气田的地质条件，是一个油气资源潜力很大的沉积盆地。

　　塔里木盆地位于我国西部新疆维吾尔自治区。北界天山海西褶皱带，南界昆仑山海西褶皱带，向东经罗布泊进入甘肃西部的敦煌盆地，向西经阿莱依山谷与苏联的卡拉库姆—塔吉克盆地为邻。以中—新生界分布而言，面积约 $56×10^4km^2$，若将库鲁克塔格、柯坪塔格、铁克里克和阿尔金 4 个台缘断隆包括在内，面积约 $70×10^4km^2$，它是我国最大的克拉通断陷复合型盆地。

塔里木盆地具有前覆旦纪变质岩组成的结晶基底，上覆古生代、中—新生代沉积盖层，基岩埋藏最大深度约 15km。盆地内构造发育，油苗多，历来为石油地质学家所关注，不少学者曾对其进行过详细的研究和精湛的论述。黄汲清从槽台观点出发，称其为塔里木地台，它和中朝地台一起构成古亚洲构造域中的古老地块；李四光根据地质力学对中国构造体系的划分，塔里木则属于西域系的一个组成部分；张文佑认为塔里木是晋宁运动之后古亚洲断块解体后的残留体，由地壳断裂网格控制着塔里木盆地的发展和沉积盖层的构造体系；李春昱等从板块的角度出发，称其为中朝—塔里木板块。在漫长的地质历史中，中朝—塔里木板块与西伯利亚板块、印度板块之间存在着广阔的大洋，在地壳不断扩张、收缩的作用下，板块挤压碰撞，导致了塔里木盆地的发生、发展和消亡。

从 19 世纪开始，一些中外地质学家开始对塔里木盆地进行地质调查，如中国的黄汲清、苏联的西尼村、瑞士的埃利克·若林等。他们对塔里木盆地的地层、构造、油气苗及其他矿产进行过描述，为以后的地质调查提供了有益的资料。50 年代初期，塔里木盆地开始了石油勘探。30 多年来，完成了全盆地百万分之一航空磁测，50 万分之一及部分 20 万分之一的重力普查，在盆地边缘地区开展了电法和地面地质普查、详查地震勘探始于60 年代初期。

塔里木盆地半数以上地区为沙漠所覆盖，中部的塔克拉玛干沙漠是世界上第二大流动沙漠，素有"死亡之海"之称。由于自然交通条件极端困难，所以过去的石油勘探工作，都局限在盆地的边缘。进入 80 年代，由于施工装备的改善，勘探工作开始进入沙漠腹地，着眼全盆地，整体解剖，取得了大量的、十分宝贵的资料。这对全面认识、深入研究塔里木盆地的石油地质构造，评价盆地的油气资源和加快塔里木盆地的找油步伐无疑是十分重要的。

30 年来的勘探，共发现各类圈闭近两百个，油气苗一百余处。通过对 40 多个构造的钻探，先后在拜城坳陷的中生界发现了依奇克里克油田，在盆地南部新近系中发现了柯克亚油田，在盆地北部雅克拉构造寒武—奥陶系白云岩、轮南潜山构造上二叠统砂岩中获得了工业性油气流，同时在吐格尔明、色力布亚、克拉托及塔北隆起的南部，分别在寒武系—奥陶系、石炭系、侏罗系、泥盆系—志留系获得了油流或较好的油气显示，充分证明了塔里木盆地是一个含油前景很大的沉积盆地。

1. 大地构造背景

塔里木盆地在前震旦纪褶皱基底背景上，由古生代地台逐渐演化为中—新生代内陆盆地。而基底的性质、结构，对沉积盖层的演化有着密切的关系。

1）太古宇、元古宇沉积特征

太古宇在盆地周边有出露，主要为一套深变质的角闪岩相—麻粒岩相的片麻岩系。有花岗片麻岩、角闪片岩和黑云母片岩，其原岩建造主要为中酸性火山岩系。在铁克里克一带厚达万米，与上覆元古宇为不整合接触。

古元古界在库鲁克塔格、柯坪一带均见出露，主要为一套黑云母片麻岩、石英岩、绿泥石片岩及大理岩。在库鲁克塔格厚 5000 余米，与中—新元古界为不整合接触。

古元古代之后，塔里木的一些地区开始出现稳定型的碳酸盐岩沉积，由优地槽向冒地槽过渡，由洋壳向陆壳转化。中—新元古界下部杨吉布拉克群，为千枚状组云母化砂岩和细砾岩，其原岩建造为浅海、滨海相碎屑岩，厚 2500m。中部爱尔吉干群，为浅海相含叠层石大理岩建造，夹少量碎屑岩，厚 2600m。上部为帕尔岗塔克群，厚 1600m，下段为石英片岩、石英岩和千枚岩，上段为灰色含叠层石白云岩夹千枚岩、大理岩，与上覆未变质的震旦系呈不整合接触。从中—新元古界的岩性组合、同位素年龄来看，可与华北地区的中—新元古界相类比。杨吉布拉克群、爱尔吉干群、帕尔岗塔克群，分别相当于长城系、蓟县系、青白口系。

从太古宇、元古宇的岩性特征、变质程度、接触关系，反映了前震旦纪地槽的演化过程，亦清楚地表现出在经过阜平运动、五台运动、晋宁运动三大构造运动后，地槽回返，最终固结，形成盆地的结晶基底。

2）基底构造格架

太古宇、元古宇变质岩有较高的磁化率，和上覆地层有明显的差异。因此，塔里木盆地的磁场特征，可以认为是基底结构的反映。根据航磁资料，塔里木盆地的磁场可分为三个区。

南部磁场区为北东向正负相间的磁异常所组成，向南延伸可以和铁克里克太古宇露头相呼应。太古宇喀拉喀什群为石榴子片麻岩、花岗片麻岩、含铁石英岩，磁化率很高，一般为 400×10^{-6}CGS，最高可达 1000×10^{-6}CGS。因此，推测南区磁异常结构为太古宇构造的反映。杨华认为其中正异常带为复背斜，负异常带为复向斜，并划分出黑孜复背斜、墨玉复背斜、英吉沙复向斜、叶城复向斜等。

北部负磁异常区为一近东西向平静而宽缓的负磁异常背景，夹杂一些近南北向的高磁异常带。背景值一般为 -200~-100API。和南天山区磁场结构相似，其间无明显界限。根据该区出露的元古宇变质岩系，磁化率一般为 $50~100^{-6}$CGS，故认为北部磁异常区的特点，反映了元古宇的地质、构造格架。

中央高磁异常带横亘于盆地中部，走向近东西，在盆地范围内西起喀什，东到阿拉干，绵延千余千米，南北宽 60~80km，对南区北东向磁异常带具明显的阻截。异常强度 200~300API，在化极上延 20km 磁场图上仍有清晰的反映。故有人推测其下限埋藏深度超过 30km。王宜昌、张耀荣等根据磁异常呈线状分布的特点，和与南区磁异常带的接触关系，认为它是太古宇形成的超深断裂带。推测向东经罗布泊进入甘肃柳园，可能和华北板块北缘断裂相对应。杨华根据磁异常带在巴楚瓦吉里塔格、小海子水库等地见闪长岩、辉长岩、含钒钛磁铁矿辉石岩侵入到寒武系—奥陶系穹隆背斜的核部，在罗布泊以东异常带延伸带上发现一系列规模较大的辉长岩、闪长岩，故推测它可能是古生代虫基性岩浆岩构造带的反映。初始于元古宇，古生代多次活动，海西早期发生过大规模的岩浆灌入。大量的地震资料表明，东西间高磁异常常与地震所发现的中央隆起带的范围大体一致，中央磁力高带不分隔古生代沉积，其两侧地层可以追踪对比，故推测其可能为阜平期形成的深断裂，该断裂在古生代早期有所活动，古生代晚期及燕山期、喜马拉雅期，东段比较稳定，西段活动强烈。中央隆起就是在此古断裂的背景上逐渐发展起来的。

上述表明，塔里木盆地为一复合型基底，南部基底为太古宇，北部基底为元古宇，其间为一超深断裂带所拼合。这种基底结构的特征，对盖层的构造格架有一定的控制作用，特别是对古生代沉积、构造的影响尤为显著。

2. 古生代和中—新生代沉积发展史

晋宁运动之后到早寒武纪末期，今日的华北地台、扬子地台和塔里木地台为一整体，构成了地域辽阔的古中国地台。早寒武纪末期，由于兴凯运动的影响，古中国地台开始解体，陆间产生了一系列裂陷，并逐渐演化为地槽，象兴蒙地槽，昆仑—祁连—秦岭地槽等。而夹持于地槽之间的残留地块，则逐渐向稳定的地台方向发展，塔里木地台即是其中的一个。

塔里木盆地从震旦纪开始进入了地台发展阶段，古生代之后又发展为内陆湖盆，两个不同阶段其沉积发展史不同，控制其发展的因素也有所差异。

震旦纪至二叠纪为地台阶段。从沉积序列组合，可以划分为两大沉积旋回，一个旋回是震旦纪—志留纪，另一个为泥盆纪—二叠纪。震旦系是地台上第一个沉积盖层，为浅海相碎屑岩及碳酸盐岩夹冰碛层，在盆地东部库鲁克塔格最发育，厚达6600余米，以碎屑岩为主夹三套冰碛层。下部夹有凝灰质砂岩、蚀变玄武岩，反映了地台初期的不稳定性。盆地西部为一套稳定型沉积，厚度数百米，仅见一套冰碛岩，主要为含叠层石的白云岩夹泥岩及砂岩。

塔里木盆地的震旦系可以和扬子区相对比。峡东地区的南沱冰碛层相当于库鲁克塔格的特瑞爱肯组，广布于祁连山。秦岭地区的罗圈组相当于塔东地区的水泉组。

根据地震资料，震旦系在盆地内分布比较普遍，东部、北部较发育，库鲁克塔格厚6600m，满加尔一带厚2000m，西部阿瓦提—柯坪厚1000m左右，西南及东南地区可能缺失。

寒武系—奥陶系继承了震旦纪古地理格局，海侵范围不断扩大。寒武系以碳酸盐岩为主。下统底部为黑色硅质岩、磷块岩；上部为燧石灰岩，在库鲁克塔格见安山凝灰岩及安山玢岩。中统为黑色硅质岩夹薄层红色砾岩，红色膏泥岩，白云岩。上统为灰色薄层灰岩、竹叶状灰岩、砾状灰岩。奥陶系岩相分异比较明显，西部以柯坪的浅海相碳酸盐岩沉积为代表，东部以却尔却克山的暗色泥质岩为代表，砂质岩、硅质岩和碳酸盐岩组成的类复理石沉积，厚度达3000m。

寒武系—奥陶系的分布范围和震旦系相似，在库鲁克塔格—满加尔一带厚度可能超过8000m，柯坪及阿瓦提地区厚1500m，东南地区缺失，巴楚及西南地区可能缺失寒武系。奥陶纪末期塔里木盆地曾有短暂的隆起，使上部地层遭到剥蚀，部分地区缺失上奥陶统，和志留系之间形成假整合接触。

志留系为海退环境下的沉积，为浅海、滨海相的灰绿、黄绿色砂岩及泥岩互层。志留系沉积末期，由于加里东运动的影响，塔里木盆地整体抬升，结束了地台阶段的第一个沉积旋回使志留系普遍遭到侵蚀，一般缺失中志留统、上志留统，和泥盆系之间呈假整合或不整合接触。

地震资料反映，志留系存在于库鲁克塔格—满加尔—阿瓦提—柯坪一带，塔北隆起顶部、中央隆起、盆地东南及西南部可能缺失。

晚古生代是塔里木地台第二个海侵旋回。泥盆纪为海侵旋回初期，沉积了一套滨海、浅海相红色碎屑岩系，仅在西南地区铁克里克一带为浅海相碳酸盐岩。如东部库鲁克塔格为紫红色砾岩、含砾砂岩互层；西部柯坪地区为砖红色、酱红色粉砂岩及砂泥岩。泥盆系的分布受制于加里东末期的古地貌，因此厚度变化较大，库鲁克塔克—满加尔厚1500~3000m，西部一般厚200~800m，在沙雅西部的英买力一带，井下钻遇厚度130m。盆地东南地区缺失。泥盆纪末期地台一度抬升，有些地区发生断褶，使其与石炭系之间形成不整合及假整合接触。

石炭纪为第二海侵旋回的高潮期，塔里木地台除了一些孤岛外，大部分地区都沉沦于水下。早石炭世为一陆表海，以阿克苏—巴楚隆起为界，分为东西两个海域。东部海域西起喀什，东到满加尔，为灰、深灰色泥晶灰岩夹生物灰岩及生物碎屑灰岩，富含珊瑚、藻类、腕足类等生物，有时形成礁块灰岩。西部海域的特点是，沉积物中陆源碎屑物质增多，主要为砂岩、粉砂岩、泥岩夹碳酸盐岩。地震反射的杂乱结构，反映了在阿克苏、阿瓦提一带沉积环境的不稳定性，并可能存在大型三角洲砂体。中石炭世继承了早石炭世的古地理格局，西部海域陆源碎屑物沉积范围扩大，位于巴楚断隆东端的和深 2 井，见大套的暗色泥岩、砂岩互层夹薄层灰岩。东部海域以碳酸盐岩为主，富含生物。晚石炭世为海侵高潮期，全区基本上为碳酸盐岩沉积。

石炭系沉积时的古地理格局表现为三个凹陷两个隆起。即阿瓦提凹陷，满加尔凹陷和西南凹陷，在满加尔和阿瓦提凹陷之间存在一近北东向的水下低隆起，在巴楚一带存在一个近东西向的高隆起。阿瓦提凹陷沉积厚 2500m，满加尔凹陷沉积厚 1200m，喀什—叶城一带厚 2000m，低隆带上一般厚 800~900m。石炭系沉积时的古地理格局不仅严格控制着岩性、岩相的变化，而且对石炭系的油气分布亦有重要的影响。

二叠纪开始，由于周边地槽相继回返，塔里木地台亦随之抬升，海水由东向西逐渐退却。早二叠世，地台西部为海域，沉积了一套浅海相黑色石灰岩、黑色页岩及砂岩。早二叠世末期，断裂活动比较强烈，沿断裂有大量的玄武岩流喷出。东部地区早二叠世则为一套红色陆相碎屑岩系。晚二叠世，海水全部退出塔里木地台，沉积地层以红色陆相砂泥岩为主，盆地东部满加尔、轮台一带出现深—半深水湖相沉积，沉积物以黑色泥岩为主夹砂岩及砾岩。二叠纪末期由于海西运动的强烈作用，使盆地抬升、断褶，造成古生界和中生界之间不整合接触。

综上所述，从震旦纪到二叠纪沉积发展过程可以看出，塔里木地台经历了两次大的海侵和两次大的海退。随着周边地槽的扩张和收缩，塔里木地台亦相随升起或沉降。由于块断差异运动的影响，不同时期的坳陷中心发生有规律的迁移。总体上看，早古生代坳陷中心在库鲁克塔格—满加尔，晚古生代坳陷中心向西迁移至柯坪—阿瓦提及叶城—喀什一带。从沉积厚度和岩性变化表现出早古生代地台活动性较强，晚古生代则渐趋稳定。

3. 中新生代内陆盆地阶段沉积发展史

海西运动使兴蒙地槽最终关闭，中朝—塔里木地台和西伯利亚地台又拼合为一体。同时，由于昆仑地槽的回返，使塔里木地台向南增生，古亚洲大陆的雏形已初步形成。因此，海西运动是塔里木地质发展史上一个重要的事件，它使塔里木由地台而进入内陆盆地发展的新阶段。

三叠纪在印支运动的影响下，周围褶皱山系发生块断隆起，由于地壳的张裂，首先在褶皱山系的前缘形成断陷湖盆。在天山南缘的拜城一带，三叠系为一套山麓及湖泊、河流相沉积：下部为浅紫、紫红色砾岩、砂岩夹褐红色、灰绿色、灰黑色泥岩，碳质页岩；中部为灰绿色砂岩、砾状砂岩与碳质泥岩互层；上部为灰绿、灰黑色泥岩，碳质泥岩夹泥灰岩、粉砂岩。满加尔一带湖水相对变深，沉积物变细，粗碎屑岩较少。

燕山旋回期，塔里木盆地继续下沉，北部的拜成湖不断扩大，向南漫过塔北隆起，与满加尔、英吉苏湖相通。与此同时，在盆地的东南、西南部的阿尔金山、昆仑山前缘亦形成断陷并接受沉积。中—下侏罗统为沼泽相煤系建造，为灰白、灰绿色砂岩，砾状砂岩，碳质泥岩及煤层，菱铁矿层。上侏罗统气候转为干燥，沉积地层为棕红色、樱红色、杂色泥岩及砂岩。

三叠系—侏罗系沉积范围局限，厚度变化较大，天山前缘厚 3500~4000m，昆仑山及阿尔金山前缘厚 1500~2700m，满加尔及英吉苏一带厚 1200m。中央隆起，麦盖提斜坡缺失沉积，塔北隆起一般厚度 500m。

白垩系沉积范围继续扩大。下白垩统为河流三角洲及湖相沉积，主要为红色砂、泥岩夹膏泥岩。晚白垩世，古特提斯海从费尔干纳—塔吉克盆地，经阿莱依海峡，沿昆仑山前缘侵入到喀什—叶城一带，形成一套滨海、浅海及滨湖相沉积，其下部为灰绿色泥岩、介壳灰岩，顶部为泥岩、膏泥岩及石膏层。除西南地区外，其他地区均为浅湖及河流相的红色砂岩及泥岩。喀什—叶城一带白垩系厚 1500m，满加尔一带厚 700~800m，拜城地区厚 60~700m，塔北隆起顶部较薄，一般厚 100~200m，巴楚隆起及麦盖提斜坡缺失沉积。

古近纪，古特提斯海水由西向东继续侵进，向东达到洛甫及玛扎塔克一线，推测可能漫过巴楚隆起东端，进入拜城坳陷西部。上述地区古近系为灰白色石膏夹白云岩、石灰岩、牡蛎灰岩及生物灰岩，而其他地区为陆相红色砂、泥岩夹石膏及砾岩。

中新世开始，在周缘褶皱山系强烈抬升的影响下，塔里木盆地整体下沉，从而形成统一的坳陷。沉积地层主要为河流及浅湖相红色泥岩、砂岩夹膏泥岩，西南地区在中新统下部出现半深水湖相的灰绿色、灰黑色泥岩，绿灰、黄灰色砂岩互层夹黑色碳质页岩。

上新世至更新世盆地开始萎缩，边缘沉积了一套厚度巨大的山麓洪积相—西域砾岩及戈壁砾岩，喀什一带厚 3000~4000m，向盆地内部急剧减薄，一般厚度在 1000m 左右。

新生代沉积以西南山前及阿瓦提一拜城一带厚度最大，最厚可达 6000~9000m，位于西南坳陷的固 2 井，井深 7000m 尚未钻穿新近系。盆地中部及东部沉积较薄，一般在 1000~2000m。

中—新生代沉积主要受控于周边褶皱山系的块断活动，首先在褶皱山系的前缘形成不对称的前渊断陷，随着山系的不断隆起，促使盆地整体下沉，内分割性断陷逐渐形成统一的大型坳陷，最后在喜马拉雅运动强烈挤压下隆起褶皱，形成今日的地质地理景观。

4. 区域构造单元区划及其特征

由于塔里木盆地经历了多期构造运动，在不同的构造旋回期，其构造格局并非继承，致使在单元划分上存在着一些分歧。以塔北隆起为例，该隆起在古生代为一大型台隆，中—新生代为一向北倾的单斜，深浅层构造判若两样。因此，有人依中—新生代性质命名为塔北斜坡，又有人根据古生代构造特点称其为塔北潜伏隆起。根据近几年来地质、地球物理和深井钻探成果，特别是新的地震成果，综合了古生代、中—新生代沉积、构造演化特点，从石油地质观点出发，将塔里木盆地内部划分为三个隆起，四个坳陷，盆地边缘地区划分出四个台缘断隆，共计 11 个构造单元。

（1）中央隆起。中央隆起横亘于盆地中部，分隔盆地东西不同构造单元。东段走向近东西，形成于加里东旋回的末期，海西期以后表现比较稳定，形成区域性的北倾单斜。西段为巴楚断隆，形成于海西旋回的末期，喜马拉雅期有强烈的活动，断隆走向呈北西—北北西向。构造顶部古生界保存完整，缺失中生界及古—新近系早期沉积。

（2）北部坳陷。北部坳陷位于塔北隆起和中央隆起之间，东起罗布泊，西至柯坪，走向近东西，为古生代、中—新生代叠合坳陷。根据不同时期坳陷中心的转移情况，又可划分出阿瓦提新生界、古生界叠合凹陷，满加尔古生界凹陷，英吉苏中生界、古生界叠合凹陷及孔雀河斜坡四个次级单元。北部坳陷结构比较简单，目前仅在阿瓦提凹陷周围发现一些断鼻，在孔雀河斜坡发现少量小型鼻状构造及平缓的短轴背斜。

（3）塔北隆起。塔北隆起位于拜城坳陷和北部坳陷之间，东接库鲁克塔格断隆，西连柯坪断隆，走向呈近东西略向南突出的弧形。加里东期初具规模，海西期进一步定型，印支—喜马拉雅期逐渐消失。塔北隆起根据其构造断裂特征可分为四个次级单元。西部为柯吐尔—沙雅构造带，中部为轮台潜山构造带，东部为库尔勒鼻隆带，南部为轮南斜坡带。隆起带的顶部出露前震旦系变质岩，中生界不整合覆盖其上。

（4）拜城坳陷。拜城坳陷位于天山褶皱带的南麓，为中—新生代的山前断陷，北与天山褶皱带为断层接触，南与塔北隆起为斜坡过渡。坳陷北陡南缓，在天山褶皱带不断隆升的影响下，坳陷中心由北向南逐渐迁移。坳陷内局部构造为挤压型线状背斜，相间排列，成排成带。北部构造带形成早，断层发育，褶皱陡峻，逆掩断层发育，向盆地内部构造逐渐变缓。由于强烈的水平挤压，形成层间滑脱褶皱，使上下构造不协调。

（5）西南坳陷。西南坳陷位于昆仑山北侧，为一不对称的箕状断陷，初始于晚古生代，中—新生代进一步发展，在昆仑山不断抬升的影响下，中心不断向盆地内迁移。坳陷内局部构造发育，由边缘向内部褶皱由强变弱，由复杂变简单，并逐渐过渡为区域性斜坡。同时由于受来自昆仑山的挤压和帕米尔突刺的楔入，局部构造的平面展布呈弧形及反"S"形。

（6）东南坳陷。东南坳陷位于阿尔金断隆的北缘，走向北东，由于勘探程度很低，对其认识还不十分清楚。从边缘露头和地震资料分析，推测坳陷内缺失古生界，为燕山—喜马拉雅期形成的坳陷，中—新生界最大厚度约7000m，断陷内局部构造比较简单，褶皱构造不及西南和拜城坳陷发育。

（7）且末—若羌断隆。且末—若羌断隆位于民丰与罗布庄之间，北以车尔臣断裂与中央隆起或唐古兹巴斯凹陷相接，南界同东南坳陷为过渡。在民丰北部尼雅三号构造核部，地表出露元古宇变质岩，在东端罗布庄构造上的罗北1井，古近—新近系之下即遇元古宇大理岩。根据这些零星资料，推测它为早古生代末期形成的大型隆起。

（8）库鲁克塔格断隆。库鲁克塔格断隆位于盆地东北部，走向北西，地面出露最老地层为太古宇及元古宇。震旦纪及早古生代，它同满加尔凹陷连为一体，早石炭世开始隆起，形成一系列北西向断褶构造，并伴随有强烈的火山活动。燕山—喜马拉雅期以块断为主，局部地区发育有小型的中—新生代盆地。

（9）柯坪断隆。柯坪断隆位于盆地西北缘，走向北东，晚古生代地层比较发育。该断隆形成于海西运动末期，由一系列向盆地内逆冲的断褶构造组成，喜马拉雅期又有活动，局部地区接受了新生代沉积。

（10）铁克里克断隆。铁克里克断隆位于盆地西南缘，北西—北北西走向，平面展布呈弧形。太古宇、元古宇出露地表，缺失震旦系及寒武系。奥陶纪开始接受沉积，上古生界比较发育，由于邻近昆仑山褶皱带，地质构造比较复杂。

（11）阿尔金断隆。阿尔金断隆位于盆地东南缘，走向北东，两侧均以断层为界，震旦系及下古生界比较发育，晚古生代时开始隆起，构造运动的特点表现为以块断为主。火山活动比较强烈，局部坳陷中有中—新生代沉积。

二、岩石物性资料

1. 岩石物性分布特征

1）按地层统计分析

塔里木盆地下寒武统岩石密度平均值介于 2.7~2.9g/cm³ 之间，长城系平均密度最大，达到 2.9 g/cm³，南华系次之，其他地层密度相对较低。震旦系、南华系、长城系和古元古界密度分布范围较广，青白口系和蓟县系岩石密度分布相对集中。

岩石磁化率变化范围较大，因岩石岩性的差异性，磁性差异明显。从统计图可以看到，震旦系、长城系和古元古界岩石具有较高的磁化率，平均磁化率约为 100.0×10⁻⁵SI。青白口系和蓟县系磁化率较低或无磁性，平均磁化率为 1.0×10⁻⁵SI。

根据统计结果，电阻率方面，青白口系和蓟县系具有高电阻率特征，均值达到 4000Ω·m，其他地层均值主要集中在 1000~1500Ω·m，具有中、低电阻率特征，在所有采样地层中，长城系岩石电阻率最低。

2）按岩性统计分析

对前寒武系古老地层主要岩石类型的各种物理性质进行统计，采集标本的岩性主要为板岩、大理岩、硅质岩、石灰岩、辉绿岩、辉长石、凝灰岩、片麻岩、片岩、砂岩，凝灰岩、片岩和辉长岩密度相对较高，硅质岩、砂岩相对较低；辉绿岩、辉长石和凝灰岩具有强磁性特征，其他均为弱—无磁性；大理岩和石灰岩电阻率最高，其他岩石均为中高阻。

在不同岩性的岩石统计分析基础上，对前寒武系古老地层主要岩石类型的密度、磁化率、电阻率参数的相关性和分布进行分析，密度主要分布在 2.6~2.8g/cm³，磁化率主要分布在（0~100）×10⁻⁵SI，岩浆岩和变质岩磁性最强，石灰岩和砂岩无磁性，清水电阻率主要分布在 1000~4000Ω·m。

2. 前寒武系古老地层密度、磁化率和电阻率建模

基于岩石密度、磁化率和电阻率方面的物性特征，对塔里木盆地实测的物性资料进行统计与分析，获取了岩石的物性特征，建立了前寒武系盆地的重、磁、电岩石物性模型。

地层岩石物性特征表明，前寒武系可划分 4 个密度界面，2 个磁性界面，2 个电性界面。第一密度界面位于震旦系与南华系间，第二界面位于南华系与青白口系间；磁性界面位于青白口系与中元古界间，第三界面位于蓟县系与长城系间，第四界面位于长城系与古元古界间；第一磁性界面位于震旦系与南华系间，第二磁性界面位于长城系与古元古界间；第一电性界面位于南华系与青白口系间，第二电性界面位于蓟县系与长城系间。地层的平均密度、磁化率、电阻率以及不同岩性分类统计结果表明，前寒武系沉积岩、岩浆岩和变质岩之间物性参数存在较大的差异性，物性界面分层比较清楚，能够为应用重、磁、电方法进行深层勘探提供物性基础。

3. 塔里木盆地密度、磁化率和电阻率全地层建模

根据前人的物性工作成果和前寒武的物性采集与测试工作，对塔里木盆地的物性资料进行整理、统计，见表 4-1-1。

表 4-1-1 塔里木盆地岩石物性参数统计表

界		系	代号	岩性	密度 /（g/cm³）	磁化率 /（10⁻⁵SI）	电阻率 /（Ω·m）
新生界（Cz）		第四系	Q	砂砾岩	2.35	86.0	102.0
		新近系	N	砂岩	2.40	77.0	25.0
		古近系	E	泥岩	2.55	103.5	212.0
中生界（Mz）		白垩系	K	砂质泥岩、石灰岩	2.64	3.5	695.0
		侏罗系	J	砾岩、砂岩	2.55	21.7	560.0
		三叠系	T	泥质粉砂岩	2.50	12.0	185.0
古生界（Pz）		二叠系	P	泥岩、石灰岩	2.67	6.4	1276.0
		石炭系	C	石灰岩、砂岩	2.68	0.1	3849.0
		泥盆系	D	砂岩、石灰岩	2.68	137.0	2025.0
		志留系	S	砂岩	2.64	62.5	1273.0
		奥陶系	O	石灰岩	2.74	19.0	4051.0
		寒武系	€	砂岩、白云岩	2.73	14.3	3173.0
元古宇（Pt）	新元古界	震旦系	Z	砂岩、辉绿岩、凝灰岩、辉长岩、石灰岩、板岩	2.71	223.9	1588.0
		南华系	Nh	凝灰岩、辉长岩	2.86	15.5	1293.6
		青白口系	Qb	石灰岩	2.69	2.7	3833.8
		蓟县系	Jx	大理岩	2.69	3.1	3987.6
		长城系	Ch	片麻岩、片岩	2.90	36.9	1005.6
	古元古界		Pt₁	片麻岩、石英岩、混合岩、黑云母片岩、石英片岩、绿泥石片岩	2.73	136.3	1859.7

根据表 4-1-1 的物性资料，建立了塔里木盆地的密度、地磁、地电、剩磁模型，如图 4-1-1 所示。

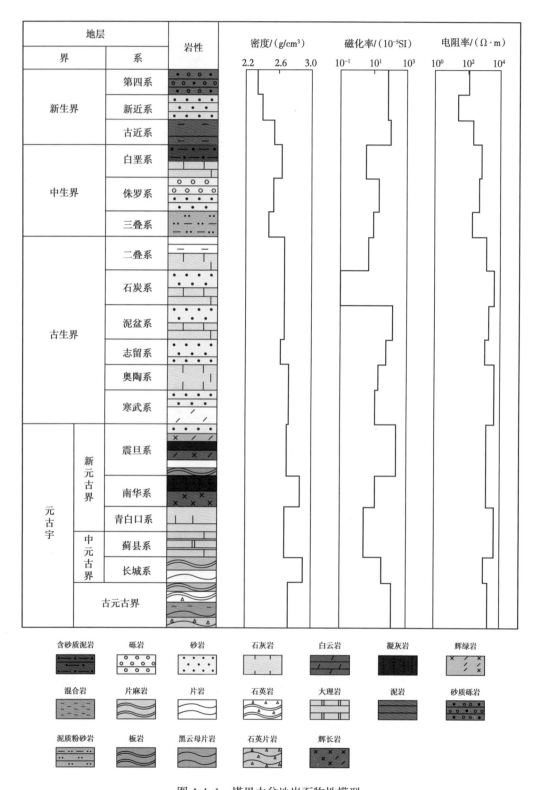

图 4-1-1　塔里木盆地岩石物性模型

第二节　重、磁、电基础资料收集整理

一、大地电磁资料收集整理

笔者在 2014 年和 2017 年曾对塔里木大地电磁资料（数据共 756 个）进行过处理（杨文采等，2015；向阳，2017；Zhang et al.，2020），主要侧重在深部岩石圈尺度的结构研究。2019 年又进一步收集补充了 TLE-1、TLE-2、TLE-3、TLE-5、TLE-6 和 TLE-7 六条骨干剖面数据及库车地区九条剖面的 MT 数据，目前三维大地电磁反演可利用的数据共计 2922 个测点（图 4-2-1）。

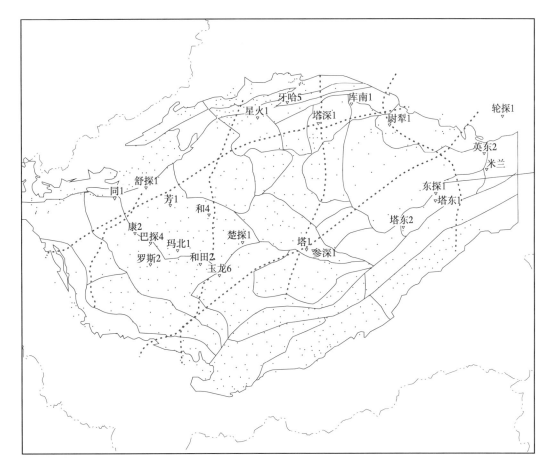

图 4-2-1　塔里木盆地大地电磁测点分布图（图中红点即为测点）

对整理后的全区域大地电磁数据进行了平面静位移和模式识别处理，通过处理前后的资料对比（图 4-2-2）可以看到，静位移和模式识别处理消除了浅部电性不均匀的影响，为大地电磁反演提供了更为合理的数据基础。

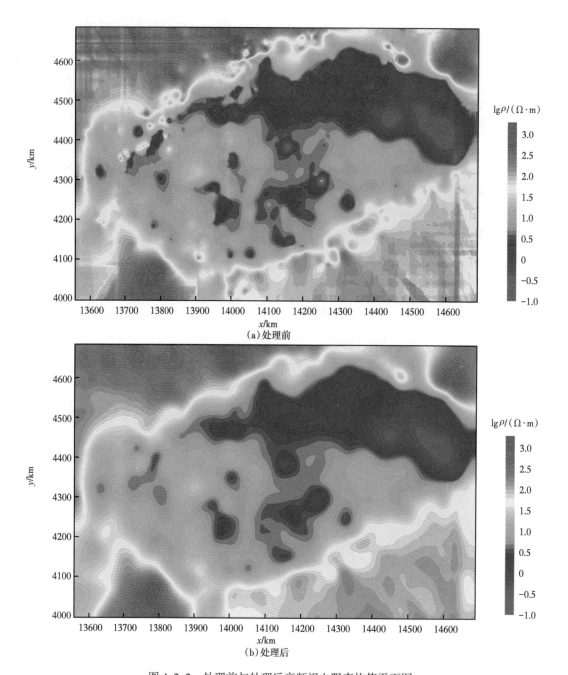

图 4-2-2　处理前与处理后高频视电阻率均值平面图

二、重、磁资料收集整理

依据国土资源部、中国石油、中国石化历年来采集、整理的重、磁资料，编拼了全区 1∶20 万的塔里木盆地重、磁异常图（图 4-2-3、图 4-2-4）。重、磁异常图范围为东经 76°~91°，北纬 36°~42°，面积约 56×10⁴km²。

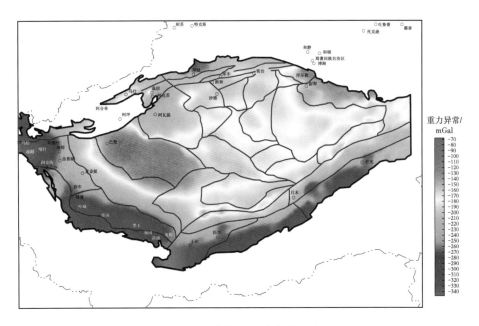

图 4-2-3　布格重力异常平面图

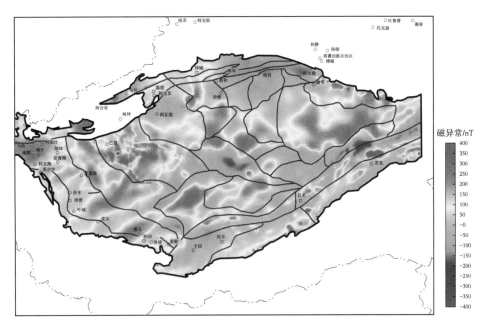

图 4-2-4　化极磁异常平面图

第三节　塔里木盆地重、磁、电资料的联合反演

一、代表性地质—物理模型试验

为了验证重、磁、电、震联合反演方法对塔里木盆地地质模型的适用性，基于塔里木

盆地 OGSL-14-50 地质结构剖面的北段（图 4-3-1），参考上述岩石物性依据（表 4-1-1），建立了简化的代表性重、磁、电理论模型（图 4-3-2）。地震资料基本解决了塔里木盆地寒武系以上地层的展布问题，因此模型实验中寒武系以上地层作为约束，目标是反演南华系—震旦系分布及以下的基底结构。

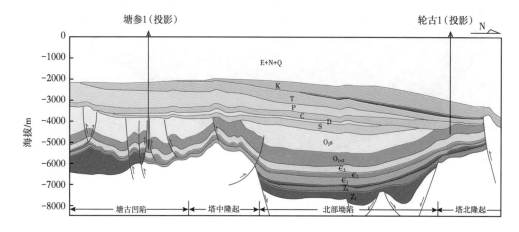

图 4-3-1　塔里木盆地 OGSL-14-50 地质结构剖面

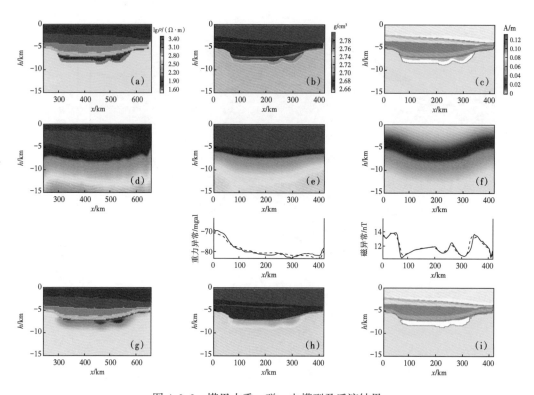

图 4-3-2　塔里木重、磁、电模型及反演结果

（a）电阻率模型；（b）密度模型；（c）磁化强度模型；（d）电阻率单一反演结果；（e）密度单一反演结果；（f）磁化强度单一反演结果；（g）耦合浅层地震约束的电阻率联合反演结果；（h）密度联合反演结果；（i）磁化强度联合反演结果

重、磁、电模型联合反演区域大小为沿测线方向 420km，测点间距均为 2km。大地电磁深度按对数等间距剖分 66 层至 100km，采用频率为 0.0005~320Hz 共 40 个，正演数据中加入 5% 高斯噪声。重、磁模型正反演的深度网格剖分间距为 0.1km，计算深度至 15km，网格大小为 210×150，正演数据中加入 5% 高斯噪声。单一和联合的电阻率反演初始模型为 500Ω·m 半空间，重力反演初始模型为 2.4~2.75g/cm³ 的梯度模型，磁法反演初始模型为 0.002~0.08A/m 的梯度模型。单一和联合反演结果如图 4-3-2 所示。

从图 4-3-2 可以看出，耦合浅层地震约束的重、磁、电联合反演（Shi et al., 2018）结果明显刻画出了南华系—震旦系目标地层的分布，而单一反演则只能反映从浅至深渐变的物性特征。该模型试验验证了联合反演方法在解决超深层目标层位中可以发挥作用，为后续三维联合反演奠定了基础。

二、实测资料的重、磁、电三维联合反演

塔里木盆地的重、磁、电震三维联合反演的目标层为南华系—震旦系残留地层分布，利用已知地震资料对目标层以上的地层进行约束（地震约束资料共有 5 层，分别为 t8、tg22、tg51、tg6 和 tg8，对应地层为新生界底、石炭系底、志留系底、奥陶系底和寒武系底，每一层对应的物性按表 4-1-1 给定）。利用前文提出的耦合地震约束信息的重磁电三维联合反演方法，对上述重力、磁法和大地电磁数据进行联合反演，这也是首次对全盆地开展三维重、磁、电、震联合反演。

重、磁、电建模充分考虑了浅层地震资料的约束控制和重点目标层的分布，反演以莫霍面以上地层的精细刻画为重点。大地电磁反演采用了全部测点数据进行反演。反演水平方向网格剖分为等间距 5km，纵向深度按对等间距剖分 66 层，深度计算范围 0~100km，正反演水平和纵向网格数为 259×147×66，利用二维反演的结果作为初始模型。三维重力反演水平方向网格间距均为 5km，纵向网格间距 0.5km，深度计算范围为 0~50km，正反演水平和纵向网格数为 259×147×101，深部莫霍面参考了全球地壳模型作为深部约束（Laske et al., 2013），反演初始模型为 2.4~3.3g/cm³ 的梯度模型。三维磁法反演网格大小同重力一致，反演初始模型为 0A/m。重、磁、电三维联合反演的结果以深度切片的形式展示（图 4-3-3 至图 4-3-5）。

从三维联合反演结果的深度切片可见，电阻率、磁化强度和密度随着深度增加，深部电阻率、密度和磁化强度数值逐渐增加，整体上反映了塔里木盆地深部元古宇—太古宇的构造轮廓和各构造单元的物性接触关系，同时体现了区域地质结构在三类物性结果上存在深部构造的一致性，这也验证了耦合地震约束信息下联合反演突出了深部区域构造一致性的效果，为进一步综合解释奠定了基础。

同时，图 4-3-6 展示了三维联合反演重、磁数据的拟合情况，以及重、磁、电三维联合反演数据拟合差随迭代的下降曲线，通过拟合情况可以认为联合反演达到了预期的精度。

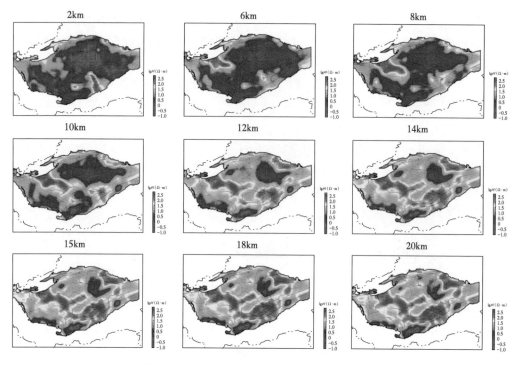

图 4-3-3　三维联合反演电阻率结果深度切片

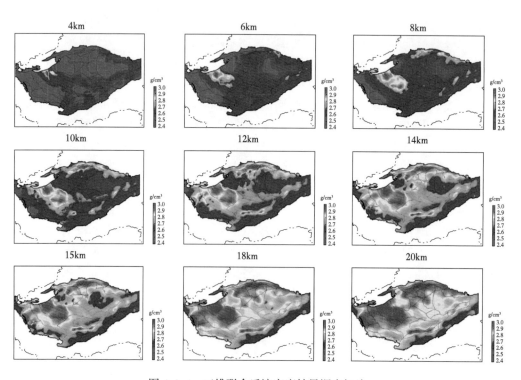

图 4-3-4　三维联合反演密度结果深度切片

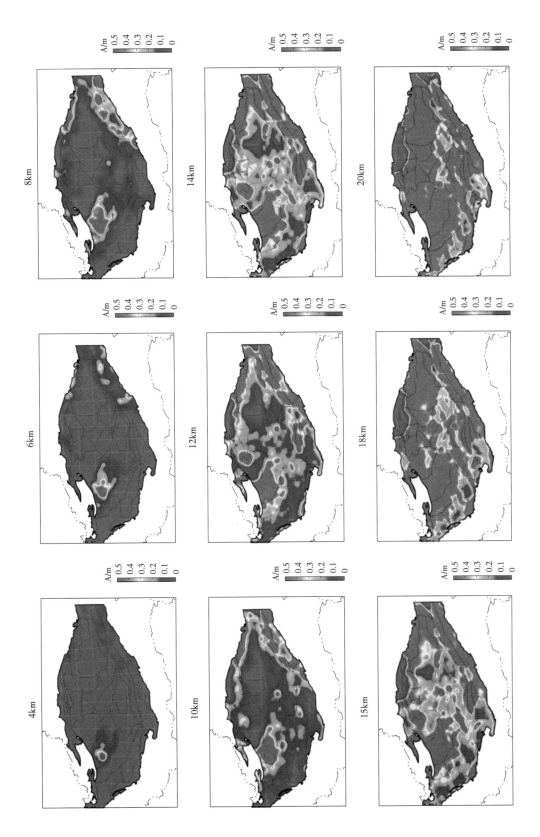

图 4-3-5 三维联合反演磁化强度结果深度工切片

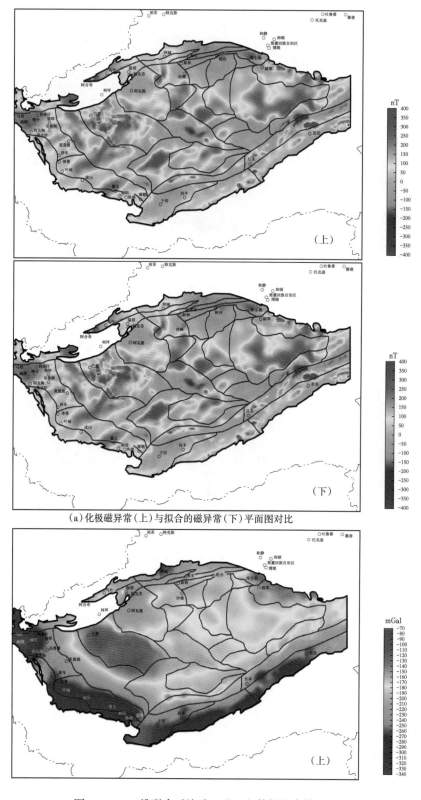

（a）化极磁异常（上）与拟合的磁异常（下）平面图对比

图 4-3-6　三维联合反演重、磁、电数据拟合情况图

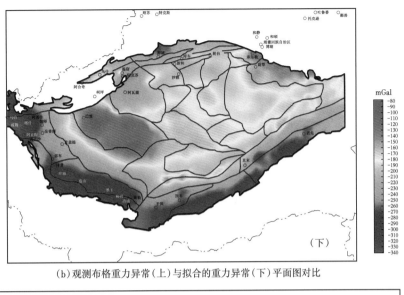

（b）观测布格重力异常（上）与拟合的重力异常（下）平面图对比

（c）三维联合反演大地电磁数据误差随迭代下降曲线

图 4-3-6 三维联合反演重、磁、电数据拟合情况图（续图）

第四节 塔里木盆地地质—地球物理综合解释

一、震旦系与南华系残留地层刻画

首先在重点剖面上（塔西南 564 测线及大地电磁 TLE-3 线）详细说明塔里木盆地震旦系和南华系残留地层的目标层反演效果和预测依据。

1. 塔西南 564 测线

该测线位置如图 4-4-1 所示。通过已有的速度模型和密度模型（图 4-4-2），获得对应的上二叠统碎屑岩、二叠系火山岩、下二叠统碎屑岩、石炭系巴楚组、石炭系、志留系—泥盆系、上寒武统和中寒武统八套地层的底界深度，建立了该地震剖面的浅部沉积层约束［图 4-4-3（b）中黑色实线］。

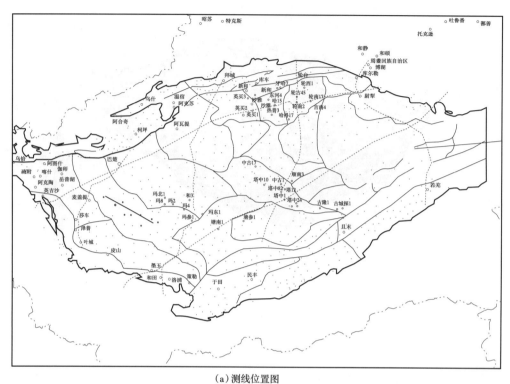

（a）测线位置图

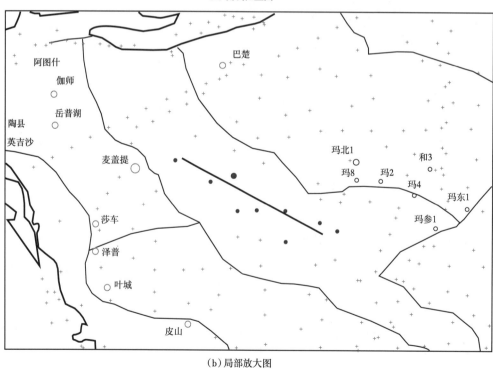

（b）局部放大图

图 4-4-1　塔西南 564 线位置图

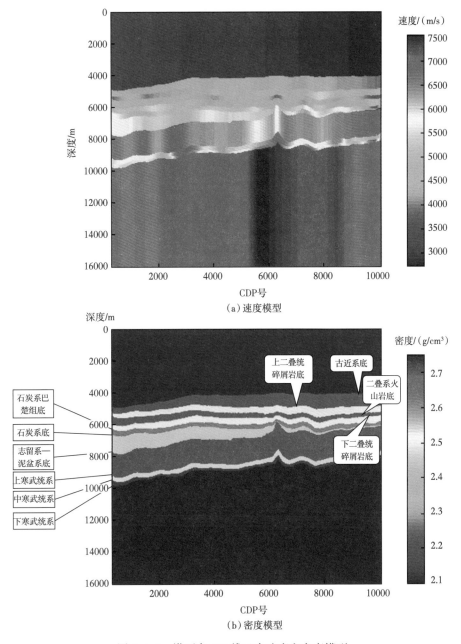

图 4-4-2　塔西南 564 线已有速度和密度模型

　　可以看到，三维联合反演大地电磁结果［图 4-4-3（b）］与单一大地电磁二维反演结果［图 4-4-3（a）］相比，对 10km 以下超深层的刻画能力更强，显示了更多的细节信息。同时，重、磁、电三维联合反演结果［图 4-4-3（b）、（c）、（d）］揭示，在寒武系与深部相对高阻、高磁和高密基底之间存在一套明显的相对低—中阻、弱—中等磁性和低—中密度的地层分布，结合物性统计规律及代表性模型试验结果该套地层推断解释为南华系—震旦系分布，并进一步基于物性统计结果，利用模糊聚类的手段推断得到震旦系和南华系的残留厚度分布［图 4-4-3（e）］。

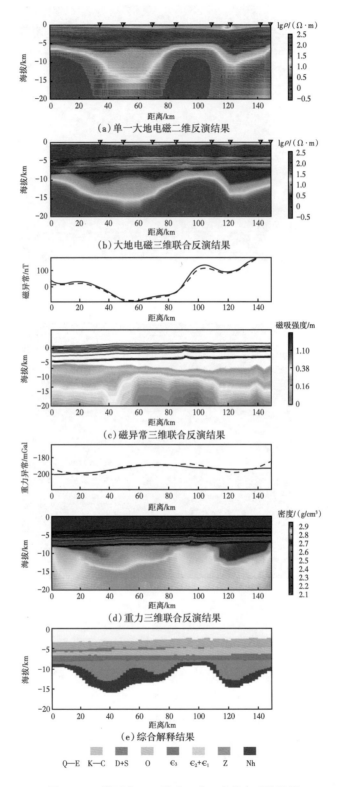

（a）单一大地电磁二维反演结果

（b）大地电磁三维联合反演结果

（c）磁异常三维联合反演结果

（d）重力三维联合反演结果

（e）综合解释结果

Q—E　K—C　D+S　O　$\in_3$　$\in_2+\in_1$　Z　Nh

图 4-4-3　塔西南 564 线重、磁、电联合反演结果

根据上述解释剖面，绘制出南华系—震旦系及其之下的太古宇的物性统计直方图（图 4-4-4），以及震旦系与南华系的物性统计直方图（图 4-4-5）。通过物性统计图可知，南华系—震旦系与下伏前南华系相比较而言，为低阻、低密、无磁—弱磁地层，同时震旦系相比较于南华系，表现为相对低阻、低密、无磁—弱磁特征。因此，该物性统计为推断和划分南华系—震旦系与前南华系提供了解释依据。

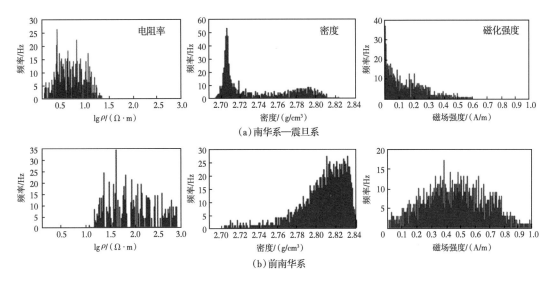

图 4-4-4 塔西南 564 线南华系—震旦系及其下伏地层物性分布统计直方图

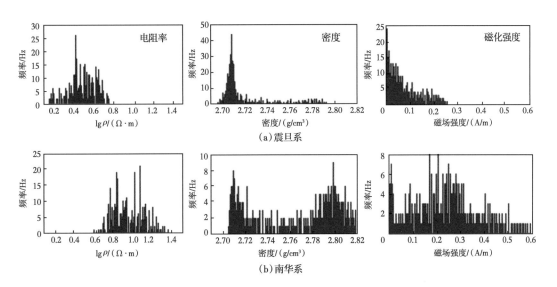

图 4-4-5 塔西南 564 线震旦系、南华系物性分布统计直方图

同时，利用重、磁、电三维联合反演结果建立新的速度模型［图 4-4-6（b）］，由此得到的叠前深度偏移剖面［图 4-4-6（c）］与原始速度叠前深度偏移剖面［图 4-4-6（a）］相比成像效果更好，并揭示了下寒武统以深存在深部裂陷。

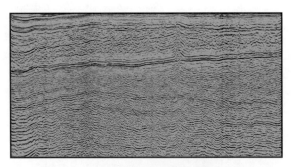

(a)原始速度叠前深度偏移剖面

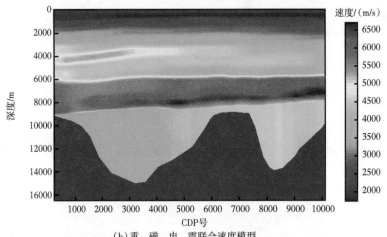

(b)重、磁、电、震联合速度模型

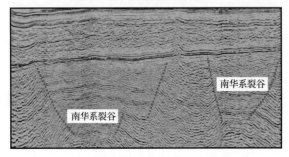

(c)重、磁、电、震联合速度模型叠前深度偏移剖面

图 4-4-6　叠前深度偏移剖面

（二）大地电磁 TLE-3 线

该测线［图 4-4-7（a）中红线］与前述模型试验中应用的 OGSL-14-50 地质剖面近似重合［图 4-4-7（a）中蓝线］。图 4-4-7（b）～（e）的反演结果中黑实线为寒武系以浅地震约束界面，由地表往下依次表示石炭系底、志留系底、奥陶系底和寒武系底。

依据反演结果可以看到，单一大地电磁二维反演在 10km 以深的超深层没有明显的低阻层存在，而三维联合反演大地电磁结果则较为明显地反映了高阻基底以浅相对低阻层的分布。同时根据三维联合反演结果可知，在寒武系与深部相对高阻、高磁和高密基底之间存在一套明显的相对低—中阻、弱—中等磁性和低密的地层分布，因此同样结合物性统计规律推断地层推断解释为震旦系与南华系分布［图 4-4-7（f）］。

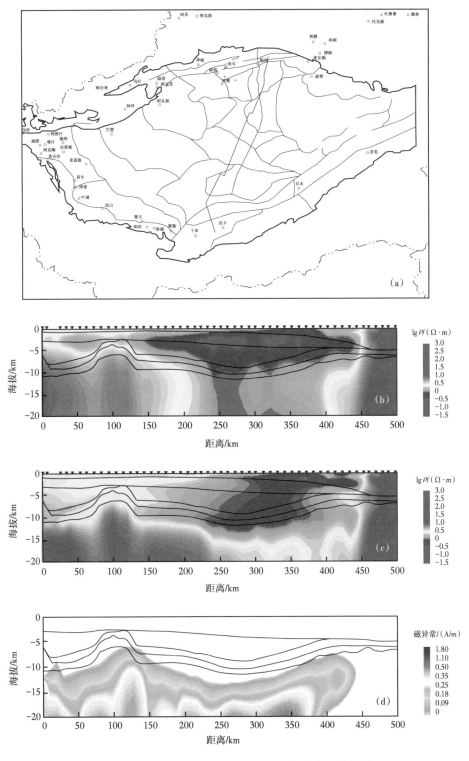

图 4-4-7 大地电磁 TLE-3 重、磁、电联合反演结果

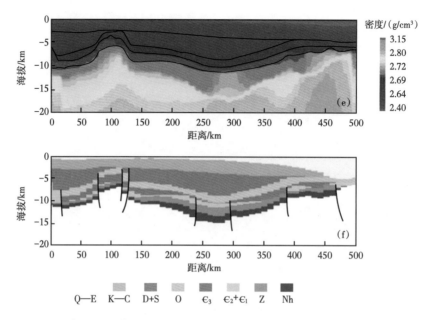

Q—E　K—C　D+S　O　ϵ_3　$\epsilon_2+\epsilon_1$　Z　Nh

图 4-4-7　大地电磁 TLE-3 重、磁、电联合反演结果（续图）

（a）TLE-3 与 OGSL-14-50 地质剖面位置；（b）单一大地电磁二维反演结果；（c）大地电磁三维联合反演结果；
（d）磁异常三维联合反演结果；（e）重力三维联合反演结果；（f）综合解释结果

　　与塔西南 564 线类似，绘制出南华系—震旦系及其之下的太古宇的物性统计直方图（图 4-4-8），以及震旦系与南华系的物性统计直方图（图 4-4-9）。通过物性统计图，可以得到与塔西南 564 线相似的结论：南华系—震旦系与下伏前南华系相比较而言，为低阻、低密、无磁—弱磁地层，同时震旦系相比较于南华系，表现为相对低阻、低密、无磁—弱磁特征。因此，综合两条重点剖面联合反演的结果分析，认为所得到的物性统计能够为推断和划分震旦系、南华系与前南华系提供解释依据。

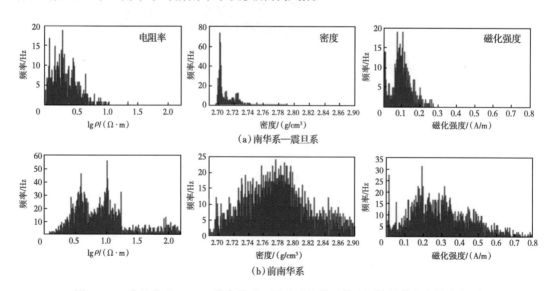

图 4-4-8　大地电磁 TLE-3 线南华系—震旦系及其下伏地层物性分布统计直方图

186

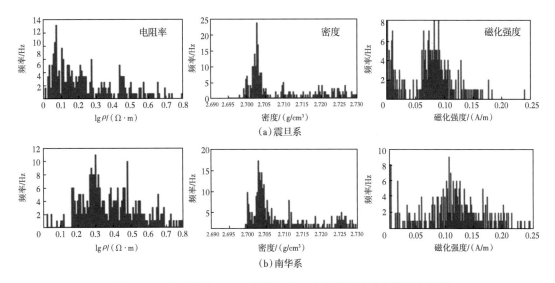

图 4-4-9　大地电磁 TLE-3 线震旦系、南华系物性分布统计直方图

二、震旦系与南华系残留地层分布

以剖面推断的综合物性特征为依据，提取了寒武系以深三维联合反演的高阻、高磁和高密基底顶面埋深（图 4-4-10），这三幅图基本反映了前南华系变质基底的起伏变化，在宏观区域构造格架上体现了高阻、高磁和高密的基底物性结构存在较强的一致性，同时高阻、高密度和高磁基底顶面埋深特征与地震资料的寒武系埋深特征基本保持很强的相关性。其中，塔里木盆地高阻基底顶面埋深较浅处深度在 2~5km，主要集中在巴楚隆起、塔东隆起，以及塔南隆起东部、东南坳陷东部、孔雀河斜坡等盆地东部边界处；其余地区埋深普遍在 9~11km 或更深，埋深较深处主要集中在和田凹陷、阿瓦提凹陷、满加尔凹陷，以及东南坳陷西南角等，埋深基本在 15~18km。高密基底顶面埋深与高阻基底的分布基本一致，但在东南坳陷处埋深大，达到了 20km 以上。高磁基底顶面埋深深度小于 10km 的区域有巴楚隆起，埋深约在 5km，以及盆地东部的塔南隆起、东南坳陷和孔雀河斜坡处，为 7~8km；其余地区埋深普遍很深，约在 15km 以上。

将图 4-4-10（b）、（c）、（d）中高阻、高磁和高密变质基底与图 4-4-10（a）中已知的地震寒武系底界 tg8 埋深结果相减，即提取了相对低—中阻、低—中密、弱—中等磁性地层的厚度（图 4-4-11），综合推断得到了南华系—震旦系残留地层的厚度分布（图 4-4-12），揭示了塔里木盆地这套目标层的主要分布区域。

从南华系—震旦系残留厚度分布图中可知，塔里木盆地南华系—震旦系残留厚度分布面积约为 $39.7 \times 10^4 km^2$。其中，残留厚度大于 1km 的区域约 $31.9 \times 10^4 km^2$，在盆地内除北部的喀什凹陷、巴楚隆起、库车凹陷，以及南部的塔南隆起和东南坳陷中部以外，均有分布。残留厚度大于 2km 的区域约为 $12.4 \times 10^4 km^2$，主要分布在盆地西南部的和田凹陷和东南坳陷西南角，盆地北部和中部的阿瓦提凹陷、塔北隆起、顺托果勒凸起北部、满加尔凹陷，以及塔东隆起东部。残留厚度大于 3km 的分布面积约为 $3.5 \times 10^4 km^2$，主要分布在和田凹陷、满加尔凹陷和东南坳陷西南角。残留厚度最大为 5~6km，主要分布在和田凹陷和东南坳陷西南角。

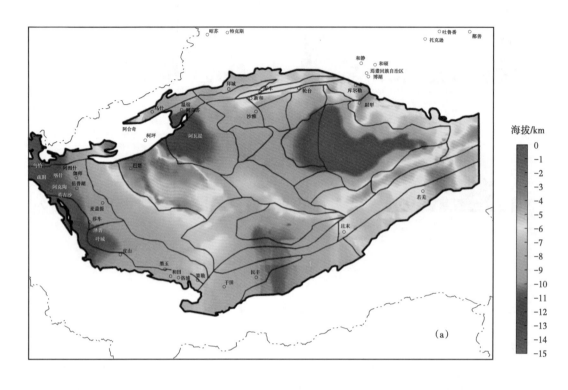

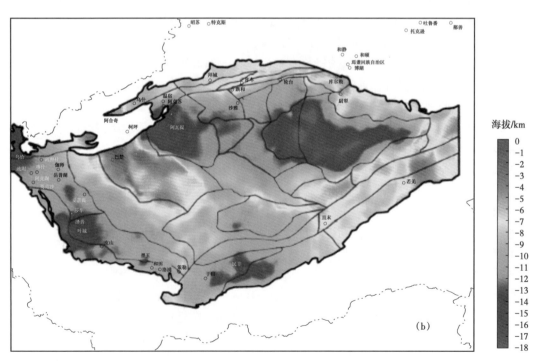

图 4-4-10　塔里木盆地前南华系基底埋深

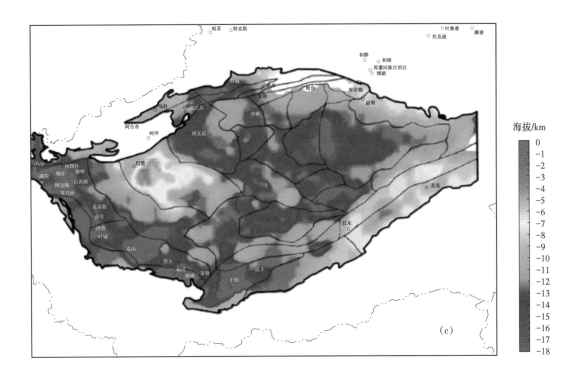

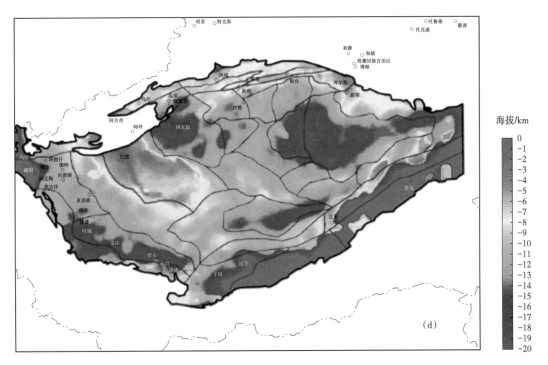

图 4-4-10 塔里木盆地前南华系基底埋深（续图）

（a）地震寒武系底界 tg8 埋深图；（b）高阻基底顶面埋深；（c）高磁基底顶面埋深；（d）高密度基底顶面埋深

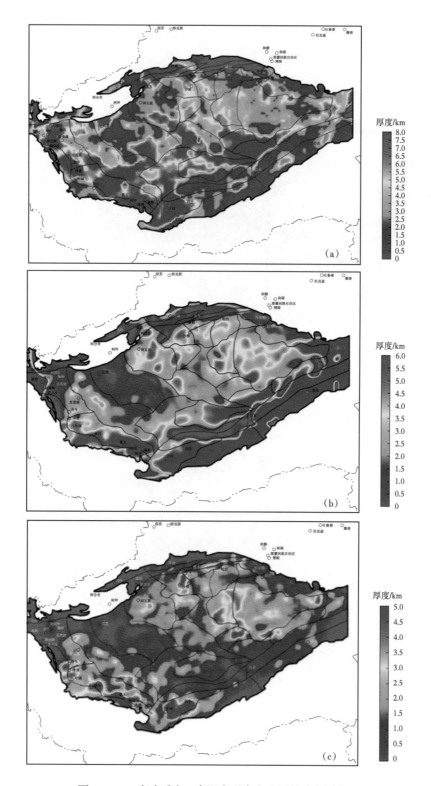

图 4-4-11 寒武系底—高阻高磁高密地层的残留厚度

（a）寒武系底—高磁地层残留厚度；（b）寒武系底—高密度地层残留厚度；（c）寒武系底—高阻地层残留厚度

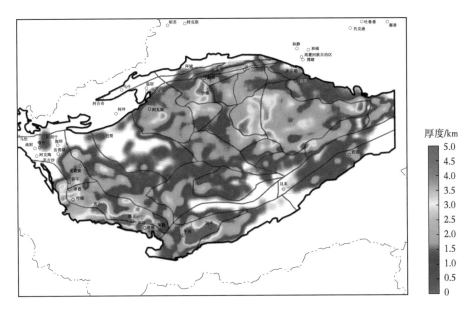

图 4-4-12 南华系—震旦系残留厚度图

将推测的南华系—震旦系及其下伏地层的电阻率、密度和磁化强度物性值进行了统计（图 4-4-13），可以看出基底地层具有明显的相对高阻、高密和中—高磁特征，其上覆的地层物性与南华系—震旦系物性统计规律也基本一致，具有相对低—中阻、弱—中等磁性和低密的地层分布。统计特征说明了目标层推测依据充分，也证明了联合反演帮助刻画了南华系—震旦系残留地层的分布。

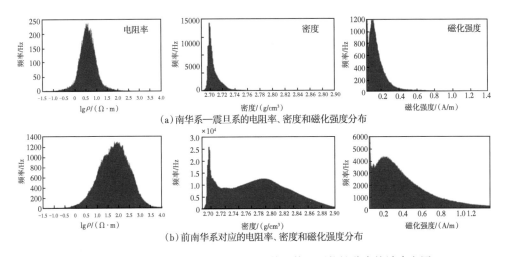

（a）南华系—震旦系的电阻率、密度和磁化强度分布

（b）前南华系对应的电阻率、密度和磁化强度分布

图 4-4-13 全区域南华系—震旦系及其下伏地层物性分布统计直方图

利用物性统计规律，对南华系—震旦系进一步分析，并采用模糊聚类提取了震旦系和南华系各自的残留厚度（图 4-4-14、图 4-4-15）。对推测的震旦系和南华系的电阻率、密度和磁化强度物性值进行了统计（图 4-4-16），可以看出震旦系相对南华系也为相对低阻、低密、无磁—弱磁特征，说明了推断结果的合理性。

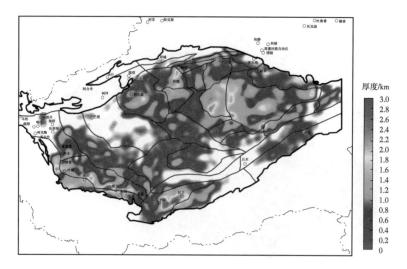

图 4-4-14　震旦系残留厚度图

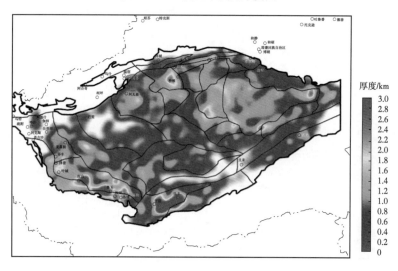

图 4-4-15　南华系残留厚度图

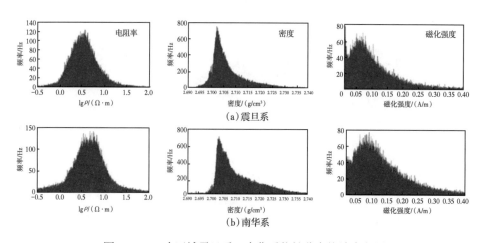

图 4-4-16　全区域震旦系、南华系物性分布统计直方图

三、基底断裂展布

通过剥离寒武系以浅地层及莫霍面以深的重力异常（图 4-4-17），可获得剩余重力异常以精确刻画前寒武系深层断裂特征（图 4-4-18）。

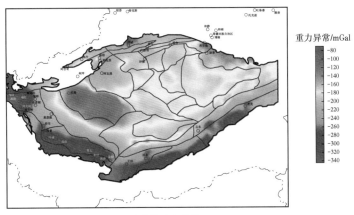

（a）布格重力异常

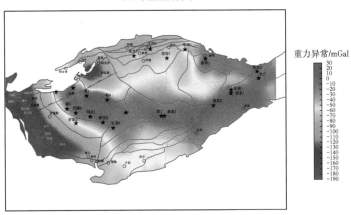

（b）寒武系以浅地层与莫霍面以深重力异常

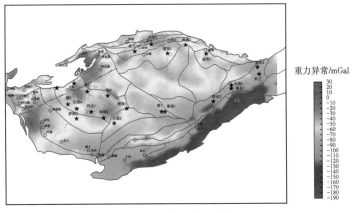

（c）剩余重力异常（前寒武系—下地壳）

图 4-4-17　各地层重力异常平面图

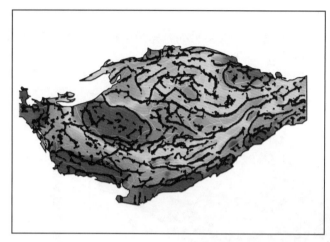

（a）观测布格重力异常断裂特征

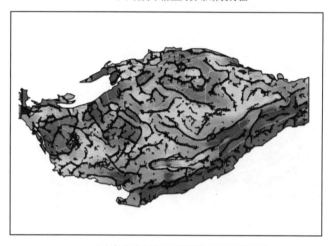

（b）寒武系以浅地层的剩余异常断裂特征

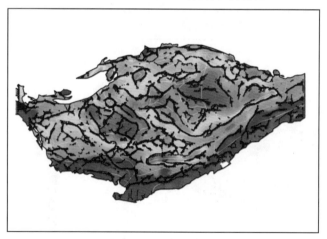

（c）前寒武系—下地壳地层的剩余异常断裂特征

图 4-4-18　基底断裂特征刻画

为了进一步揭示深部断裂对南华系—震旦系残留地层的控制作用，利用提出的重磁位场边界刻画技术（张旭，2015），对密度、磁化强度和电阻率三维联合反演的 14km 深度水平切片进行了梯度变化极值特征刻画，以表征不同深度密度体接触的边界或断裂特征（图 4-4-19）。磁三维反演揭示满加尔凹陷中大面积分布磁性体，识别的磁性体边界特征

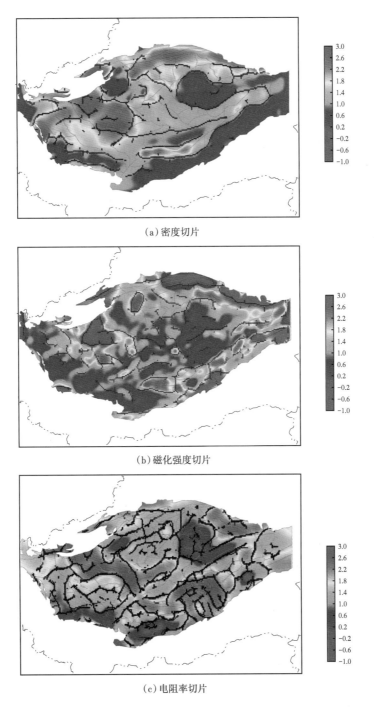

（a）密度切片

（b）磁化强度切片

（c）电阻率切片

图 4-4-19 联合反演（14km）深度切片提取的断裂特征

和电阻率断裂特征上均反映存在北东向断裂存在，同时也发育近东西或北西向的断裂。不过，目前基底断裂解释更多以分辨率相对更高的电阻率三维反演结果识别的断裂特征为主，后续还需结合地质资料深化解释。

可以看到推断的断裂展布特征与高阻高磁高低基底及寒武系埋深的分布特征相当吻合（图4-4-20）。同时，推断得到的基底断裂较好地控制了南华系—震旦系残留地层分布（图4-4-21）。

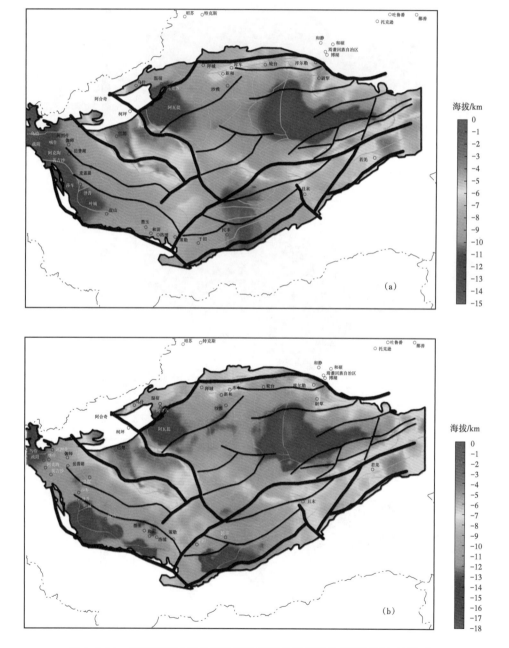

图4-4-20 基底断裂展布在寒武系及高阻高磁高密基底埋深图上的展示

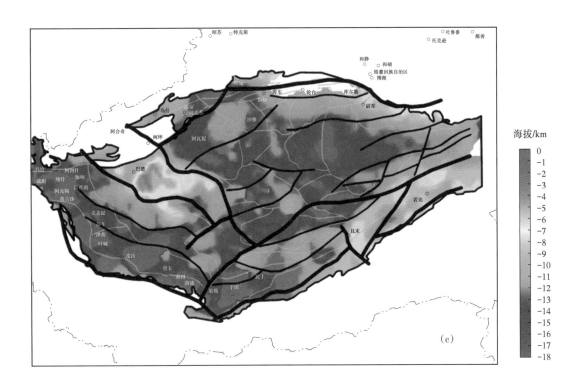

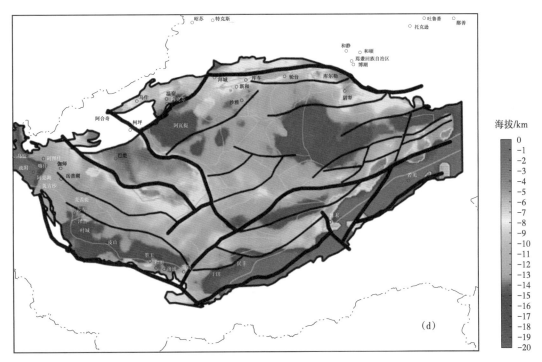

图 4-4-20 基底断裂展布在寒武系及高阻高磁高密基底埋深图上的展示（续图）

（a）地震寒武系底界 tg8 埋深图；（b）高阻基底顶面埋深；（c）高磁基底顶面埋深；（d）高密度基底顶面埋深

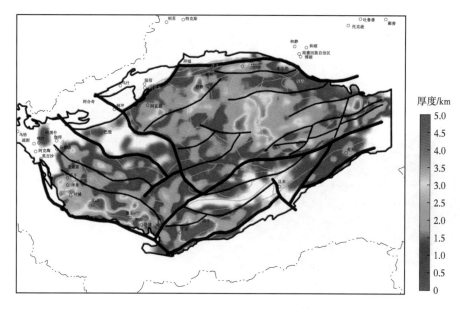

图 4-4-21　南华系—震旦系残留厚度与基底断裂

四、火成岩分布

对化极磁异常进行正则化三维反演（饶椿锋，2017）计算（反演网格参数为：10km×10km×1km），得到了塔里木盆地全区域的磁化强度三维结构（图 4-4-22），并提取了高磁基底的埋深分布［图 4-4-26（c）］。同时，也通过三维反演结果分离出浅层二叠系的磁异常分布，进而刻画了二叠系火成岩的分布情况（图 4-4-23）。同时，图 4-4-24 展示了二叠系磁性层在大地电磁 TLE-3 线剖面上的分布情况。

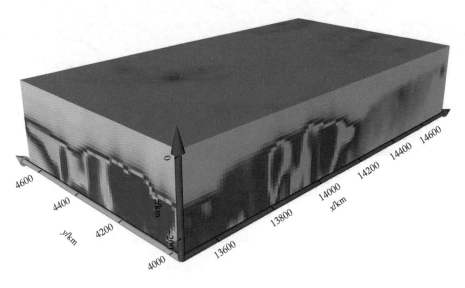

图 4-4-22　塔里木盆地三维磁化强度反演结果

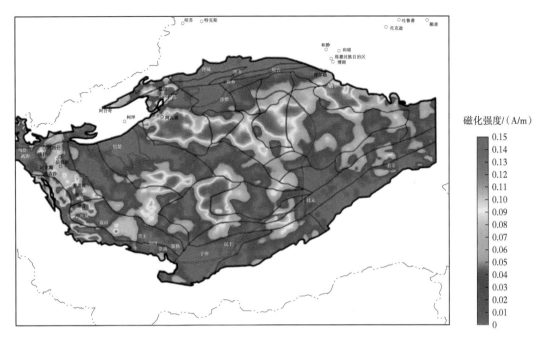

图 4-4-23 塔里木盆地浅层二叠系火成岩分布

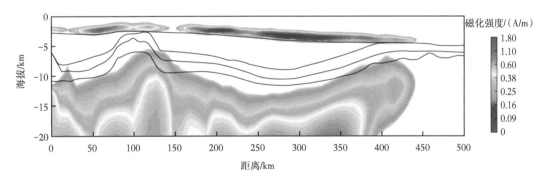

图 4-4-24 大地电磁 TLE-3 线联合反演的磁性断面图（含二叠系磁性层结果）

同时，磁异常三维反演的深层切片（图 4-4-26）结果表明塔里木盆地磁异常（图 4-4-25）主要由深层为主的磁性结构所产生。

五、地质—地球物理综合解释剖面成果

利用前述的联合反演和综合解释方法，对塔里木盆地全区域进行了地质地球物理综合解释，获得了震旦系、南华系的分布特征，下面从剖面角度对联合反演和综合解释结果进行展示。图 4-4-27 为五条大地电磁重点剖面（TLE-1、TLE-2、TLE-5、TLE-6、TLE-7）的平面位置，图 4-4-28 至图 4-4-32 为这五条重点剖面的三维联合反演与综合解释结果，以及与邻近地震解释剖面的对比。

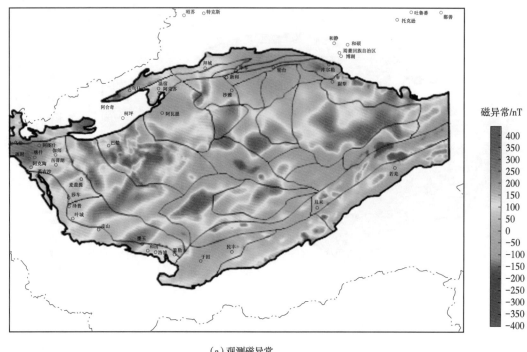

（a）观测磁异常

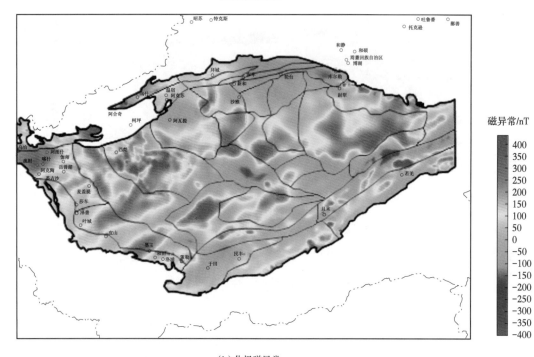

（b）化极磁异常

图 4-4-25　塔里木盆地磁异常

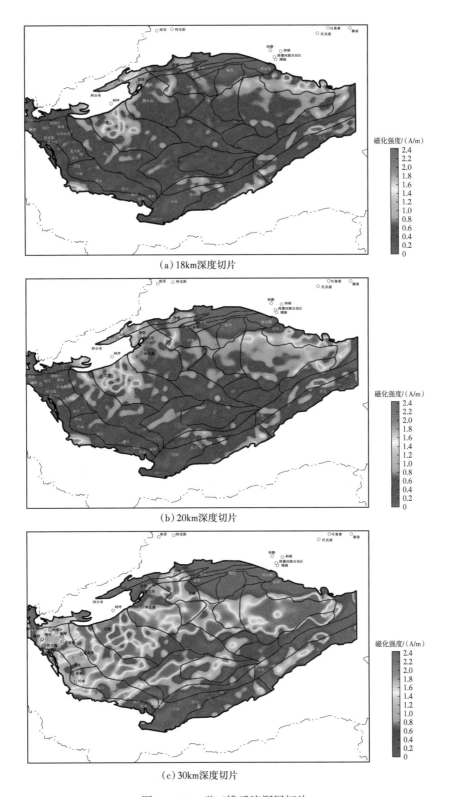

（a）18km深度切片

（b）20km深度切片

（c）30km深度切片

图 4-4-26 磁三维反演深层切片

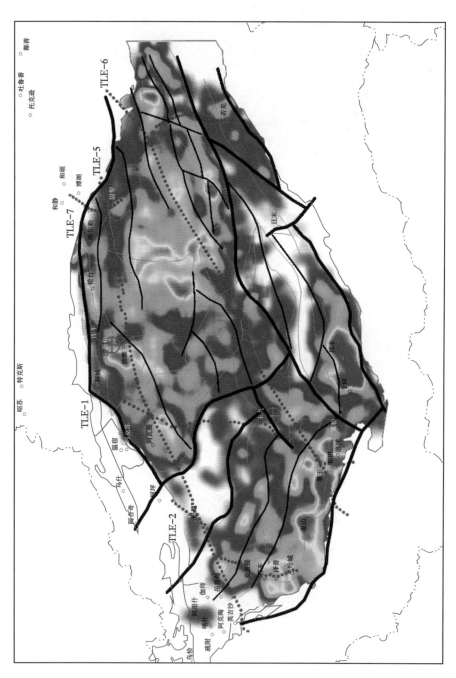

图 4-4-27　重点剖面平面位置图

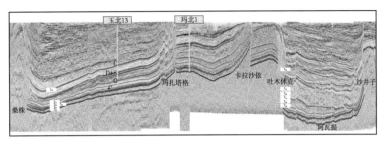

（a）邻近地震解释剖面

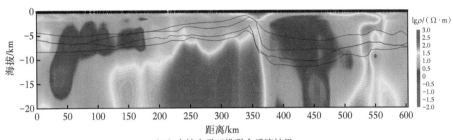

（b）大地电磁三维联合反演结果

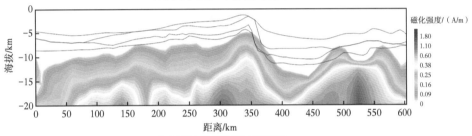

（c）磁异常三维联合反演结果

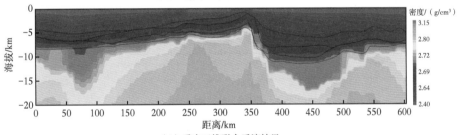

（d）重力三维联合反演结果

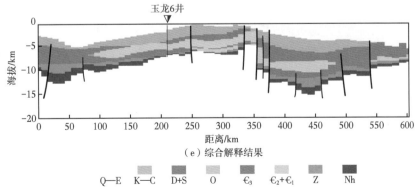

（e）综合解释结果

图 4-4-28 大地电磁 TLE-1 线联合反演和综合解释结果

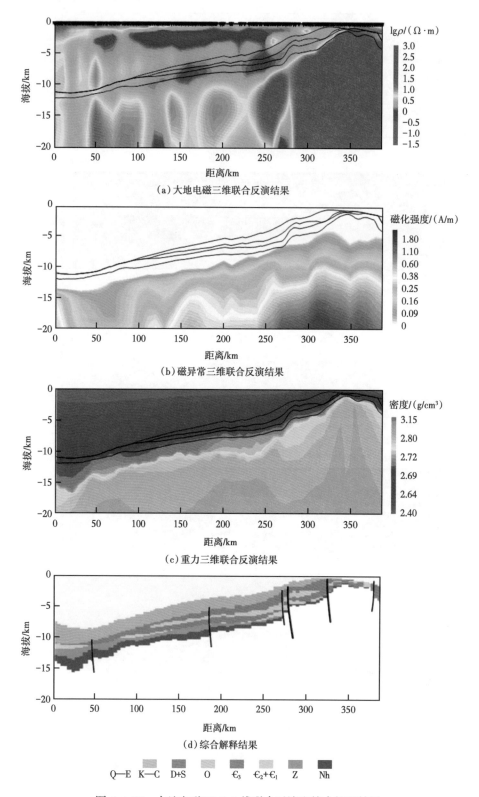

（a）大地电磁三维联合反演结果

（b）磁异常三维联合反演结果

（c）重力三维联合反演结果

（d）综合解释结果

Q—E K—C D+S O €₃ €₂+€₁ Z Nh

图 4-4-29 大地电磁 TLE-2 线联合反演和综合解释结果

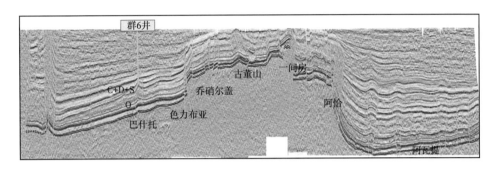

（a）邻近地震解释剖面

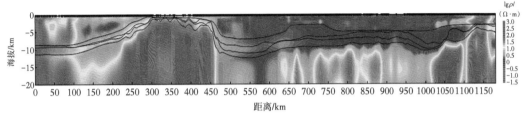

（b）大地电磁三维联合反演结果

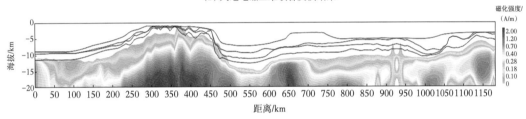

（c）磁异常三维联合反演结果

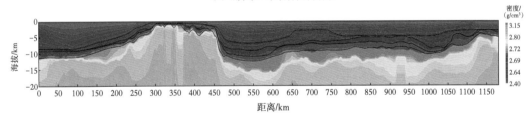

（d）重力三维联合反演结果

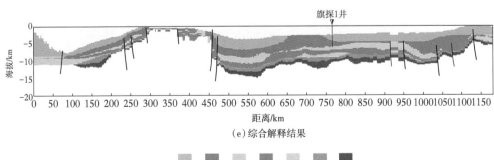

（e）综合解释结果

图 4-4-30 大地电磁 TLE-5 线联合反演和综合解释结果

塔里木盆地Z75地震测线构造地层综合解释图

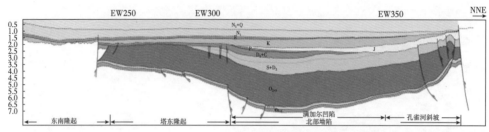

（a）邻近地震解释剖面

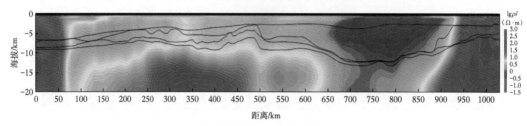

（b）大地电磁三维联合反演结果

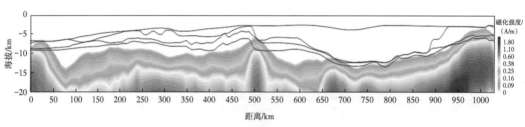

（c）磁异常三维联合反演结果

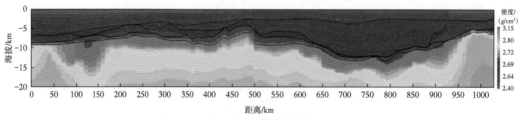

（d）重力三维联合反演结果

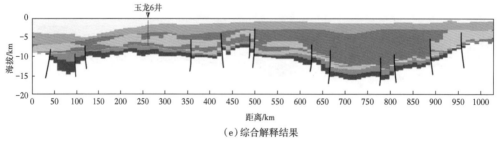

（e）综合解释结果

图 4-4-31　大地电磁 TLE-6 线联合反演和综合解释结果

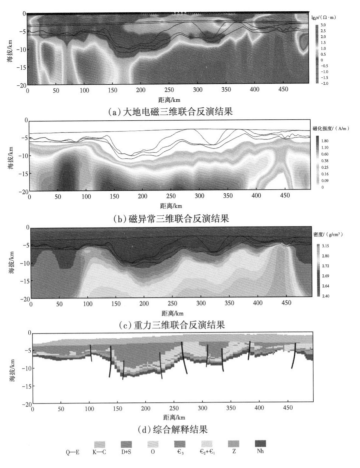

（a）大地电磁三维联合反演结果

（b）磁异常三维联合反演结果

（c）重力三维联合反演结果

（d）综合解释结果

图 4-4-32　大地电磁 TLE-7 线联合反演和综合解释结果

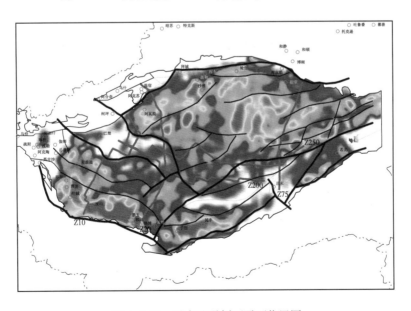

图 4-4-33　重点地震剖面平面位置图

此外，还根据几条重点地震剖面（Z10、Z20、Z75、L200，L250）的位置（图4-4-33 中紫红色线所示），展示对应的重磁电三维联合反演和综合解释的剖面结果（图4-4-34 至图4-4-38）。

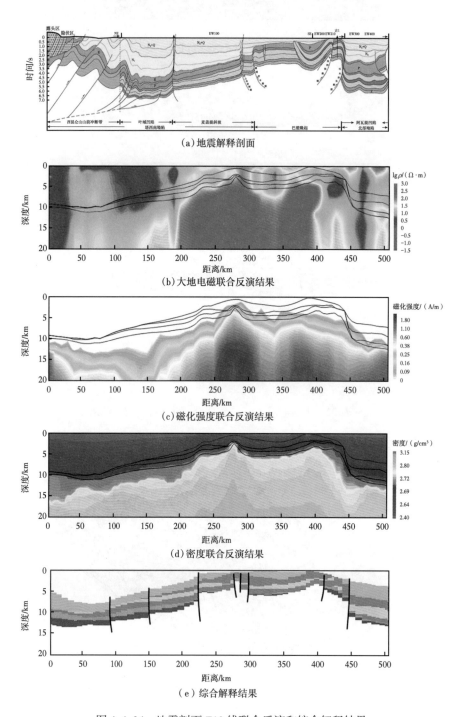

（a）地震解释剖面

（b）大地电磁联合反演结果

（c）磁化强度联合反演结果

（d）密度联合反演结果

（e）综合解释结果

图4-4-34　地震剖面Z10线联合反演和综合解释结果

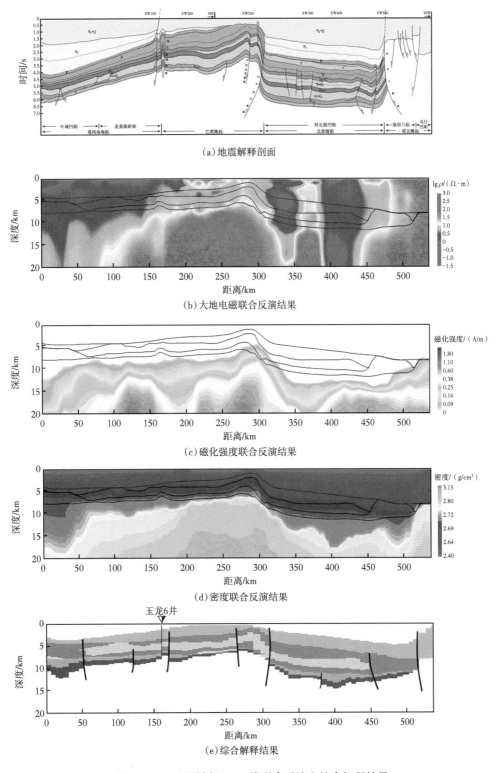

图 4-4-35　地震剖面 Z20 线联合反演和综合解释结果

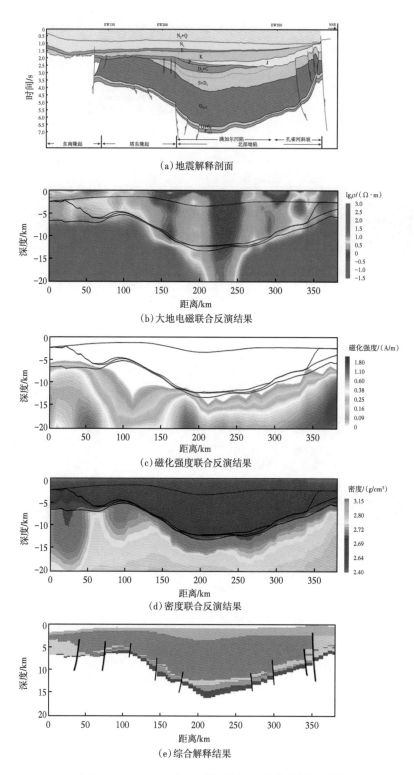

(a)地震解释剖面

(b)大地电磁联合反演结果

(c)磁化强度联合反演结果

(d)密度联合反演结果

(e)综合解释结果

图 4-4-36　地震剖面 Z75 线联合反演和综合解释结果

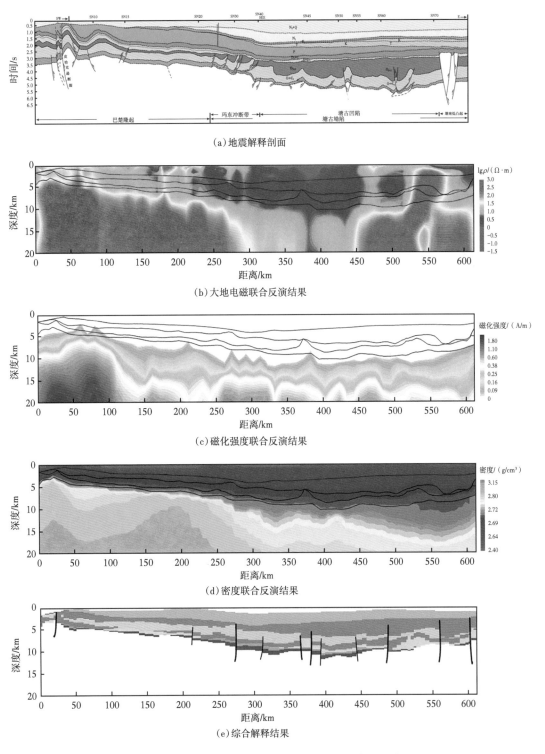

（a）地震解释剖面

（b）大地电磁联合反演结果

（c）磁化强度联合反演结果

（d）密度联合反演结果

（e）综合解释结果

图 4-4-37 地震剖面 L200 线联合反演和综合解释结果

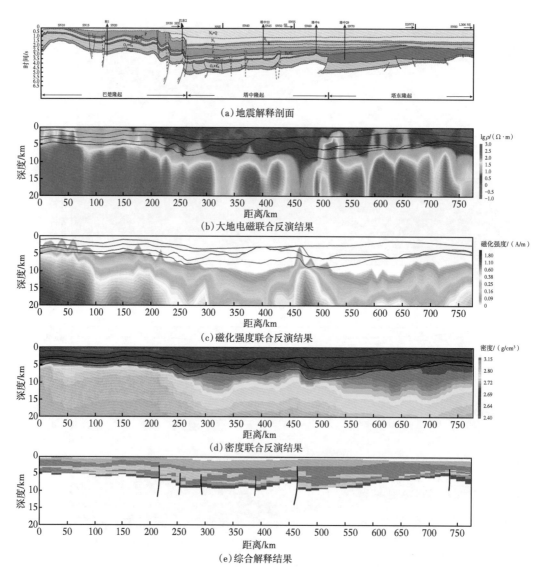

图 4-4-38　地震剖面 L250 线联合反演和综合解释结果

第五节　结论与建议

一、结论

通过塔里木盆地的综合地球物理研究，主要得到了以下结论：

在充分利用寒武系以浅地震资料约束下，首次对塔里木盆地开展了重磁电三维联合反演，获得了研究区电阻率、磁化强度和密度三维结构。相比于传统单一非地震反演，耦合地震信息的重磁电三维联合反演减少了反演多解性，提高了深层地质体刻画能力。

通过对物性资料的统计分析，总结了重点目标层震旦系、南华系的物性特征，南华系—震旦系相对下伏地层具有相对低阻、低密、无—弱磁的物性特征，震旦系相对南华系也具有相对低阻、低密、无—弱磁的物性特征，为综合推断前寒武系分布提供了解释依据。

利用三维联合反演刻画的高阻高磁高密基底埋深，结合地震解释的寒武系底界埋深，通过典型剖面和物性统计对目标层的标定，综合推断了南华系—震旦系残留地层的展布。塔里木盆地南华系—震旦系地震残留厚度分布面积约为 $39.7 \times 10^4 \mathrm{km}^2$。其中，残留厚度大于 1km 的区域约 $31.9 \times 10^4 \mathrm{km}^2$，在盆地内除北部的喀什凹陷、巴楚隆起、库车凹陷，以及南部的塔南隆起和东南坳陷中部以外，均有分布。残留厚度大于 2km 的区域约为 $12.4 \times 10^4 \mathrm{km}^2$，主要分布在盆地西南部的和田凹陷和东南坳陷西南角，盆地北部和中部的阿瓦提凹陷、塔北隆起、顺托果勒凸起北部、满加尔凹陷，以及塔东隆起东部。残留厚度最大约为 5~6km，主要分布在和田凹陷和东南坳陷西南角。

结合深部物性结构变化特征，综合解释了控制目标层残留厚度分布的基底断裂体系。盆地基底主要发育北东东向、北西向、近东西向三个方向的基底断裂，基底断裂控制了盆地的构造格局和南华系—震旦系残留地层的分布。

二、展望

塔里木盆地综合地球物理处理解释所依赖的地球物理资料特别是大地电磁资料分布相对稀疏，联合反演得到的结果以区域性结构认识为主，后续还待高精度资料的补充以帮助提高局部区块的反演精度，特别是低阻沉积巨厚地区地球物理方法分层成像困难的问题。

对深层岩石物性的统计仍需补充工作，以帮助更准确认识和指导深层勘探的典型物理—地质模型。鉴于物性统计所采用的样品数和样品的代表性相对不足，后续进一步加强物性的测试和统计，以及规律性认识是非常重要的一项基础性工作。

不同地球物理方法反演不同物性的差异或接触关系，因此不同方法所体现的断裂或边界特征有所不同，比如密度和磁化强度三维反演的 14km 深度切片上识别的密度断裂特征和磁性边界特征上，可以看出塔中低凸起上发育有北西向断裂，磁三维反演揭示满加尔凹陷中大面积分布磁性体，识别的磁性体边界特征和电阻率断裂特征上均反映存在北东向断裂存在，同时也发育近东西或北西向的断裂。基底断裂解释更多以分辨率相对更高的电阻率三维反演结果识别的断裂特征为主，后续还需结合地质资料深化解释。

进一步补充更精细的地震约束资料，结合新部署采集高精度的大地电磁等观测资料，有望进一步活动对深层的更精细的结果和认识。

第五章　华北地区及鄂尔多斯盆地
重力场、磁场特征及综合研究

第一节　华北地区重力场、磁场特征与综合研究

华北地区位于我国东部，南起北纬30°，北至北纬42°，西自东经100°，东到东经125°，面积约为170×10⁴km²。它南被秦岭—大别造山带、北被阴山—燕山造山带、西被龙门山断裂带、东被胶辽隆起所包围（图5-1-1）。其所在的地质单元又称华北克拉通，是世界上著名的古老陆块，是全球古老克拉通遭受破坏最明显和最典型的地区。它具有约38Ma的漫长历史，与其他克拉通相比，有更为复杂的多阶段的构造演化，记录了几乎所有的地球早期发展的重大构造事件，是当代地球科学领域研究的热点地区（江为为等，2000；赵国春等，2002；邓晋福等，2006；翟明国，2008，2011；郑建平，2009；朱日祥等，2011）。

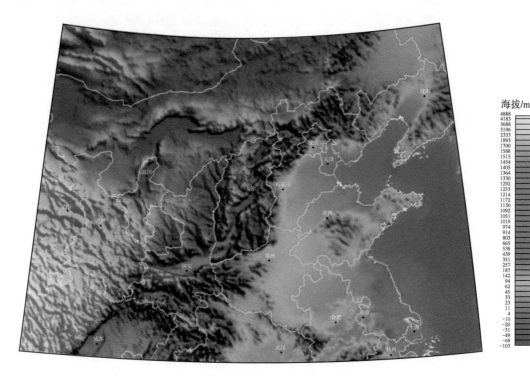

图5-1-1　华北地区地形地貌图

华北地区地质构造十分复杂，四周由几条大断裂所围限，其内部新生代裂谷系，断陷盆地十分发育，是强震活动的重要场所。华北克拉通自 18Ma 克拉通化之后至早中生代，一直保持相对稳定，并保存有巨厚的太古宙岩石圈根。但自中生代以来，华北克拉通，特别是其东部，发生了 100km 以上的岩石圈减薄，巨厚的岩石圈地幔被亏损型软流圈或大洋型地幔所取代，岩石圈地幔物理和化学性质也发生了根本变化，表明华北克拉通东部已经发生了改造甚至破坏。针对其破坏的时间、范围和机制等重要科学问题，前人已经进行了大量的工作，并取得了诸多认识。为了更深入的研究与认识，近几年来，中国科学家正以全球的视野，采用"天然实验室研究"的科学模式，全面推开了对华北克拉通的地质、地球物理、地球化学综合研究，获得了一批极有价值的成果（朱英，2004；张兴洲等，2006；中国地质调查局发展研究中心，2012）。

一、华北区域重力场、磁场资料处理

笔者收集到的华北地区 1∶50 万布格重力异常数据主要是原地质矿产部部署的区域重力调查成果和中国地质调查局部署的区域重力调查成果，收集到的华北地区 1∶50 万航磁总场异常数据主要来源于中国国土航空物探遥感中心历年积累的航磁资料，两者网格化的数据网度均为 5km。当前华北地区及邻区和航空磁测工作程度图分别如图 5-1-2 所示。重力数据区域范围为：经度 102°~123°，纬度 32°30′~42°30′。磁力数据区域范围为：经度 105°~123°，纬度 32°~44°。

图 5-1-2　华北地区及邻区航空磁测工作程度图（据航遥中心，2013）

图 5-1-3 和图 5-1-4 分别显示了华北地区 1∶50 万布格重力异常图和 1∶50 万航磁总场异常图，数据网度均为 5km（中国地质调查局发展研究中心，2012）。

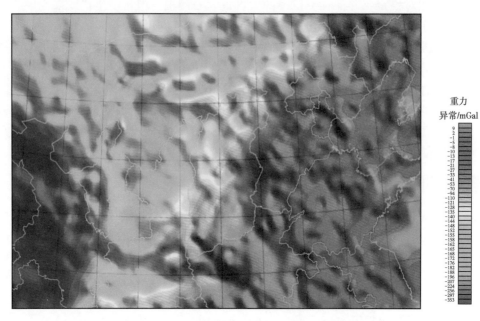

重力
异常/mGal

图 5-1-3　华北地区 1∶50 万布格重力异常图

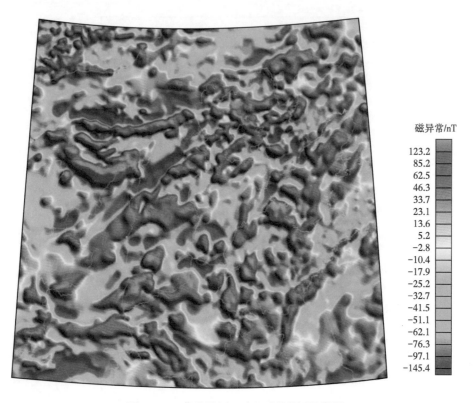

磁异常/nT

图 5-1-4　华北地区 1∶50 万磁总场异常图

216

1. 布格重力异常分离

重力异常是地表到地下深部所有密度不均匀体的综合反映。定性地讲，小尺度的重力异常一般与规模小、埋藏浅的地质体（如地质构造或岩矿体）分布有关，而大尺度的重力异常多与规模大、埋藏深的地质体分布有关。要根据重力异常研究某个特定地质体，必须首先从叠加异常中分离出单纯由这个地质体引起的异常，然后用这个异常进行反演解释。

笔者采用优化滤波法对华北地区布格重力异常（图 5-1-3）进行了异常分离（Guo et al., 2009, Meng et al., 2009；郭良辉等，2009，2010；陈召曦等，2012）。根据研究区布格重力异常的径向对数功率谱形状特征（图 5-1-5），这里用 0~0.00097cycles/km（频段 1）、0.00097~0.0024cycles/km（频段 2）、0.0024~0.0049cycles/km（频段 3）、0.0049~0.0098cycles/km（频段 4）、0.0098~0.0249cycles/km（频段 5）和 0.0249~0.05cycles/km（频段 6）六个等效层分段拟合。其中，频段 1、频段 2 对应大尺度重力异常，这里将之视为区域重力异常频段，频段 3~5 对应中小尺度重力异常，这里将之视为剩余重力异常频段，而频段 6 主要对应高频噪声。按照上述频谱分析，优化滤波分离出华北地区剩余重力异常和区域重力异常分别如图 5-1-6 和图 5-1-7 所示。

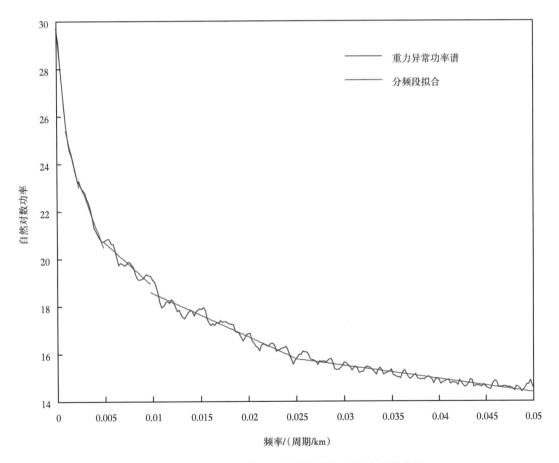

图 5-1-5　华北地区布格重力异常径向对数功率谱分析

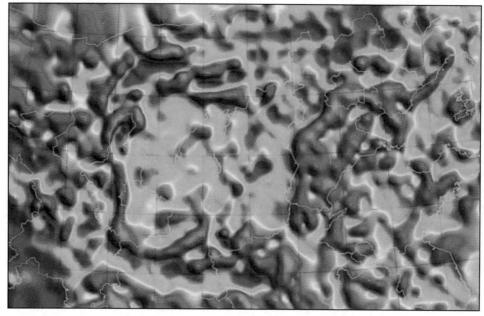

图 5-1-6　华北地区剩余重力异常

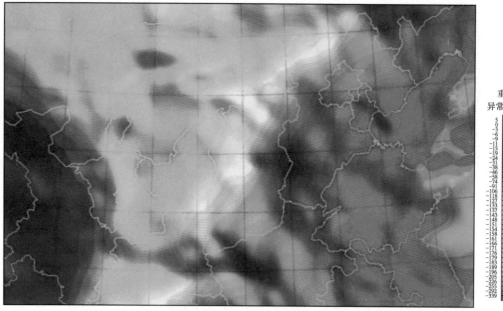

图 5-1-7　华北地区区域重力异常

2. 磁异常变倾角化极

化磁极是磁异常处理解释的一项基础工作，它将地磁场倾斜磁化下观测到的某方向的磁异常分量，转换成垂直磁化下的磁异常垂直分量，从而消除倾斜磁化造成磁异常的复杂性，使磁异常处理解释相对简单化（Baranov et al.，1964；Dampney，1969）。

华北地区南北跨度大，地磁场倾角变化大（图 5-1-8），磁倾角 47.11°～ 48.93°，磁偏角 -5.84°～-2.37°，因此，研究区航磁异常化极需采用变倾角化极算法。假设忽略剩磁影响，利用现今的地磁场方向对华北地区航磁异常作变倾角化极处理（MacLeod et al., 1993；郭良辉等，2010；中国地质调查局发展研究中心，2012），结果如图 5-1-9 所示。

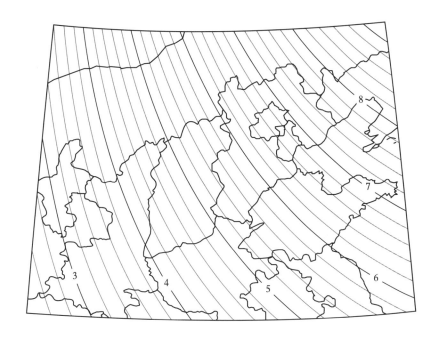

（a）磁偏角

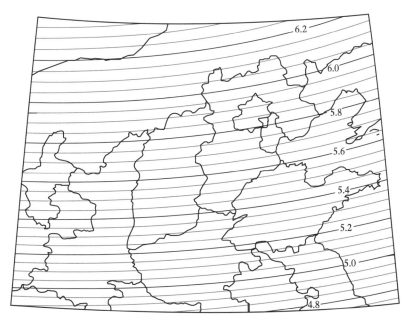

（b）磁倾角

图 5-1-8　华北地区地磁场偏角和倾角分布

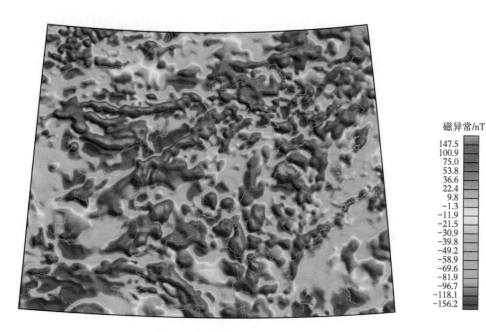

图 5-1-9　华北地区变倾角化极磁异常

图 5-1-10 显示了低通滤波后的华北地区化极磁异常，带通波长为 50~200km，它有效压制了长波长区域磁异常，而突出中短波长的剩余磁异常，主要反映地壳内部的磁性不均匀分布。

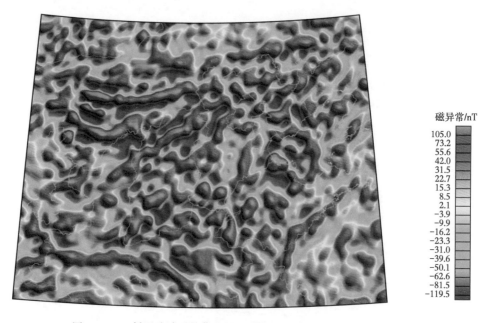

图 5-1-10　低通滤波后的华北地区化极磁异常（带通波长 50~200km）

3. 重力场、磁异常构造特征增强

板块边界、不同地质体边界和断裂带等构造边界往往具有一定密度或磁性差异，造成

重磁异常变化较大，根据这一特点可利用重磁方法研究横向线性构造特征。重磁异常线性构造分析主要以重磁异常导数为基础，利用异常方向导数、各阶垂直导数或总水平梯度的极值点、零点和其他特征点来识别构造边界（Wang et al., 2009；Li et al., 2000，2010；陈召曦等，2012）。

图 5-1-11 显示了华北地区剩余重力异常的总水平梯度、二阶垂直导数和斜导数图，图 5-1-12 显示了区域重力异常的总水平梯度、二阶垂直导数和斜导数图，总水平梯度主

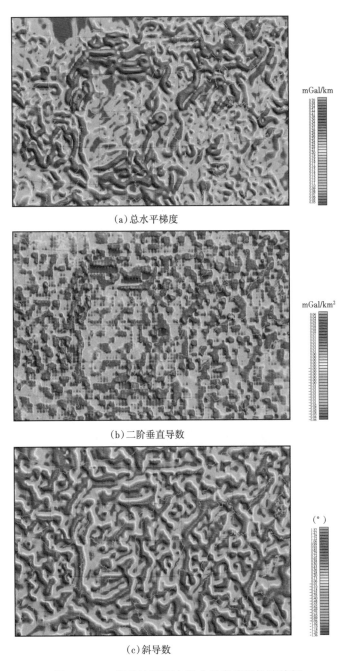

（a）总水平梯度

（b）二阶垂直导数

（c）斜导数

图 5-1-11　华北地区剩余重力异常线性构造特征

要反映异常强度大的线性构造特征，而强度小的线性构造特征则被削弱或掩盖。二阶垂直导数对异常分辨力有较大的提高，但对不同强度线性构造特征的增强力度有所不同。斜导数作用类似于均衡滤波或归一化垂直导数，对异常分辨力最高，线性构造特征刻画最详细，不同强度线性构造特征的增强力度较均一。

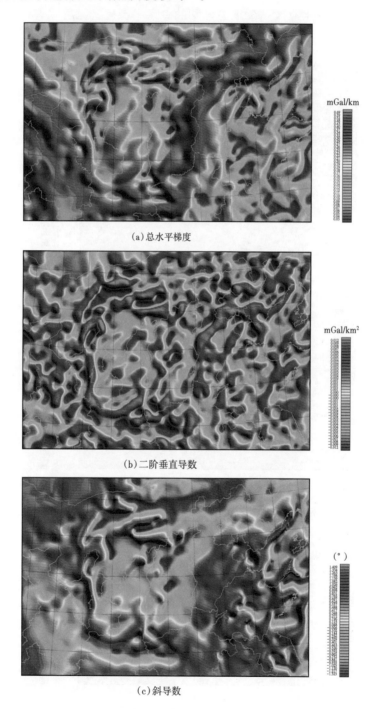

(a) 总水平梯度

(b) 二阶垂直导数

(c) 斜导数

图 5-1-12　华北地区区域重力异常线性构造特征

图 5-1-13 显示了华北地区布格重力异常不同向上延拓高度（10km、20km、40km、60km、80km、100km）的延拓场及其二阶垂直导数图，图 5-1-14 显示了化极磁异常不同向上延拓高度（10km、20km、40km、60km、80km、100km）的延拓场及其二阶垂直导数图。

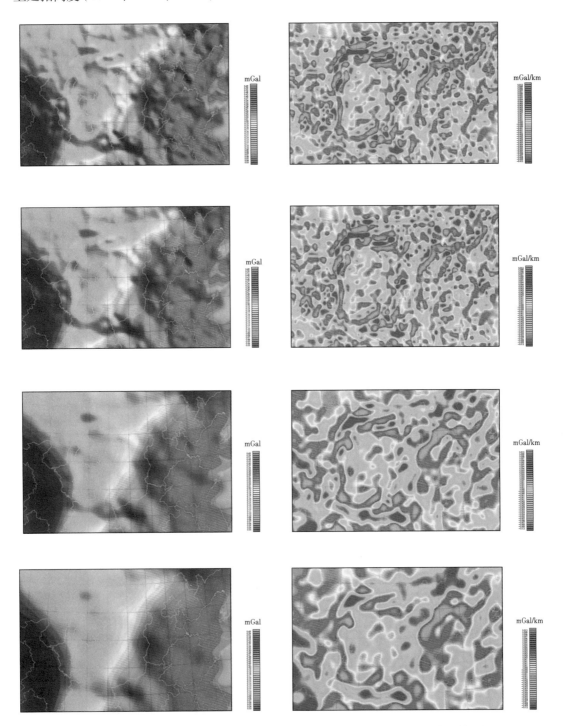

图 5-1-13　华北地区布格重力异常向上延拓的延拓场（左）及其二阶垂直导数（右）

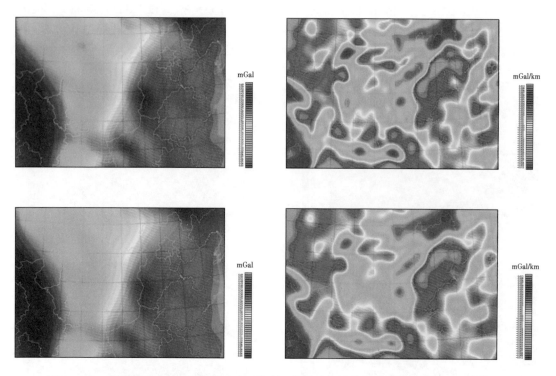

图 5-1-13　华北地区布格重力异常向上延拓的延拓场（左）及其二阶垂直导数（右）（续图）

（延拓高度分别为：10km、20km、40km、60km、80km、100km）

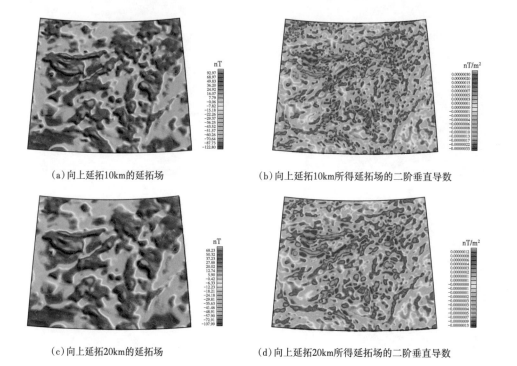

（a）向上延拓10km的延拓场　　　　　（b）向上延拓10km所得延拓场的二阶垂直导数

（c）向上延拓20km的延拓场　　　　　（d）向上延拓20km所得延拓场的二阶垂直导数

图 5-1-14　华北地区化极磁异常向上延拓的延拓场及其二阶垂直导数

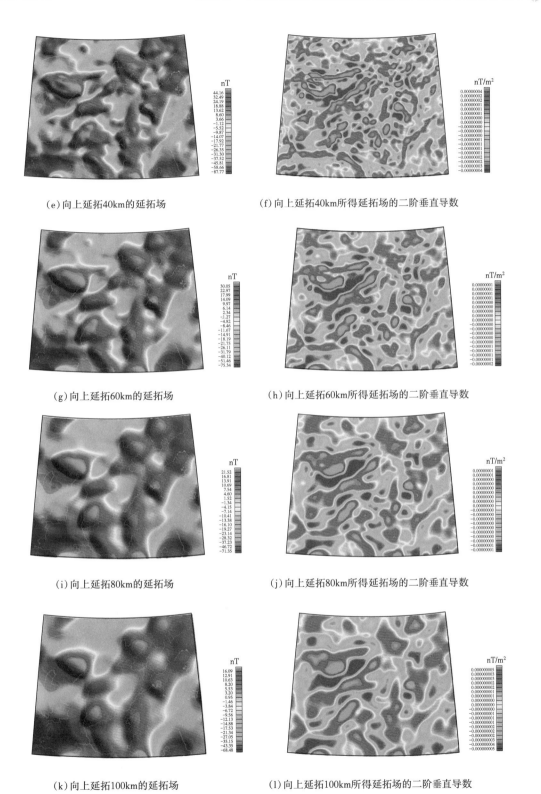

（e）向上延拓40km的延拓场

（f）向上延拓40km所得延拓场的二阶垂直导数

（g）向上延拓60km的延拓场

（h）向上延拓60km所得延拓场的二阶垂直导数

（i）向上延拓80km的延拓场

（j）向上延拓80km所得延拓场的二阶垂直导数

（k）向上延拓100km的延拓场

（l）向上延拓100km所得延拓场的二阶垂直导数

图 5-1-14 华北地区化极磁异常向上延拓的延拓场及其二阶垂直导数（续图）

图 5-1-3、图 5-1-4、图 5-1-6、图 5-1-7、图 5-1-9 至图 5-1-14 将共同用于华北地区构造单元划分和断裂推断。

二、华北区域重力场、磁场特征

华北地区以华北地块为主，是世界上最古老的地块之一，地壳形成证据可以追溯到 40Ma 前左右，它位于欧亚板块的东缘，特提斯洋、古亚洲洋和太平洋三大构造域的交叠部位，受到多个板块的不同作用，构造环境复杂，总体形状呈三角形。北部以古亚洲洋造山带和古亚洲洋陆缘带为界，西南以秦岭碰撞造山带与古特提斯洋陆缘带相邻，南部及东部以古特提斯洋碰撞带与扬子地块相邻。

华北地块内部构造复杂，活动断裂密集分布，在区域上可将之分割为几个次级构造单元，如华北平原块体（东部地块），太行山块体和山西断陷块体（中部造山带）和鄂尔多斯块体（西部地块），图 5-1-15 所示。地形差异非常明显，隆起的山脉与东部沉陷的盆地形成鲜明的对照。华北地块由这四个微小陆块拼接而成，经历了古太古代、中太古代结晶基底形成，中元古代扩张裂陷，中元古代、新元古代—古生代稳定盖层沉积和中生代陆内构造等演化阶段（杨志华等，2001；张兴洲等，2006；翟明国，2011）。

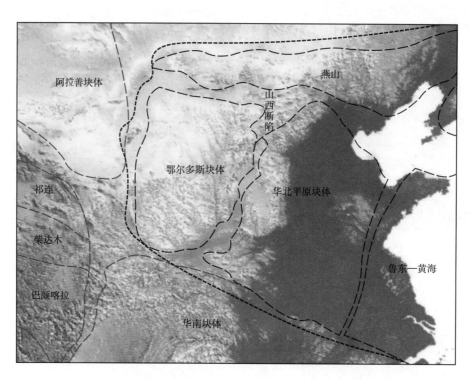

图 5-1-15　华北地区二级块体分布图

鄂尔多斯地块比较稳定，是一个自前寒武纪以来具有厚地幔根、无地震、低热流、板内变形极少的稳定克拉通，地块含有很厚的地台沉积盖层。而华北平原地块则在构造上仍较活跃，并存在大量的地震活动、高热流及很薄的岩石圈，是一个典型的克拉通。华北平原地块含有各种大约 3.80~2.50Ga 的片麻岩和绿岩带，局部被 2.60~2.50Ga 的砂岩和碳酸盐岩单元所覆盖。变形复杂而且呈多期，说明从始太古代至中元古代这一陆块经历过复杂的碰撞、裂解和底侵历史，并在中生代—新生代又经历了一次。

1. 重力场特征

从图 5-1-3 可见，华北地区的布格重力异常总体表现为东部重力高，而西部重力低，中部太行山地区强烈变化，而东西两侧相对平缓，异常值由山东胶东半岛一带的 50mGal，到西部阿拉善地区降至 -200mGal；沿大兴安岭—太行山—武陵山北北东向的规模巨大的重力梯级带近南北向纵贯于华北中部，北部叠加近东西向的阴山—燕山梯级带，南部叠加近东西向的秦岭—大别重力梯级带，东部沿海分布有近南北向的辽东—胶东重力梯级带，西部分布有近南北向的狼山—贺兰梯级带；区域线性异常走向以近南北向为主，近东西向次之。近南北向的重力梯级带及由其派生的次级梯级带和东部区域重力高、西部重力低构成了华北地区区域重力场的基本格架，概括为"区域场东高西低，梯级带三纵两横"的总体概貌（杨文采等，1998，2001；张建中等，1999；中国地质调查局发展研究中心，2012）。

太行山—武陵山重力梯级带是我国大陆布格重力异常最大的区域性重力梯级带之一，从最北部的黑龙江即出现，向南西经过太行山，绕过秦岭、苗岭，再经黔东、桂西进入越南，长度达数千千米，宽度 100~160km，变化达 80~100mGal，梯度最大可达 1~5mGal/km，是华北地区推断莫霍面深度变化最大的构造带。以太行山—武陵山重力梯级带为界东西两侧的区域重力场特征迥然而异，由此分为华北东部重力升高异常区和西部重力降低异常区。

东部重力升高异常区，为太行山—武陵山重力梯级带以东到沿海一带，包括河北、河南、山东省及淮北，异常以正值为主，变化平缓；重力异常变化在 -25mGal 之间，最高为沿海一带的辽东半岛—胶东半岛一带达 50×10mGal；区内重力异常基本上保持以北东向为主的特征，在北部燕山地区叠加了近东西向的异常，在华北平原地区表现为若干北东向的重力高和重力低异常，是被第四系覆盖的北东向的断隆和断陷构造的反映；在豫东、鲁西南和淮北地区则表现为稳定的面状异常。东部重力异常区是我国大陆薄壳区，也是华北地区中—新生代构造岩浆活动最强烈的地区。

西部重力降低异常区，为太行山—武陵山重力梯级带以西地区，包括内蒙古、宁夏、山西和陕西地区，属于太行山重力梯级带与青藏高原周缘梯级带之间所夹的区域；从山西到鄂尔多斯高原异常值缓慢降低，往西到额济纳旗为变化平缓地带，重力异常大致在 -190~-100mGal 之间变化。由区域重力异常的结构特征可以分为两部分，一是南部以陕北—鄂尔多斯平稳的块状异常区为核心，被太行山梯级带、青藏高原边缘梯级带、秦岭梯级带及阴山梯级带和若干条带状的重力高或重力低呈环形包围的异常区，其核心区鄂尔多斯及陕北地区属结构均一的块体；二是北部的内蒙古东部阴山、大青山相对重力高值带以北的二连—林西之间到北山地区的变化平缓地带，为近东西走向的宽缓异常区。

2. 磁场特征

华北地区磁场总体变化趋势是以秦岭、祁连山、昆仑山造山系为界，西北部祁连弧盆系、北秦岭弧盆系等区域为宽缓磁场区，磁场强度较低，场值在 -200~100nT 之间变化，个别异常区可达 300nT，梯度很缓，正负磁异常区范围较大，平缓过渡。局部异常较少，松散排列，异常走向主要为北西向。东南部华北陆块及天山兴蒙造山带为复杂的强磁场区，磁场强度较高，场强变化范围大（-300~1000nT）。个别异常区场值可低至 -800nT。

高值可达 5600nT。梯度较大，正负异常间排列紧密。异常整体走势以东西向转北东向，北东向异常为主要异常走向。两大区磁场特征的不同主要反映磁性基底及磁性侵入体的磁性强弱和埋藏深度的差别。很好反映了华北地区构造演化史（王京彬，1991；郝天珧等，1997；朱英，2004；杨志华等，2001；江为为等，2002）。

北部天山兴蒙造山带（中亚造山带）航磁异常总体呈近东西向的弧形展布，东段转向北东至北北东。与造山带形成环境直接相关，反映出北东—北北东向构造与岩浆岩带极为发育。索伦山—西拉木伦蛇绿混杂带和二连—贺根山蛇绿混杂带两条重要的板块缝合线在航磁异常图上明显反映为平缓负异常背景上的北东向短轴状高磁异常带，幅差可达 1000nT 以上。

华北地区磁场以陆台北缘最为复杂，区域磁场总体走向近东西向，由许多短轴状局部异常所组成，异常的强度和幅度变化很大，特别是中段冀北与冀东一带，异常跳动变化剧烈，幅差可达 1000nT、北西与北东向异常切割了近东西向异常。西段包头—集宁近东西走向向南突出的弧形正负对应异常带，幅值变化达 ±500nT。航磁异常反映了"以基性片麻岩为主体所构成的（太古宙）古陆核"的磁性特征。陆块南部豫淮褶皱带为一北西西走向的 50~200nT 正异常带。郯庐断裂带以西的鲁西台背斜磁场，以济南—沂源一带北西走向 50~100nT 正异常带为核心，向外具有正、负相间的环带状分布特征，该区"可能存在着一个隐伏古陆核"。华北陆块内部除鄂尔多斯陆块向斜北部（毛乌素沙漠以北、河套以南地区）磁场为近东西走向向南突出的弧形强正异常带（50~300nT，局部 500nT），其间夹以 -50~100nT 的负异常带外，山西、河北一带，则为总体北东走向宽条带状，正负磁异常带相间排列的磁场区，其强度：正异常带为 50~300nT（局部 500nT），负异常带 -200~-50nT（局部 -500nT）。反映了在早期（太古宙）褶皱变质基底上北东向（古元古代）陆缘活动带的发育情况。

三、华北构造单元划分与断裂推断

1. 构造单元划分

纵观华北地区重磁异常及其线性构造图，区内不同规模、不同方向的布格重力异常和航磁异常线性异常带十分醒目，不仅揭示着规模不等、形态各异的密度或磁性块体边界，也揭示着不同方向、不同性质、不同规模和深度的复杂断裂构造，综合反映出区内构造演化、"岩石圈减薄""克拉通破坏"等重大地质事件（中国地质调查局发展研究中心，2012）。

按照重磁异常构造单元划分方法与原则，以重力异常为主，重点依据重力异常的展布特征，尤其线性特征（图 5-1-3、图 5-1-6、图 5-1-7、图 5-1-11、图 5-1-12 和图 5-1-13），综合航磁异常及线性特征图（图 5-1-4、图 5-1-9、图 5-1-10 和图 5-1-14）、地质构造图等其他资料，多方法相互印证，对华北地区主要构造单元进行划分，结果如图 5-1-16 至图 5-1-19 所示。

华北地区自东北向西南是由被四条造山带分隔的 8 个地块组合而成的（图 5-1-16），四个造山带分别为中亚造山带、阴山—燕山造山带，中央造山带，秦岭造山带；8 个地块包括阿拉善地块、祁连地块、东昆仑地块、松潘—甘孜地块、西部地块、东部地块、扬子地块和苏鲁带组成。

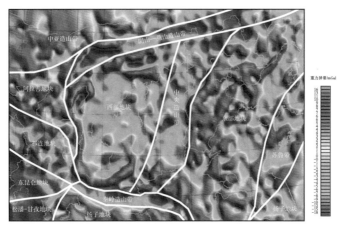

图 5-1-16 华北地区主要构造单元划分（白线，下同）

（背景：剩余重力异常）

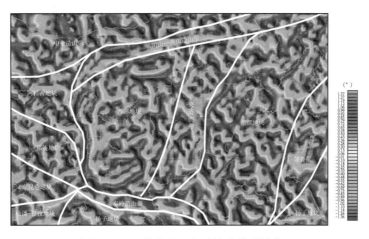

图 5-1-17 华北地区主要构造单元划分

（背景：剩余重力异常斜导数图）

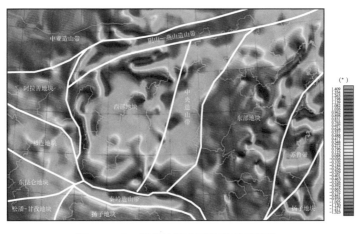

图 5-1-18 华北地区主要构造单元划分

（背景：区域重力异常斜导数图）

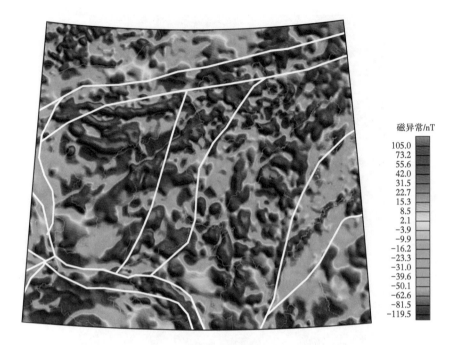

图 5-1-19　华北地区主要构造单元划分

（背景：低通滤波后的华北地区化极磁异常）

　　总体来看，华北地块布格重力异常主体走向以北北东走向为主，说明区域构造主体格架为北北东向，在区域背景上发育的局部重力高与局部重力低，则是密度界面的局部隆起与坳陷等在重力场上的表现。区域包含有大兴安岭—太行山—武陵山重力梯级带、祁连—秦岭大别梯级带、郯庐断裂梯级带、阴山—燕山重磁异常带。太行山—武陵山重力梯级带位于中央造山带，是东部地块（华北平原地块）和西部地块（鄂尔多斯地块）的两个主要构造单元的分界线，可能是地球深部壳幔结合带的反映。南部的祁连—秦岭大别梯级带显示为重力负异常，磁正异常，是秦岭—祁连—昆仑造山带的反映，揭示了扬子地块与华北地块的碰撞，以及青藏高原受到塔里木地块阻挡，四川地块、鄂尔多斯地块受到南面青藏高原向东北的挤压和东面太平洋板块向西北的挤压而发生多期变形及多次构造运动的特征。东侧以郯庐断裂为界与扬子克拉通分开，在布格重力异常场上，断裂两侧呈明显的重力梯度，断裂处重力异常基本为全区的最高值，证明此处应该是华北地区岩石圈最薄的区域，在磁异常场上，为明显的串珠状高磁异常，主要是由于其中填充了强磁性的变质杂岩系，两侧的异常走向有明显差异，西侧走向为北西向，东侧为北东向。阴山—燕山异常带被看做成一条典型的板内或陆内造山带，该带布格重力异常以负异常为背景，由西向东逐步抬高，异常的组合上也具有南凸的弧形特征，根据莫霍面计算结果与前人资料，该带与一条近东西向的幔坳带相对应。磁异常强度变化大而剧烈，局部异常十分发育，存在一条近东西向的长磁异常带，具有向南凸的弧形特征，反映阴山—燕山造山带具有弧形构造的特点。局部磁异常的成带发育表明造山带内火成岩发育。

　　东部地块重力异常由东向西，异常值变小。西部靠近太行梯级带的区域，以走向与太行梯级带平行和相近的北北东向为主的重力高值区，幅值为 -35mGal 左右，东部为异常走向为北西和近北的重力高值区，幅值为 -5mGal 左右，重力异常具有条带清晰与高低相间的特征，对应揭示了华北地区深部莫霍面深度由西向东的大幅度变浅，中浅部地块拼合及断陷盆地发育的特征。磁异常图上，该地块均匀分散着许多的团块强正磁异常，总体上正负磁异常相间分布。体现了侏罗纪开始，受太平洋板块的影响，在太行山以东即东部地块广泛发育燕山期的侵入岩和火山岩。

西部地块（鄂尔多斯地块）布格重力异常场总体呈东南高、西北低的趋势，重力异常基本上呈北东向展布，盆地的边界在重力异常场上反映明显。布格重力异常场值最大值位于该区东南部，场值为 -95mGal，最小值位于该区西北角，场值为 -216mGal，该区由东南向西北场值总体以较为均匀梯度下降。区内存在北东向展布的重力异常带，如定边重力异常低值带，神木重力异常高值圈闭带，铜川—宜川重力异常高值圈闭带。高值区内有多个次级圈闭，且形态、走向各异。重力异常特征反映了基底构造格局，同时也反映了中—新生代沉积厚度的特征。

2. 断裂推断

按照重磁异常断裂构造推断方法与原则，以重力异常为主，重点依据重力异常的展布特征，尤其线性特征（图 5-1-3、图 5-1-6、图 5-1-7、图 5-1-11、图 5-1-12 和图 5-1-13），综合航磁异常及线性特征图（图 5-1-4、图 5-1-9、图 5-1-10 和图 5-1-14）等其他资料，多方法相互印证，对华北地区主要断裂构造解释推断，推断主要断裂 11 条，推断次要断裂 26 条，结果如图 5-1-26 至图 5-1-31 所示。现将主要断裂一一介绍。

F1-1 华北陆块北缘断裂：该断裂呈近东西向横亘内蒙古自治区，走向北东东。断裂自西向东，各区段的形成、发展、切割深度、地球物理场反映、活动方式和演变特征等方面都有明显差异。断裂在重磁异常图上东、中、西侧特点不同。在西侧，断裂南侧布格重力异常为升高的正异常带，异常值达 600mGal。南侧在负磁异常中有稳定正异常，北侧则以负磁异常为主。中段重力场反映不明显，无重力梯级带的显示，只反映为东西向重力低异常带。在区域磁场中，大致对应分布着呈东西向展布的磁异常带；西部，南、北两侧皆为正磁异常，中间夹线形负磁异常带；东部、断裂北侧为正磁异常，南侧为负磁异常带。东侧在区域磁场中，正磁异常延伸总的趋势呈近东西向，它既隐约反映地表所见挤压破碎带的走向，又反映中—新生界及火山岩覆盖的干扰。经化极延拓 20km 及 40km，其深部近东西向展布的磁异常线形排列的特征得以清楚显示。区域重力场在康保以东显示为近东西向展布的重力低值带。断裂沿线分布一系列孤立的蛇绿岩，它们由变质橄榄岩、镁铁质堆积岩、辉绿岩、枕状基性熔岩组成，为华北板块和西伯利亚板块的缝合线，地震活动密集。

F1-2 集宁—凌源断裂：断裂西起临河北，向东经乌拉特前旗北、武川县、察哈尔右翼中旗至集宁，再向东则延入河北省境内，与尚义—平泉深断裂相连接，走向东西。断裂在布格重力异常图上表现为重力梯级带。断裂在化极磁力异常图上西侧表现为磁力异常梯级带；东侧表现为异常线性分界线。沿断裂分布多期花岗岩侵入体，吉林磐石县红旗岭出露蛇绿岩套，为板块缝合带，地震活动密集。

F1-3 阿拉善北缘断裂带：自甘肃天仓一带延入本区，向北东经乌兰套海、在华北地区总体呈北东向延伸。断裂带两侧重磁异常的形态和走向特征的不同，无疑反映了分界线两侧基底的内部构造、岩浆活动和受力方向等的差异。沿断裂带北侧的白音查干、白音戈壁等地见有华力西期超基性岩出露，与索伦山超基性岩处于同一构造部位，应属蛇绿岩。沿断裂带南侧分布有规模巨大华力西中晚期花岗岩和混合花岗岩，推断断裂带可能具有板块碰撞缝合带性质。

F1-4 祁连山北缘断裂带：重要的大陆壳消减带。该断裂带主要由相互平行或斜列的压性断层所组成，是祁连山造山带的北缘边界。各种重力异常图上，反映的地貌形态非常壮观，断裂带构成了本区地形高差最大的界线，走向近北西。自由空间重力异常图上，断裂表现为正负异常形态的边沿，线性伸展，是两侧截然不同性质的异常分界线，说明了断裂两侧存在着不同的构造特征。体现了断裂带北侧是晚古生代和中—新生代的坳陷盆地。祁连山北缘断裂带是一条早古生代晚期开始形成、晚古生代强烈活动、以后又经过多次构造运动、现今仍在活动的断裂构造带。

F1-5 鄂尔多斯西缘断裂：弧形形态，走向由北北东渐变为北北西。断裂在布格重力异常图上表现为重力梯级带。断裂在化极磁力异常图上表现为线状异常分界线，西侧异常表现为宽缓异常上发育部分近东西向、北西向高值线状异常，东侧则为低值异常上发育部分北东向的线状异常。

F1-6 汾渭断裂：走向北北东，由北到南由霍北断裂，口泉断裂，中条山断裂三条断裂组成。断裂在布格重力异常图上表现为重力梯级带，不同地段梯级带的幅值有所不同。凡经过盆地地段（运城、临汾、晋中等盆地）幅值都较大。盆地之间又被北西向断裂分隔，说明盆地在裂陷过程中，受较老的北西向断裂的影响。在剩余重力异常图中，该断裂显示为梯度带，在垂向二次导数图中，显示为零线的圆滑线。断裂在化极磁力异常图上北侧无明显特征，南侧表现为线状高值异常的。该断裂由于受到燕山期上地幔上隆的强烈活动，使地壳上拱张裂，后经喜马拉雅期裂陷，最后形成北北东向基底断裂。

F1-7 龙首山—固始断裂带：位于华北板块南缘，主要呈现北西西—北东向弧形展布。总体上，北部重力高，南部重力低，在磁异常上有明显带状负异常分布。在龙首山地区，重磁异常变化比较明显，重力异常由北东向西南递减，这反映龙首山深大断裂带的特点，其地区地质条件复杂。穿过低重力、高磁异常的秦岭造山带，在东大别强磁异常几乎占据了北淮阳地块的南沿，这一规模较大的正异常把华北南缘宽缓的地磁场与大别山零乱的小尺度异常分隔开，代表了南北克拉通印支期的碰撞缝合带。这一磁异常对应的是重力梯度带。这种重磁异常不对应的情况与后期地质作用有关。在桐柏地区，重磁磁异常出现在太白顶—平靖关一线，反映了印支期的南北板块碰撞缝合带。

F1-8 扬子陆块北缘断裂带：扬子北缘断裂带位于扬子地块北东缘，长江以北、郯庐断裂带以东，西与大别—苏鲁造山带毗邻。磁异常呈明显的串珠状，北西西方向展布，重力异常对该断裂反映不明显。在布格重力异常一阶导数上清楚存在线性构造，是该断裂的反映。

F1-9 郯城—庐江断裂：走向由近东西向转为北东向。断裂在布格重力异常图上表现为几个重力异常梯级带断续而成。可以看出，该重力异常梯级带延伸长度大，穿越了不同块体，而且表现出不同的异常特征，等值线多被扭曲，显示出后期改造的特点。断裂在化极磁力异常图上表现为线状延伸的高值异常，异常带两侧磁场特征不尽相同，东部以平稳宽缓的磁场为主，西部以升高正磁场为主。

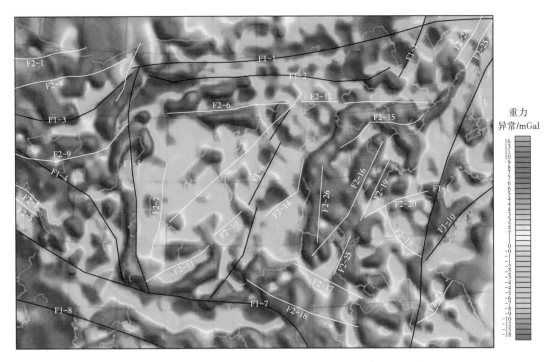

图 5-1-20　华北地区主要断裂推断（背景：剩余重力异常）

（黑粗线：一级断裂，白线：二三级断裂，下同）

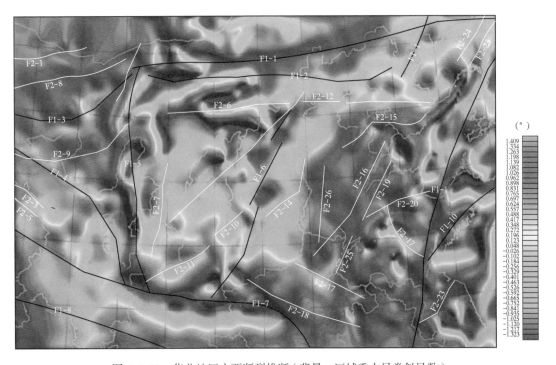

图 5-1-21　华北地区主要断裂推断（背景：区域重力异常斜导数）

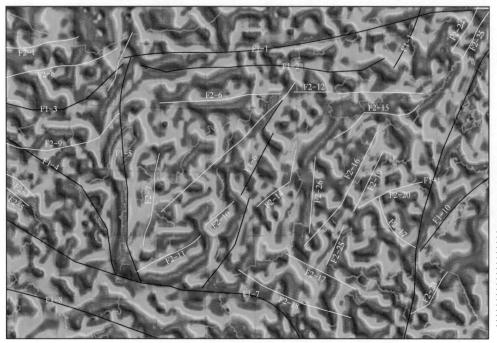

图 5-1-22　华北地区主要断裂推断（背景：剩余重力异常斜导数）

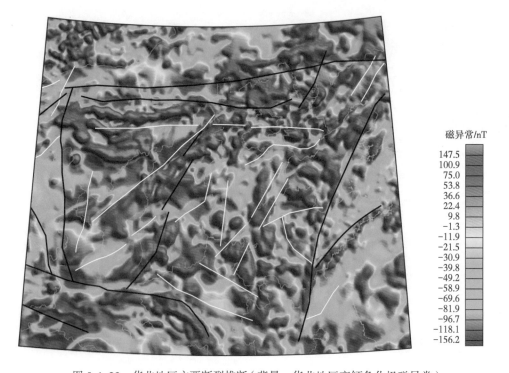

图 5-1-23　华北地区主要断裂推断（背景：华北地区变倾角化极磁异常）

F1-10 烟台—日照断裂：走向北东。断裂在布格重力异常图上表现为重力梯级带。断裂在化极磁力异常图上表现为磁力异常梯级带。

F1-11 嫩江—青龙河断裂：走向北北东。断裂在布格异常图上表现为北北东向的高值串珠状异常。断裂在化极磁力异常图上表现为线状异常分界线：西侧异常主要呈北东东向线性展布，东侧异常则呈北北东向或北北西向延伸。沿断裂走向分布有带状火山岩，表明断裂带控制着火山岩的出露，是岩浆作用的通道，为控盆断裂，走滑性质。

四、华北地区三维密度、磁性反演成像

1.地壳三维剩余密度分布

重力异常是地表到地下深部所有密度不均匀体的综合反映。定性地讲，小尺度的重力异常一般与规模小、埋藏浅的地质体（如地质构造或岩矿体）分布有关，而大尺度的重力异常多与规模大、埋藏深的地质体分布有关。上述优化滤波法分离出的区域重力异常主要反映了莫霍面起伏和上地幔深部密度不均匀分布，而剩余重力异常主要反映出地壳内的密度不均匀分布。

因此，为了了解和认识华北地区地壳深部三维密度结构，对区内剩余重力异常进行三维密度反演，以获得地壳三维剩余密度分布，反演方法采用正则化反演方法，反演中引入深度加权函数约束、密度范围约束、光滑约束及少量地质资料约束等。反演深度范围为0~50km，深度步长为1km，并考虑起伏观测面和起伏地表模型。图5-1-24显示了反演得到的研究区地壳三维剩余密度分布立体切片图。图5-1-25显示了反演得到的华北地区地下深度5km、15km、25km、35km、45km剩余密度分布。

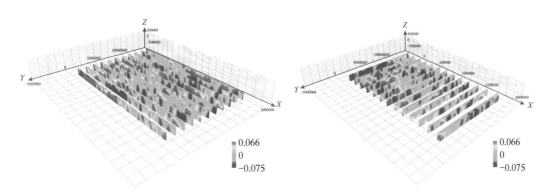

图5-1-24 剩余重力异常反演地壳三维剩余密度分布

（反演深度为0~50km，密度单位为g/cm³）

如图5-1-24和图5-1-25所示，华北地区地壳内部密度在横向和纵向上均存在明显的不均匀性，密度大小形态与地表构造格局有很好的相关性。其中，中央造山带整体以低异常为主，异常随深度增加，密度范围变化更大，且南、北、中段异常变化各不同。这种区域差异性可能说明了中央造山带南、北、中段经历了不同的地质过程，同时也暗示了华北地区岩石圈破坏可能已经由东部地块延伸到该地区。北部的阴山—燕山造山带和南部的大别—苏鲁造山带也以低密度特征为主。构造分区上，阿拉善地块和祁连地块，以及东部地块则是呈现高密度特征，而鄂尔多斯地块作为一相对稳定地块，整体则表现为低密度，不

同深度上夹杂着小范围的高密度异常。值得注意的是，鄂尔多斯南北两端各存在一个高密度异常区域，这可能表明鄂尔多斯地块在深部可能受到了来自南北两端秦岭造山带和阴山—燕山造山带深部动力学过程的影响。

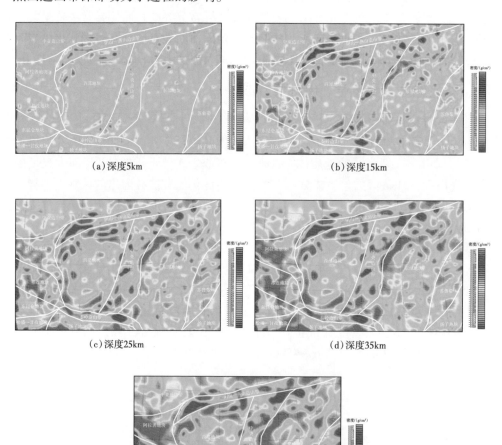

（a）深度5km　　　　　　　　　（b）深度15km

（c）深度25km　　　　　　　　　（d）深度35km

（e）深度45km

图 5-1-25　华北地区地壳内部三维剩余密度分布深度切片

（方法为三维密度反演，白线为构造单元划分线，密度单位为 g/cm³）

2. 地壳三维等效磁性分布

为了了解和认识华北地区地壳深部三维磁性分布，对化极磁异常进行三维相关成像，以获得地壳三维等效磁性分布。成像算法采用了基于异常垂直导数的相关成像算法，未引入约束信息，成像深度范围为 0~20km，并考虑起伏观测面和起伏地表模型。经过相关成像，得到表征磁性等效分布的相关系数数据体，其中相关系数值大表征磁性高，反之亦然。图 5-1-26 显示了成像得到的研究区地壳三维等效磁性分布立体切片图，其中红色表示磁性高，蓝色表示磁性低。图 5-1-27 显示了成像得到的研究区地下深度 3km、6km、9km、12km 和 15km 等效磁性分布。

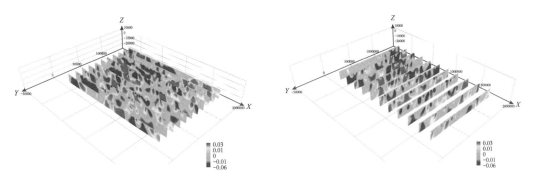

图 5-1-26　化极磁异常成像地壳三维等效磁性分布

（成像深度为 0~20km）

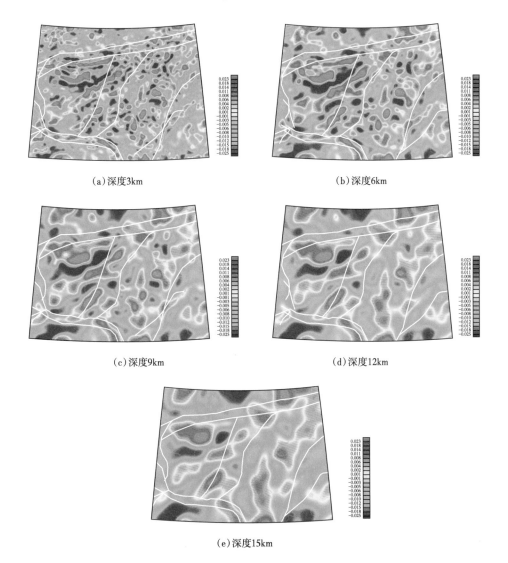

（a）深度3km　　　　　　　　　　　（b）深度6km

（c）深度9km　　　　　　　　　　　（d）深度12km

（e）深度15km

图 5-1-27　华北地区地壳内部三维等效磁性分布深度切片

（方法为三维磁相关反演，白线为构造单元划分线）

如图 5-1-26、图 5-1-27 所示，华北地区各地块内部从浅到深磁性呈不均匀分布，大部分构造单元边界大致位于高、低磁性带的过渡带上。地壳内部磁性分布极不均匀，同样揭示着不同方向、不同性质、不同规模和深度的复杂断裂构造和岩浆活动，综合反映出区内构造演化、克拉通破坏和岩浆作用等重大地质事件。

五、华北地区中—新元古界界面反演结果

因缺乏充足的地质资料，该部分获得的华北地台元古宇分布、厚度及新元古界分布及厚度均参考前人成果形成，如图 5-1-28 和图 5-1-29 所示。为了聚焦研究范围，结合前人研究，利用重力数据重点研究了鄂尔多斯盆地及邻区的中—新元古界厚度分布情况（图 5-1-30）。

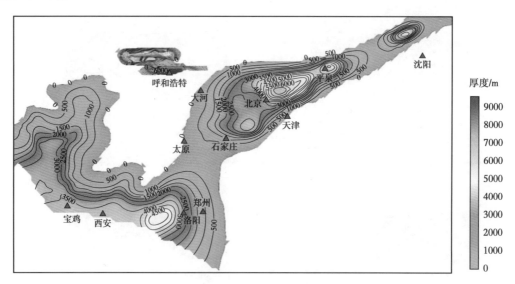

图 5-1-28 华北地台中元古界分布及厚度图

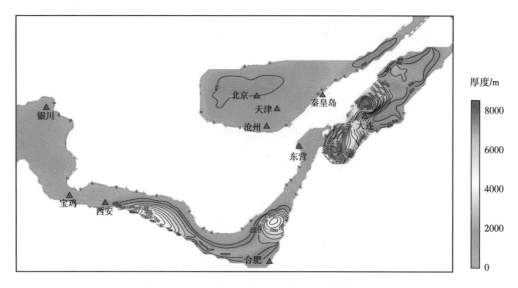

图 5-1-29 华北地台新元古界分布及厚度图

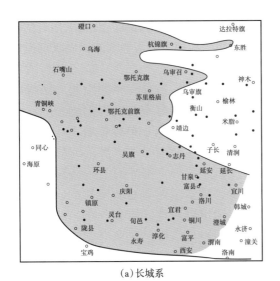

(a)长城系

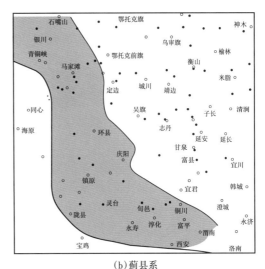

(b)蓟县系

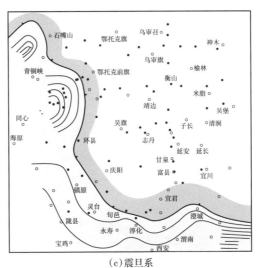

(c)震旦系

图 5-1-30　鄂尔多斯盆地地层分布图

中—新元古代作为鄂尔多斯盆地构造演化的第一个阶段，在盆地形成过程中具有重要意义。根据其构造沉积特征的不同，可以划分为四个明显的演化阶段。第一阶段为中元古代长城纪，该阶段完成了由结晶基底向沉积盖层的转变，为陆内裂谷发育时期，该时期太古宇—古元古代结晶基底破裂断陷，在盆地西部、南部形成了一系列北东方向展布的陆内裂谷，沉积了巨厚的碎屑岩系；第二阶段为中元古代蓟县纪，该阶段由长城纪的裂谷碎屑岩沉积转变为坳陷浅海陆棚相碳酸盐岩沉积，沉积主体区依然位于盆地西部、南部，但范围较长城纪减小，充填了巨厚海相碳酸盐岩；第三阶段为新元古代青白口纪，该阶段盆地整体上升，由海相沉积区转变为隆起剥蚀区；第四阶段为新元古代震旦纪，盆地西南边缘再度坳陷，沉积了面积不大、厚度很小的冰川碎屑岩。经过以上裂—坳—隆—坳四个阶段，最终形成了鄂尔多斯盆地第一套沉积盖层：中—新元古界。从分布看，中—新元古

239

界并非整体覆盖，主要分布在盆地西部和南部，东北部缺失，整体上具有自东北向西南逐渐加厚的趋势。同时受早期陆内裂谷的影响，不同沉积区厚度变化明显，沿北东方向呈明显的隆坳相间分布格局，最大厚度超过 3000m。具有相当的规模，为油气的形成赋存提供了基本的地质条件。

中—新元古代分布情况：鄂尔多斯盆地内部的中—新元古界在伊盟隆起、西缘断褶带、天环坳陷，伊陕斜坡、渭北隆起带上均有程度不等的分布。在青铜峡—固原断裂以东，乌审旗—靖边—安塞—延长以西的地区均程度不等地分布有长城系。钻井资料分析，盆地内的长城系主要发育在层位上相当于鄂尔多斯南缘地区高山河群或贺兰山地区黄旗口群的下部地层，而相当于高山河群或黄旗口群上部碎屑岩—碳酸盐岩沉积组合在鄂尔多斯盆地内是缺失的。钻井资料揭示，鄂尔多斯盆地的蓟县系分布范围要小于长城系，在青铜峡—固原断裂以东，盐池—铜川以西地区均有分布。钻井资料分析，鄂尔多斯盆地内的蓟县系主要发育在层位上相当于南缘地区洛南群的下部层位龙家园组，而洛南群的中上部巡检司组、杜关组和冯家湾组的同时代地层在鄂尔多斯盆地内是缺失的。大量钻井资料揭示，鄂尔多斯盆地整体缺失新元古界青白口系。震旦系也仅在鄂尔多斯西缘和南缘分布，鄂尔多斯盆地的主体部分缺失震旦系。在层位上，鄂尔多斯盆地的震旦系仅相当于西缘和南缘地区震旦系的下部地层，即砾岩段，上部的页岩段是缺失的。

从图 5-1-31 中可以看出，中—新元古界并非整体覆盖，主要分布在盆地西部和南部，东北部缺失，整体上具有自东北向西南逐渐加厚的趋势。同时受早期陆内裂谷的影响，不同沉积区厚度变化明显，沿北东方向呈明显的隆坳相间分布格局。最大厚度超过 3000m。

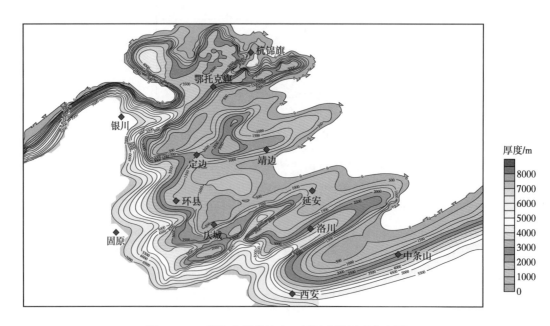

图 5-1-31 鄂尔多斯盆地中—新元古界厚度分布图

六、华北地区典型剖面重力建模综合解释研究

开展了华北地区 5 条不同剖面以已知地震剖面信息为约束的二维重力正反演建模综合解释，深化了各剖面地质认识（杨宝俊等，2001）。

1. 鄂尔多斯盆地南部剖面

在鄂尔多斯盆地南部垂直正磁异常轴向选取了一条剖面进行重力正反演拟合建模，剖面位置如图 5-1-32 所示。对选取的典型剖面进行重磁正反演建模拟合。平面深度数据相结合，反演盆地南部基底界面起伏形态和深度定量计算。

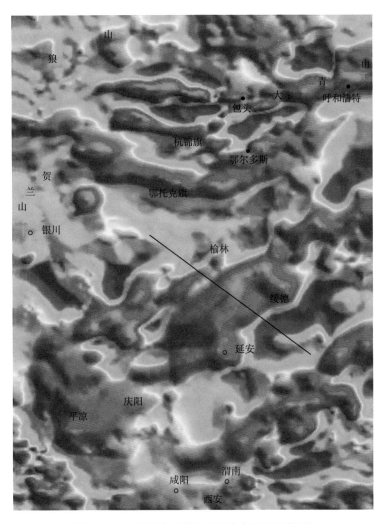

图 5-1-32 剖面位置图（底图为化极磁异常图）

根据研究区区域的密度和磁性资料，结合区域地质志、石油地质志和《鄂尔多斯盆地北部 1:20 万石油重力调查Ⅰ、Ⅱ工区成果报告》中的各时代地层的物性、深度资料和地质情况，最后将盆地分为五个等效密度层，其密度和磁化强度见表 5-1-1。

表 5-1-1　等效密度层物性情况

序号	等效密度层	密度 /（g/cm³）	磁化强度 /（×0.01A/m）
1	新生界，白垩系	2.37	0
2	侏罗系	2.40	0
3	三叠系、二叠系、石炭系	2.60	0
4	奥陶系、寒武系，元古宇	2.72	10
5	太古宇	2.85	1787

根据表 5-1-1 中的物性资料，结合地质情况，最后 2.5D 重磁联合剖面反演结果如图 5-1-33 所示，太古宇顶面深度为 3~7km。结果表明，太古宇顶面起伏形态及深度和界面反演的深度起伏形态大体一致。

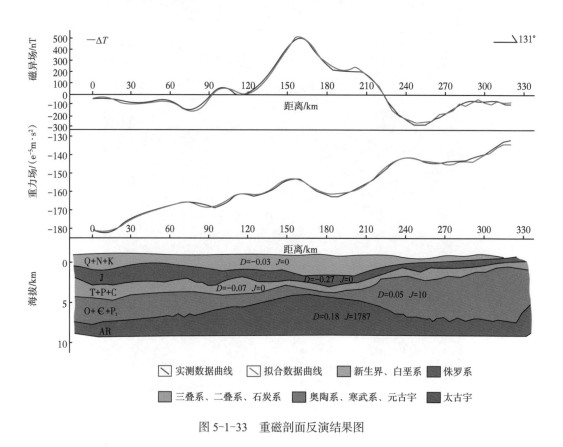

图 5-1-33　重磁剖面反演结果图

2. 鄂尔多斯盆地北部剖面

河套盆地的地貌格局是由燕山运动末期和喜马拉雅期间地质构造运动所奠定。河套盆地在燕山期的构造环境为强烈挤压型，挤压作用在阴山南侧形成向北逆冲断层，并与阴山北侧向南逆冲的断层形成对冲、背冲构造，另还发育有一系列走向近东西的逆冲断层和褶皱；直到燕山运动末期，河套盆地再次隆起并发生剥蚀作用至新生代早期。喜马拉雅山运动使河套盆地区域构造应力场方向由北西—南东挤压作用转为北西—南东向的拉张作用，河套盆地发生拉张断陷作用并接受新生代沉积，盆地两侧隆起成山，形成明显的活动构造地貌（图 5-1-34）。

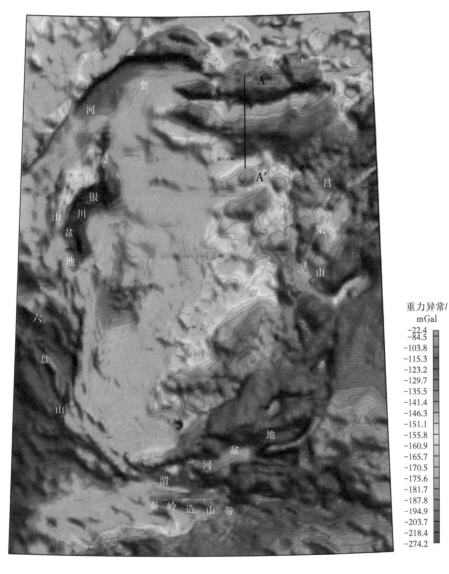

图 5-1-34　鄂尔多斯北部剖面位置图

从布格重力异常等值线上观察，该区分布着几个局部重力正负异常区，它们分别是呼包盆地重力负异常、呼包盆地以北的固阳、武川和以南的东胜、清水河重力正异常（图 5-1-35）。这些重力正、负异常都呈近东西向展布，作南北向排列。盆地的周缘均受断裂控制，北部为大青山山前断裂、乌拉山山前断裂，色尔腾山山前断裂及大狼山山前断裂，南部为鄂尔多斯北缘断裂和磴口—阿拉善左旗断裂。

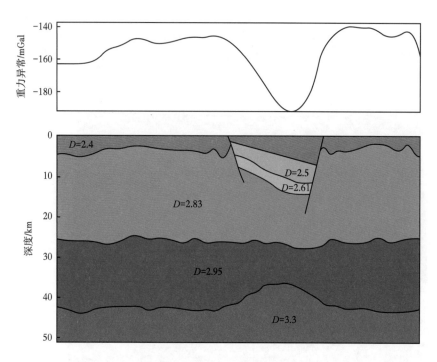

图 5-1-35　鄂尔多斯北部重力剖面建模反演结果图

所截剖面横跨大青山、呼包盆地、鄂尔多斯北缘，地质构造复杂，具有山、盆镶嵌的复杂地形地貌特征。从所截的呼包盆地及邻近地区重力变化剖面图上看出：在河套断陷盆地范围内，为重力异常变化的负异常区，而在乌拉山、大青山隆起区，为重力变化的正异常区。重力变化的正、负异常与山系、盆地、浅层构造的地貌一致。结合地质和其他地球物理资料，正反演拟合建立的典型剖面地壳结构表明，河套断陷盆地是一个典型的拉张盆地，新构造运动以垂直差异运动为主，盆地内部，因为鄂尔多斯盆地的逆时针旋转，呼包盆地由北向南拉开，北部先接受沉积，沉积厚度南厚北薄。另外，由于这样的逆时针旋转运动，使得断陷带周边发育的正断层显示左旋扭动特征，控制着断裂和凸起、凹陷的展布。

3. 满都拉—延川剖面

满都拉—延川剖面由南向北穿过伊陕斜坡、东胜凸起及河套断陷盆地三个次一级的构造单元，如图 5-1-36 所示。南起延川，向北经榆林、包头，北抵中蒙边境附近的满都拉。近南北向深部地震宽面反射和折射波场探测剖面（图 5-1-37）。

从剖面所获速度图像能够较好反映出沉积建造和结晶基底的构造细节：如沉积凹陷、较大的向斜构造、基底断裂和断裂带等在速度上表现为相对低速区，而山地、较大的背斜、火成岩侵入体等则一般表现为相对高速区。稳定沉积盆地底层的速度等值线相互之间表现为大致平行。古老造山地带地表和近地表速度等值线之间变化较大，即比较复杂。根据地震速度等值线图的分布特征和其横向变化的剧烈程度，再结合前人做的有关断裂划分工作，拟合剖面一共划分了 9 条断裂，且对应关系较好，拟合程度也较高。在地震结果的基础上，对各层进行了细化，获得了该区密度及大致构造特征（图 5-1-38、图 5-1-39）。

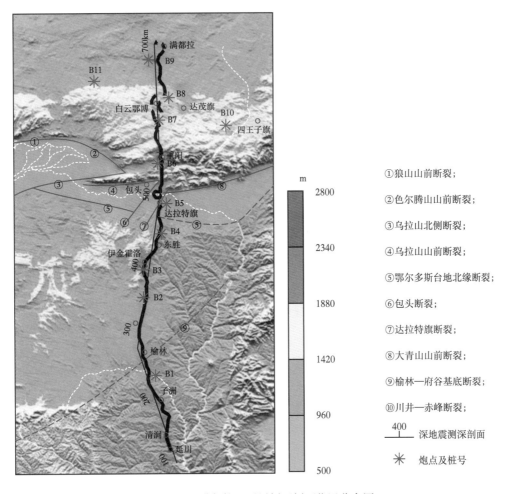

① 狼山山前断裂;

② 色尔腾山山前断裂;

③ 乌拉山北侧断裂;

④ 乌拉山山前断裂;

⑤ 鄂尔多斯台地北缘断裂;

⑥ 包头断裂;

⑦ 达拉特旗断裂;

⑧ 大青山山前断裂;

⑨ 榆林—府谷基底断裂;

⑩ 川井—赤峰断裂;

深地震测深剖面

✳ 炮点及桩号

图 5-1-36 满都拉—延川剖面剖面位置分布图

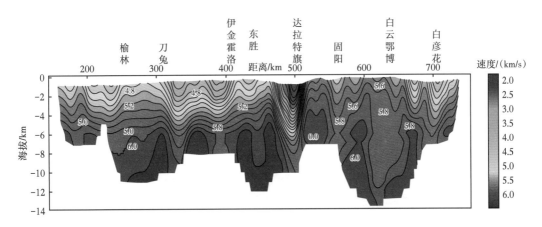

图 5-1-37 阴山造山带与鄂尔多斯盆地地震 pg 波层析城西与分区剖面分布

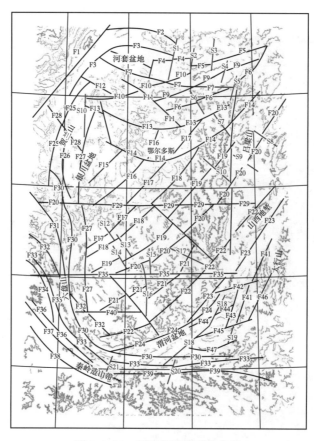

图 5-1-38　剖面邻区断裂分布图

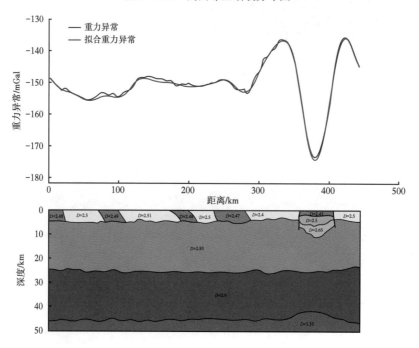

图 5-1-39　重力剖面建模反演结果图

4. 延川—涪陵剖面

剖面南部——四川盆地北缘地区，不论是结晶基底，还是地壳中各层及莫霍面的起伏变化均较平缓。中部地区——秦岭—大巴造山带地区，结晶基底埋藏深度已很浅，即几乎出露地表，而深部莫霍面变化却十分强烈，其变化幅度可达10km以上（图5-1-40）。这不仅揭示出在这一地域深部物质与能量在进行着强烈的交换，而且在南、北克拉通相向运动作用下，形成了秦岭—大巴造山带南、北不协调的边界形态（图5-1-41）。北部地区——鄂尔多斯盆地南部，晶基底和壳、幔边界（莫霍面）的起伏亦均平缓，故表明这里是一个沉积岩相稳定、构造亦不甚活动的地域。在地震结果的基础上，对各层进行了细化，获得了该区密度及大致构造特征（图5-1-42）。

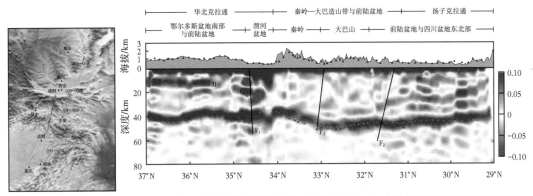

（a）延川—咸阳—涪陵天然地震流动台站探测剖面位置

（b）延川—涪陵剖面的共转换点叠加剖面图（0~80km），红色表示正振幅（表示速度向下增加）绿色圆圈和蓝色三角形分别表示人工源深部地震探测和 H-k 叠加所得的莫霍深度

图 5-1-40 延川—涪陵剖面分布位置图及叠加剖面

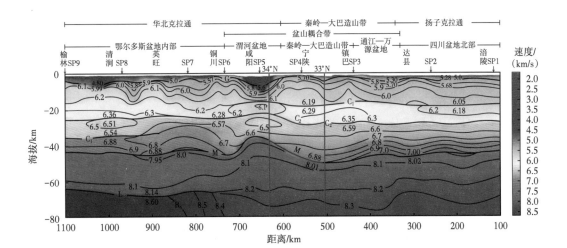

图 5-1-41 延川—涪陵剖面壳幔二维速度结构展布

247

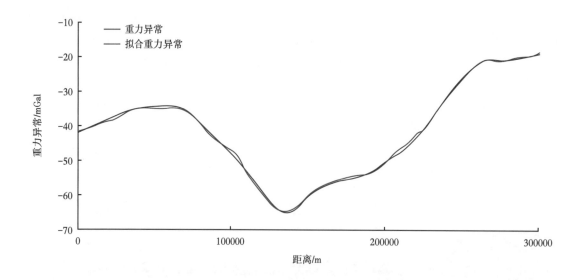

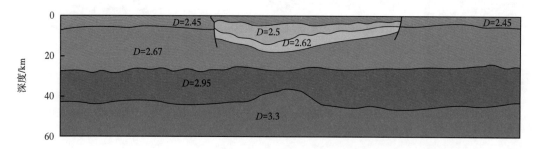

图 5-1-42　延川—涪陵剖面建模反演结果图

5. 忻州—文登剖面

该剖面为东西向剖面，横穿鄂尔多斯盆地，太行隆起和华北盆地（图 5-1-43）。地壳速度结构反演结果显示：鲁东隆起和西部太行隆起基底埋深较浅，为 2.5~3.5km，华北盆地由于巨厚的第四纪沉积使基底深度可达 6km 以上，速度较低，且横向变化大。研究区地壳纵向三层呈现不同的速度特征：与震相 P1P 对应的 C_1 界面埋深约 15km，地表至 C_1 为上地壳，速度为 6.0~6.1km/s（除基底以外），且横向变化较大；与震相 PcP 对应的 C_2 界面深约 25km，C_1—C_2 为中地壳，速度相对均匀，为 6.2~6.4km/s，C_2—莫霍面为下地壳，速度为 6.5~7.0 km/s 速度梯度较大。研究区莫霍面深度约 35km，盆地内有界面起伏（图 5-1-44）。位于济阳坳陷下的莫霍面最浅（约 33km）。前 200km 以内进入太行隆起，莫霍面逐渐加深达 40km 以上。从构造单元来看，鲁东隆起和华北裂陷盆地内各界面深度变化不大，华北裂陷盆地内速度变化不论横向还是纵向都相对复杂，进入太行隆起区界面明显加深，下地壳速度横向变化加大。在地震结果的基础上，对各层进行了细化，获得了该区密度及大致构造特征（图 5-1-45）。

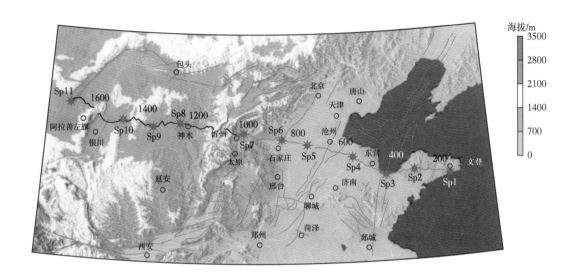

图 5-1-43　忻州—文登长剖面测线及炮点位置图

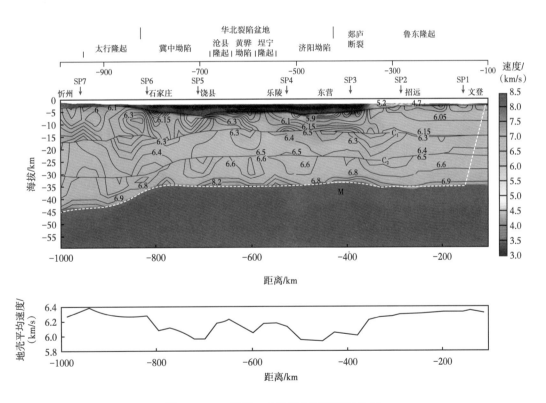

图 5-1-44　忻州—文登长剖面速度结构图

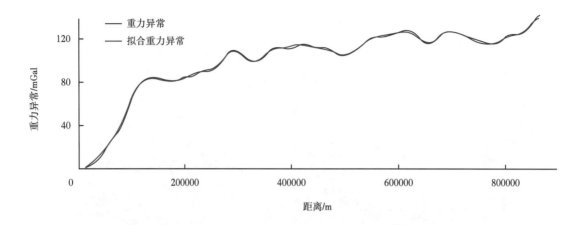

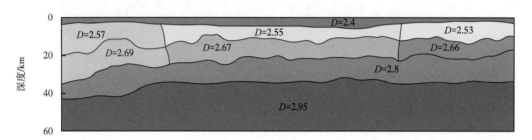

图 5-1-45　忻州—文登长剖面重力剖面建模反演结果

第二节　鄂尔多斯盆地重力场、磁场特征及基底和中—新元古界综合解释

一、鄂尔多斯盆地重磁场特征

1.区域重力场特征

鄂尔多斯盆地的布格重力异常整体趋势是自西向东逐步增大，这与该盆地沉积学的基本特点相适应。从图 5-2-1 可以看出，盆地东南部的布格重力异常值，远远高于盆地其他地区；盆地中部，布格重力异常的分布比较宽缓，主要是负值异常；盆地西部及西北部存在异常值的圈闭，高值圈闭与低值圈闭相间排列。从图中还可以看出，该地块的区域异常场整体呈北东展布，从区域磁异常场中也可以观察到此类特征，所以大规模的布格重力异常展布特征是深部构造的反映，说明盆地深部构造为北东走向。

图 5-2-2 为鄂尔多斯盆地的剩余重力异常。可以看出，盆地北部的剩余重力异常变化比较宽缓，走向没有明显的方向性；盆地南部的剩余重力异常变化范围比较大，而且有较多的高值圈闭，也存在北东向的异常带。盆地内部有近北东向的条带状异常，与盆地内部的磁异常走向类似。也可以从剩余重力异常图上看到明显的盆地边界。

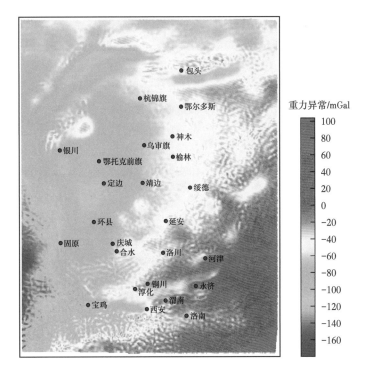

图 5-2-1　鄂尔多斯盆地布格重力异常

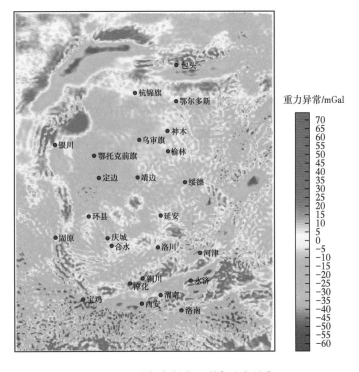

图 5-2-2　鄂尔多斯盆地剩余重力异常

2.航磁异常特征

根据化极磁异常图 5-2-3 可以看出,鄂尔多斯盆地的磁异常主要以东西向、南北向、北东向的异常值正负相间展布的条带状磁异常为主,这种特征主要是由于区域上磁性基底起伏变化的反映。

盆地北部的宽缓条带状正异常,推测为是基底的变质岩性为超强磁性的太古宇乌拉山岩群变质岩的反映;出露的贺兰山岩群与负磁异常相适应,贺兰山与千里山岩群呈现弱磁性,低缓负磁异常主要是具有弱磁性的贺兰山岩群、千里山岩群及色尔滕山群等变质岩的一种反映;盆地东部的正磁异常主要是吕梁山—太行山区地带的一个具有很强磁性的地层;低缓的负磁异常是新太古界的五台群和古元古界的滹沱群变质岩的反映,其具有弱磁化率的特点。

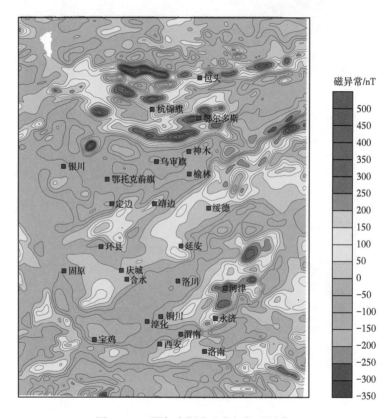

图 5-2-3　鄂尔多斯盆地化极航磁异常

二、鄂尔多斯盆地地层物性特征

重、磁资料的综合解释与反演需要以密度和磁化率差异为基础。物性是连接地质与地球物理综合解释的桥梁,因此可靠而详实的物性资料是重磁处理与解释的前提条件。

1.鄂尔多斯盆地地层密度特征

根据前人整理的盆地及其周缘的密度资料,鄂尔多斯盆地大致可以划分为 6 个密度层,见表 5-2-1。

表 5-2-1　鄂尔多斯盆地及周缘岩石密度统计表

地层	平均密度 /（g/cm³）
新生界古近—新近系—第四系	2.03
中生界侏罗系—白垩系	2.46
中生界石炭系—三叠系	2.53
下古生界寒武系—奥陶系	2.71
中—新元古界	2.66
太古宇—古元古界	2.75

盆地可以归纳为 5 个密度界面，它们分别为：

（1）新生界与中生界白垩系之间的界面，在盆地局部分布；（2）中生界侏罗系与三叠系之间的界面，分布于整个盆地；（3）上古生界石炭系与下古生界奥陶系之间的界面，分布于整个盆地；（4）下古生界寒武系与中元古界之间界面，分布于整个盆地；（5）中—新元古界与古元古界—太古宇之间界面，分布于整个盆地。

2. 鄂尔多斯盆地地层磁性特征

鄂尔多斯盆地的沉积层磁化率很小，新生代地层最高磁化才达 50×10^{-5}SI，所以沉积层基本可视为弱磁性或者无磁性，而下伏太古宇—古元古界的磁性很强，磁化率为（1800~5000）$\times 10^{-5}$SI，与上覆沉积地层具有明显的磁性差异，所以鄂尔多斯盆地磁异常特征主要是显示基底的构造特征。鄂尔多斯盆地的磁化率分布情况见表 5-2-2。

表 5-2-2　鄂尔多斯盆地各时代地层岩性及磁化率统计表

地层	岩性	磁化率 /（10⁻⁵SI）
新生代	风积沙土	50
中生代	粗碎屑岩	1~9
	泥岩、砂砾岩	10~30
古生代	碳酸盐岩，陆相碎屑岩	＜20
古—新元古界	浅变质岩	1~9
太古宇—古元古代	片麻岩及变质岩、基性火山岩	1800~5000
	花岗岩、混合岩、大理岩	20

三、鄂尔多斯盆地基底及中—新元古界综合解释

1. 鄂尔多斯盆地基底分区特征讨论

太古宇和古元古界的结晶岩系构成鄂尔多斯盆地的基底。参考《鄂尔多斯盆地北部 1：20 万重力调查报告》知，盆地北部及西部的基底平均深度为 5km，界面剩余密度约为 -0.09g/cm³。根据以上反演参数，利用优选延拓方法分离出反映基底的剩余重力异常（图 5-2-4）。利用 Parker-Oldenburg 反演方法进行基底顶界面的反演，得到的基底起伏情况如图 5-2-5 所示。反演结果与前人根据资料推断的局部基底深度拟合较好。

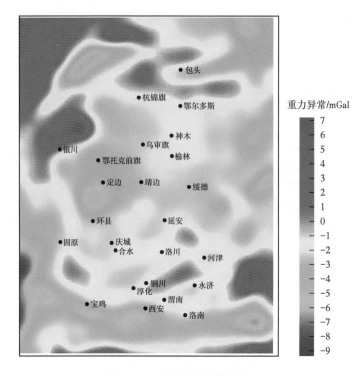

图 5-2-4 基底剩余重力异常

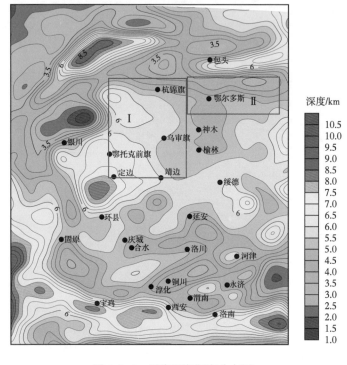

图 5-2-5 反演基底深度分布图

图 5-2-5 中红色长方形框所圈定 Ⅰ、Ⅱ 区域对应图 5-2-6 的范围。

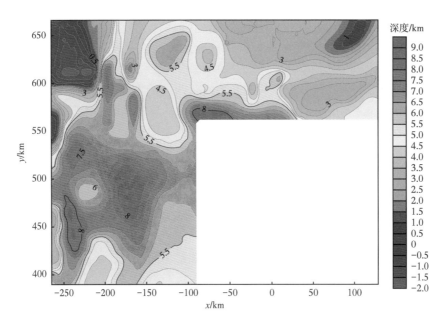

图 5-2-6 Ⅰ、Ⅱ 工区太古宇顶界面深度（据秦敏，2015）

根据以上界面反演及磁异常特征，可以将鄂尔多斯盆地的基底划分为 6 个特征区域，如图 5-2-7 所示。

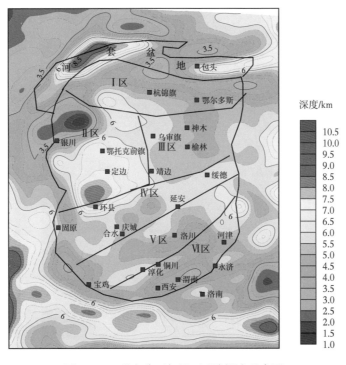

图 5-2-7 基底分区与界面反演深度叠合图

Ⅰ区：盆地北部近东西向的隆坳区，该区磁异常特征为高值的东西向正异常带，由于受到挤压应力作用，异常带的中部向南成弧形突出；总体表现为基岩隆起区。

Ⅱ区：盆地西部近南北向的坳陷区，该区盆地西缘的贺兰山、银川地区有弱磁性的太古宇千里山群及古元古界色尔滕山群，这套地层构成了该区的弱磁性基底，且分布广泛。

Ⅲ区：盆地中部的隆起区，该区从北开始由东西向变为北东向。磁异常走向成北东展布，基底磁异常图 5-2-8 更可以明显地观察到北东向的异常趋势，范围大整体性强。

Ⅳ区：盆地南部坳陷区，磁异常为正异常也呈北东向展布，并斜穿整个盆地，有向外延展的趋势，上延结果也能观察到明显的北东走向异常，该异常反映基底的磁性特征。

Ⅴ区：南部北东向坳陷区，磁异常表现为负异常特征，基底以滹沱群、黑茶山群—岚河群为主，该区成为盆地南北两种同走向的正异常带的过渡区。

Ⅵ区：南部北东向隆起区，磁异常特征为正异常场，是与Ⅳ区走向一致的正磁异常，但是异常值比Ⅳ区要高。

根据地质研究表明，盆地的基底是由不同岩性、不同时代、不同变质程度的块体拼接而成，整体呈现了克拉通块体的刚性，也存在被深大断裂贯穿的可能性，为深部的天然气向上运移提供通道，中—新元古界作为基底以上第一套沉积盖层非常值得关注。

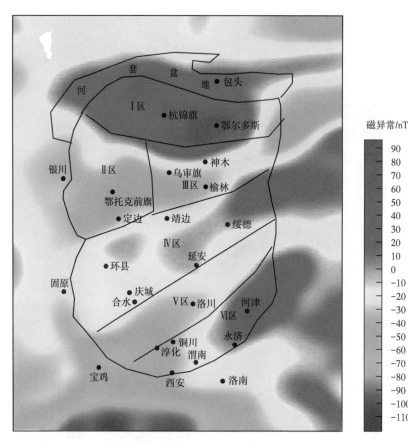

图 5-2-8　基底分区与磁异常基底叠合图

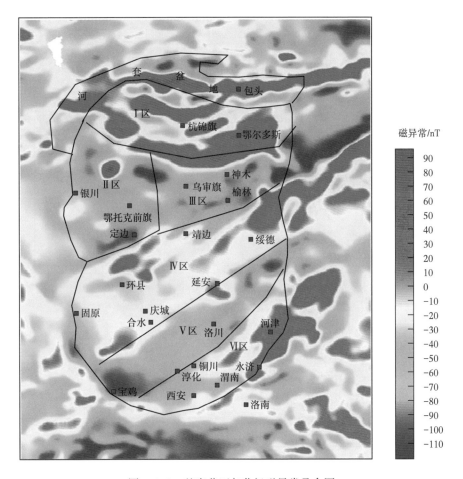

图 5-2-9　基底分区与化极磁异常叠合图

2. 鄂尔多斯盆地中—新元古界综合解释

鄂尔多斯盆地中—新元古界的地层特征主要表现：长城纪早期贺兰、定边、晋陕、豫陕四个拗拉槽构造提供了较大的坳陷空间，使得其中充填大量的长城系。该坳陷区沉积地层密度小于周边隆起区变质结晶基底密度，因此长城系早期在四个拗拉槽区形成了低重力带。同时，长城系发育于基底之上，由于大部分结晶岩磁性较强，沉积岩磁性较弱或无磁性，因此，重磁资料的组合可以反映地块长城系的构造特征。

根据鄂尔多斯区块 1∶50 万重力资料，结合磁异常、钻井、地震资料反映的地层厚度分布，对前寒武系以上各密度层的重力异常进行了分层剥离。以向上延拓 30km 作为反映基底的重力异常结果，在分离剥层的结果上减去基底以下重力异常，从而可得到中—新元古界重力异常。

由于受到中—新元古界上覆地层存在的几个密度界面影响，将其重力响应计算出来，并从总的异常值中减去，就可以得到反映中—新元古界及以下区域的重力异常。界面深度值根据图 5-2-10 的速度剖面，以及测井获得的界面深度作为参考，6 个密度界面的密度情况见表 5-2-3。

257

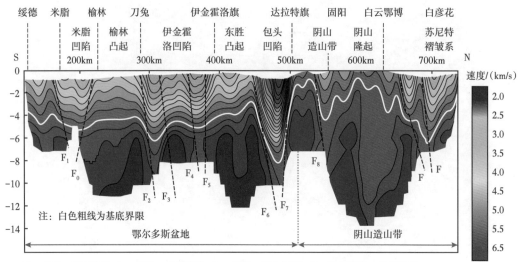

F_0：华池—兴县断裂；F_1：定边—靖边断裂；F_2：靖边—神木断裂；F_3：苏里格北—偏关断裂；

F_4：鄂托克旗北断裂；F_5：泊尔江海子断裂；F_6：托克托南断裂；F_7：北部边界断裂

图 5-2-10　盆地北部地震 Pg 波层析成像与分区剖面图（据腾吉文寺，2008）

表 5-2-3　鄂尔多斯盆地地层的 6 个密度界面密度

地层	平均密度 /（g/cm³）	密度界面差 /（g/cm³）
新生界古近—新近系—第四系	2.03	
中生界侏罗系—白垩系	2.46	−0.43
石炭系—三叠系	2.53	−0.07
寒武系—奥陶系	2.71	−0.18
中—新元古界	2.66	0.05
太古宇基底—古元古界	2.75	−0.09

　　根据表 5-2-3 所列 6 个密度界面的密度作为正演参数，再根据地震、测井信息作为深度约束参数，应用剥层法依次剥离出侏罗系底界、奥陶系底界、寒武系底界的重力异常，如图 5-2-14 至图 5-2-16 所示。根据陈友智对南缘的剥离结果，图 5-2-11 至图 5-2-13 作为约束，可以看出本书分离出的寒武系底界南缘剩余布格异常（图 5-2-14 至图 5-2-16），其变化幅值与展布特征（图 5-2-11 至图 5-2-13）比较吻合。

　　从图 5-2-13 可以看出，寒武系底界的重力异常特征，即中—新元古界及基岩引起的重力异常分布特征为东高西低，重力异常低值带在盆地西部的环县定边以西，重力的高值带出现在南部的铜川—永济，延安—绥德东部，榆林东北部；在重力高值带与重力低值带之间分布梯级带，该梯级带呈北东展布。

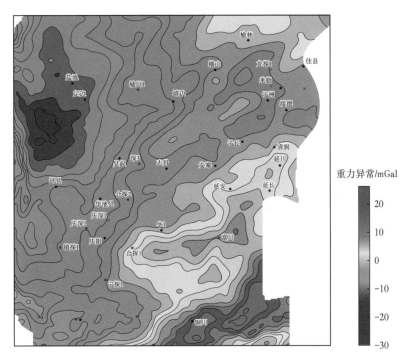

图 5-2-11　盆地南缘侏罗系底界布格重力异常（据陈友智，2015）

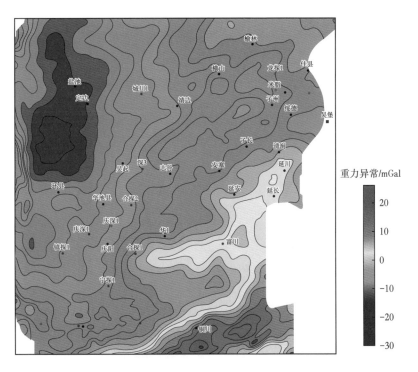

图 5-2-12　盆地南缘奥陶系底界布格重力异常（据陈友智，2015）

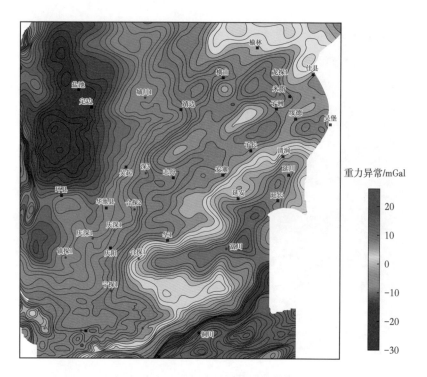

图 5-2-13　盆地南缘寒武系底界布格重力异常（据陈友智，2015）

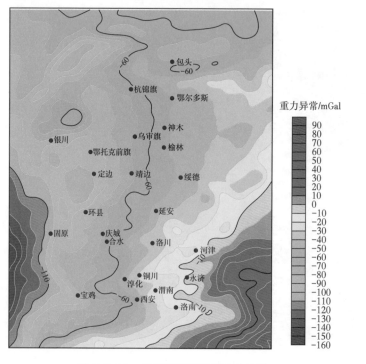

图 5-2-14　侏罗系底界布格重力异常

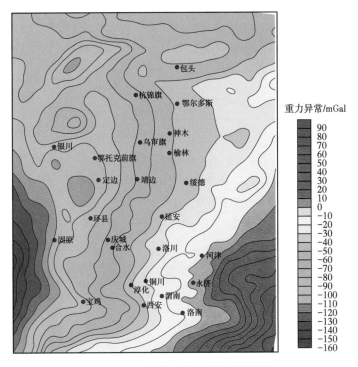

图 5-2-15　奥陶系底界布格重力异常

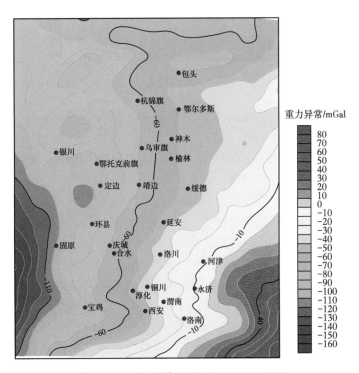

图 5-2-16　盆地寒武系底界布格重力异常

从图 5-2-14 中再剥离基底的重力异常，就可以得到中—新元古界的剩余重力异常值。将布格重力异常向上延拓 30km，作为反映基底的重力异常（图 5-2-15），重力异常低值带是位于环县—固原—宝鸡一带，在榆林北、延安—绥德—洛南东部重力异常高值带，中间分布北北东向的重力异常梯级带。上延 30km 的异常图重力异常值分布比较宽缓，基本压制了浅层的信息，与磁异常反映的基底结构比较相似（图 5-2-17）。

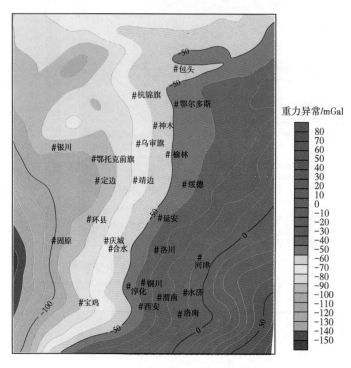

图 5-2-17　布格重力异常向上延拓 30km（反映基底的重力异常）

将反映基底的重力异常从寒武系底界的布格重力异常中剥离，可得到反映中—新元古界的布格重力异常（图 5-2-18）。从图中可以看出，定边—环县北的坳陷表现为南北向的剩余重力异常，最小值可达 -6mGal；向北还有两个小型的坳陷，值可达到 -3mGal；盆地南部合水以南，洛川西南存在表现为北东东走向的负异常坳陷；盆地内部存在北东向的凸起，从榆林向西南延伸，中间在靖边县出现不连续现象；合水—延安的凸起呈北东东走向；铜川—河津的凸起呈北东走向；在中—新元古界的布格重力异常图上，还能观察到盆地西侧的边界，呈南北走向的正异常（图 5-2-18）。

根据获得的中—新元古界的重力异常特征，再结合前人对长城系厚度的刻画（图 5-2-19），可以得出：鄂尔多斯盆地中—新元古界的长城系普遍发育，地层特征整体上呈现坳陷和凸起相间排列的格局；地块内存在洛川西、淳化北部、定边—环县北、绥德南等地坳陷，坳陷为重力低值带；地块内存在靖边—榆林、庆城—延安、铜川—河津，以及盆地西缘凸起，凸起为重力高值带；由于地块内新元古界整体缺失，蓟县系分布局限，且厚度较小，因此重力异常主要由长城系厚度变化造成，重力异常的分布反映了地块长城系的构造格局。

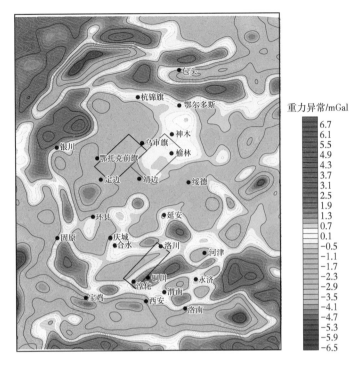

图 5-2-18 中—新元古界布格重力异常

□ 前人根据拗拉槽展布情况及生烃条件圈定的有利勘探区

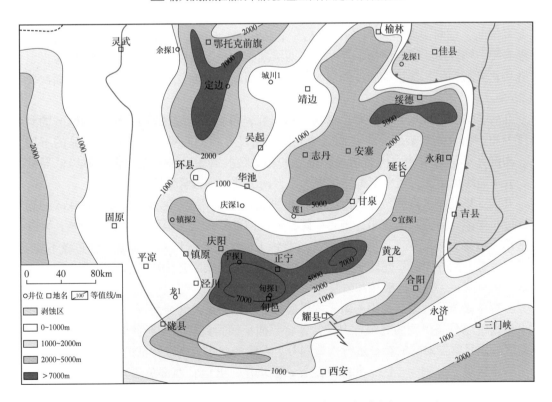

图 5-2-19 中—新元古界长城系厚度分布图（据陈友智，2015）

四、本章小结

1. 华北地区重磁场特征与综合研究

在充分调研华北地区地质与地球物理资料基础上，获得了华北地区地球物理参数与物性资料认识，并收集、汇编了华北地区 1：50 万重力与磁力实测数据，取得的主要成果与认识如下：

开展了华北地区二级构造单元尺度的综合研究。针对搜集的华北 1：50 万布格重力异常数据和 1：50 万航磁总场异常数据，在分析重力场特征和磁场特征的基础上，开展了布格重力异常分离、磁异常变倾角化极、重磁异常构造特征增强对比分析研究，包括区域和剩余重力异常的总水平梯度、二阶垂直导数和斜导数图的对比分析，化极磁异常和带通滤波后化极磁异常的总水平梯度、二阶垂直导数和斜导数图的对比分析。得到了华北地区布格重力异常不同向上延拓高度的延拓场及其二阶垂直导数图，华北化极磁异常不同向上延拓高度的延拓场及其二阶垂直导数图，部分图件将直接用于华北地区构造单元划分和断裂推断。

按照重磁异常构造单元划分方法与原则，以重力异常为主，重点依据重力异常的展布特征，尤其线性特征，综合航磁异常及线性特征图、地质构造图等其他资料，多方法相互印证，对华北地区主要构造单元进行划分。可以得出，华北地区自东北向西南由被 4 条造山带分隔的 8 个地块组合而成，4 条造山带分别为中亚造山带、阴山—燕山造山带、中央造山带、秦岭造山带；8 个地块包括阿拉善地块、祁连地块、东昆仑地块、松潘—甘孜地块、西部地块、东部地块、扬子地块和苏鲁带地块。同理，对华北地区主要断裂构造进行了解释推断，推断主要断裂 11 条，包括华北陆块北缘断裂、集宁—凌源断裂、阿拉善北缘断裂带、祁连山北缘断裂带、鄂尔多斯西缘断裂、汾渭断裂、龙首山—固始断裂带、扬子陆块北缘断裂带、郯城—庐江断裂、烟台—日照断裂、嫩江—青龙河断裂。推断次要断裂 26 条。

开展了华北地区地壳三维剩余密度分布研究，得到了研究区地下深度 0~40km 的剩余密度分布。研究结果表明，华北地区地壳内部密度在横向和纵向上均存在明显的不均匀性，密度大小形态与地表构造格局有很好的相关性。其中，中央造山带整体以低异常为主，异常随深度增加，密度范围变化更大，且南、北、中段异常变化各不同。

开展了华北地区地壳三维等效磁性分布研究，得到了研究区地下深度 0~15km 的等效磁性分布规律。研究结果表明，华北地区各地块内部从浅到深磁性呈不均匀分布，大部分构造单元边界大致位于高、低磁性带的过渡带上。华北地区地壳内部磁性分布极不均匀，同样揭示着不同方向、不同性质、不同规模和深度的复杂断裂构造和岩浆活动，综合反映出区内构造演化、克拉通破坏和岩浆作用等重大地质事件。

2. 鄂尔多斯盆地基底及中—新元古界重力、磁场特征及综合解释

根据位场分离得到的剩余重力异常，将界面反演到鄂尔多斯盆地基底的起伏形态，结合区域磁异常图对基底特征进行构造划分。在隆坳状态及磁性特征的基础上，将基底划分了六个区域，分别为Ⅰ区：北部高磁异常隆坳区；Ⅱ区：西部负磁异常坳陷区；Ⅲ区：盆地中部负磁异常隆起区；Ⅳ区：盆地中部北东走向的正磁异常坳陷；Ⅴ区：盆地南部北东走向的负磁异常坳陷区；Ⅵ区：盆地东南缘高磁异常隆起区。分区特征显示出，盆地基

底是不同岩性、不同时代及不同变质程度的块体拼接而成。

　　根据鄂尔多斯盆地的地层特征划分了 5 个密度界面，以地震测井资料为约束，依托网格节点密度模型的正演方法逐层计算，并将其从总的布格重力异常中剥离，从而，得到中—元古界及其以下地层和区域场的剩余重力异常；再通过延拓的手段分离出基底的区域异常，从以上剩余重力异常中剥离，获得中—新元古界的重力异常特征。异常信息显示，中—新元古界在定边、合水、洛川附近存在北东向的负异常，这可能与北东向展布的拗拉槽影响有关；前人推测的有利勘探区与重力异常低值带相一致，可能与推断的气田分布的特征相符合。

　　通过对基底、中—新元古界剩余重力异常特征等研究，深化了鄂尔多斯盆地基底及中—新元古界结构和构造特征的认识，可为深入研究盆地油气生成、运聚、成藏等方面研究提供信息参考。

参 考 文 献

陈永权，严威，韩长伟，等，2019. 塔里木盆地寒武纪/前寒武纪构造：沉积转换及其勘探意义 [J]. 天然气地球科学，30（1）：39-50.

陈召曦，孟小红，郭良辉，2012. 重磁数据三维物性反演方法进展 [J]. 地球物理学进展，27（2）：503-511.

陈召曦，孟小红，刘国峰，等，2012. 基于 GPU 的任意三维复杂形体重磁异常快速计算 [J]. 物探与化探，36（1）：117-121.

邓晋福，苏尚国，刘翠，等，2006. 关于华北克拉通燕山期岩石圈减薄的机制与过程的讨论：是拆沉，还是热侵蚀和化学交代？[J]. 地学前缘，13（2）：105-119.

翟明国，2008. 华北克拉通中生代破坏前的岩石圈地幔与下地壳 [J]. 岩石学报，24（10）：2185-2204.

翟明国，2011. 克拉通化与华北陆块的形成 [J]. 中国科学：地球科学，41（8）：1037-1046.

丁道桂，汤良杰，钱一龙，1996. 塔里木盆地形成与演化 [M]. 南京：河海大学出版社.

冯锐，严惠芬，张若水，1986. 三维位场的快速反演方法及程序设计 [J]. 地质学报，4（3）：390-403.

高锐，黄东定，卢德源，等，2000. 横过西昆仑造山带与塔里木盆地结合带的深地震反射剖面 [J]. 科学通报，45（17）：1874-1879.

郭良辉，孟小红，石磊，2010. 磁异常 ΔT 三维相关成像 [J]. 地球物理学报，53（2）：435-441.

郭良辉，孟小红，石磊，等，2009. 重力和重力梯度数据三维相关成像 [J]. 地球物理学报，52（4）：1098-1106.

郝天珧，胡卫剑，邢健，等，2014. 中国海陆 1：500 万莫霍面深度图及其所反映的地质内涵 [J]. 地球物理学报，57（12）：3869-3883.

郝天珧，黄松，徐亚，等，2008. 南海东北部及邻区深部结构的综合地球物理研究 [J]. 地球物理学报，51（6）：1785-1796.

郝天珧，刘伊克，段昶，1997. 中国东部及其邻域地球物理场特征与大地构造意义 [J]. 地球物理学报，40（5）：677-690.

郝天珧，徐亚，赵百民，等，2009. 南海磁性基底分布特征的地球物理研究 [J]. 地球物理学报，52（11）：2763-2774.

何展翔，贺振华，王绪本，等，2002. 油气非地震勘探技术的发展趋势 [J]. 地球物理学进展，17（3）：473-479.

侯遵泽，杨文采，1997. 中国重力异常的小波变换与多尺度分析 [J]. 地球物理学报，40（1）：85-95.

侯遵泽，杨文采，2011. 塔里木盆地多尺度重力场反演与密度结构 [J]. 中国科学（D 辑），41（1）：29-39.

侯遵泽，杨文采，刘家琦，1998. 中国大陆地壳密度差异多尺度反演 [J]. 地球物理学报，41（5）：651-656.

胡祖志，胡祥云，何展翔，2006. 大地电磁非线性共轭梯度拟三维反演 [J]. 地球物理学报，49（4）：1226-1234.

江为为，1989. 调和级数法与重力资料反演地壳构造 [J]. 科大研究生院学报，6（1）：96-104.

江为为，管志宁，郝天珧，等，2002. 华北地台北缘地球物理场特征与金属矿床预测 [J]. 地球物理学报，45（2）：233-245.

江为为，郝天珧，宋海斌，2000. 鄂尔多斯盆地地质地球物理场特征与地壳结构 [J]. 地球物理学进展，15（3）：45-53.

江为为，刘伊克，郝天珧，等，2001. 四川盆地综合地质、地球物理研究 [J]. 地球物理学进展，16（1）：

11-23.

李本亮，杨海军，陈新竹，等，2015. 中国海相克拉通盆地地质构造 [M].北京：科学出版社 .

晋光文，孙洁，白登海，等，2003.川西—藏东大地电磁资料的阻抗张量畸变分解 [J].地球物理学报，46（4）：547-552.

李秋生，卢德源，高锐，2000. 横跨西昆仑—塔里木接触带的爆炸地震探测 [J]. 中国科学（D 辑），30：16-21.

刘蓓莉，1993.四川省省岩石密度数据的分析及应用 [J]. 物探与化探，18（3）：232-237.

刘光鼎，1989. 论综合地球物理解释——原则与实例 [J].八十年代中国地球物理学进展，1（9）：8.

刘光鼎，1990. 沉积盆地及其油气评价 [J].地球物理学进展（3）：1-11.

刘光鼎，2002. 雄关漫道真如铁：论中国油气二次创业 [J].地球物理学进展，17（2）：185-190.

刘光鼎，2018. 地球物理通论 [M].上海：上海科学技术出版社 .

刘光鼎，肖一鸣，1985. 油气沉积盆地的综合地球物理研究 [J]. 石油地球物理勘探，20（5）：445-454.

刘康，2015. 四川盆地基底结构的综合地球物理研究 [D].中国科学院大学 .

刘康，郝天珧，2014. 位场方法在非常规油气勘探中的应用 [J].地球物理学进展，29（2）：786-797.

刘展，于会臻，陈挺，2011. 双重约束下的密度三维反演 [J].中国石油大学学报：自然科学版，35（6）：43-50.

彭淼，谭捍东，姜枚，等，2013. 基于交叉梯度耦合的大地电磁与地震走时资料三维联合反演 [J].地球物理学报，56（8）：2728-2738.

祁光，2013.地质条件约束下重磁三维反演建模方法研究 [D].吉林：吉林大学 .

四川省地质矿产局，1991.四川省区域地质志 [M].北京：地质出版社 .

宋鸿彪，刘树根，1991.龙门山中北段重磁场特征与深部构造的关系 [J]. 成都地质学院学报，18（1）：74-82.

宋鸿彪，罗志立，1995.四川盆地基底及深部地质结构研究的进展 [J]. 地学前缘（中国地质大学，北京），2（3-4）：231-237.

宋晓东，李江涛，鲍学伟，等，2015.中国西部大型盆地的深部结构及对盆地形成和演化的意义 [J].地学前缘，22（1）：126-136.

孙若昧，刘福田，刘建华，1991.四川地区的地震层析成像 [J]. 地球物理学报，34（6）：708-716.

覃庆炎，2011.上扬子地块西缘壳幔电性结构特征及其地质构造意义 [D].成都：成都理工大学 .89-100.

滕吉文，李松岭，张永谦，等，2014.秦岭造山带与邻域华北克拉通和扬子克拉通的壳、幔精细速度结构与深层过程 [J]. 地球物理学报，57（10）：3154-3175.

田黔宁，吴文鹏，管志宁，2001.任意形状重磁异常三度体人机联作反演 [J].物探化探计算技术，23（2）：125-129.

王剑，刘宝珺，潘桂棠，2001. 华南新元古代裂谷盆地演化——Rodinia 超大陆解体的前奏 [J].矿物岩石，21（3）：135-145.

王京彬，1991.中国东部郯庐断裂南延新解 [J].大地构造与成矿学，15（2）：170-176.

王立凤，晋光文，孙洁，等，2001.一种简单的大地电磁阻抗张量畸变分解方法 [J].西北地震学报，23（2）：172-180.

王懋基，1994.黑水—泉州地学断面的重磁解释 [J]. 地球物理学报，37（3）：321-329.

王谦身，滕吉文，张永谦，等，2008.龙门山断裂系及邻区地壳重力均衡效应与汶川地震 [J].地球物理学进展，23（6）：1664-1670.

王谦身，滕吉文，张永谦，等，2009.四川中西部地区地壳结构与重力均衡 [J].地球物理学报，52（2）：579-583.

王绪本，等，2010.《四川盆地震旦—下古生界油气地质综合评价和目标优选》重磁处理解释 [R].成都：

成都理工大学.

王绪本，朱迎堂，赵锡奎，等，2009.青藏高原东缘龙门山逆冲构造深部电性结构特征 [J].地球物理学报，52（2）：564-571.

魏国齐，沈平，杨威，等，2013.四川盆地震旦系大气田形成条件与勘探远景区 [J].石油勘探与开发，40（2）：129-138.

文百红，杨辉，张研，2005.中国石油非地震勘探技术应用现状及发展趋势 [J].石油勘探与开发，32（2）：68-71.

吴林，管树巍，任荣，等，2016.前寒武纪沉积盆地发育特征与深层烃源岩分布：以塔里木新元古代盆地与下寒武统烃源岩为例 [J].石油勘探与开发，43（6）：905-915.

向阳，于鹏，陈晓，等，2013.大地电磁反演中改进的自适应正则化因子选取 [J].同济大学学报：自然科学版，41（9）：1429-1434.

向阳，2017. 塔里木盆地大地电磁三维电性结构反演 [D]. 上海：同济大学.

徐凯军，李桐林，张辉，等，2006.利用积分方程法的大地电磁三维正演 [J].西北地震学报，28（2）：104-107.

徐昆，2002.航空物探在油气勘探中的作用 [C]// 中国地球物理学会.中国地球物理学会第十八届年会论文集.北京：中国地球物理学会.

徐鸣洁，王良书，钟锴，等，2005.塔里木盆地重磁场特征与基底结构分析 [J].高校地质学报，11（4）：585-592.

徐亚，郝天珧，戴明刚，等，2007.渤海残留盆地分布综合地球物理研究 [J].地球物理学报，50（3）：868-881.

许海龙，魏国齐，贾承造，等，2012.乐山—龙女寺古隆起构造演化及对震旦系成藏的控制 [J].石油勘探与开发，39（4）：406-416.

严加永，吕庆田，陈向斌，等，2014.基于重磁反演的三维岩性填图试验：以安徽庐枞矿集区为例 [J].岩石学报，30（4）：1041-1053.

杨宝俊，张兴洲，孟令顺，等，2001.中国大陆岩石圈结构篱笆图及其说明：10 条 GGT 地球物理资料 [J].长春科技大学学报，31（4）：385-390.

杨波，2010.三维光滑磁化率成像反演及在大冶铁矿的应用 [J].地球物理学进展，25（4）：1433-1441.

杨辉，文百红，张研，等，2009.准噶尔盆地火山岩油气藏分布规律及区带目标优选：以陆东—五彩湾地区为例 [J].石油勘探与开发，36（4）：419-427.

杨文采，施志群，侯遵泽，等，2001.离散小波变换与重力异常多重分解 [J].地球物理学报，44（4）：534-541.

杨文采，王家林，钟慧智，等，2012. 塔里木盆地航磁场分析与磁源体结构 [J]. 地球物理学报，55（4）：1278-1287.

杨文采，徐义贤，张罗磊，等，2015.塔里木地体大地电磁调查和岩石圈三维结构 [J].地质学报，89（7）：1151-1161.

杨文采，张罗磊，徐义贤，等，2015. 塔里木盆地的三维电阻率结构 [J]. 地质学报，89（12）：2203-2212.

杨志华，苏生瑞，李勇，等，2001.中国大地构造几个重大问题的探讨 [J].地学前缘，8（2）：395-406.

姚长利，管志宁，高德章，等，2003.低纬度磁异常化极方法：压制因子法 [J].地球物理学报，46（5）：690-696.

姚长利，郝天珧，管志宁，2002.重磁反演约束条件及三维物性反演技术策略 [J].物探与化探，26（4）：253-257.

殷积峰，谷志东，李秋芬，2013.四川盆地大川中地区深层断裂发育特征及其地质意义 [J]. 石油与天然气地质，34（3）：376-382.

殷长春，孙思源，高秀鹤，等，2018. 基于局部相关性约束的三维大地电磁数据和重力数据的联合反演 [J].
地球物理学报，61（1）：358-367.

于常青，赵殿栋，杨文采，2012. 塔里木盆地结晶基底的反射地震调查 [J]. 地球物理学报，55（9）：
2925-2938.

张洪荣，黄秀英，1993. 四川阿坝——秀山地学断面 [J]. 四川地质学报，（2）：94-109.

张洪荣，1990. 川西北龙门山—邛崃山地壳—上地幔的结构构造特征 [J]. 四川地质学报，（2）：73-84.

张乐天，金胜，魏文博，等，2012. 青藏高原东缘及四川盆地的壳幔导电性结构研究 [J]. 地球物理学报，
55（12）：4126-4137.

张罗磊，于鹏，王家林，等，2009. 光滑模型与尖锐边界结合的 MT 二维反演方法 [J]. 地球物理学报，52
（6）：1625-1632.

张罗磊，于鹏，王家林，等，2010. 基于 MNS 技术的三维大地电磁场正演模拟方法研究 [J]. 地球物理学
报，（11）：2715-2723.

张兴洲，杨宝俊，吴福元，等，2006. 中国兴蒙—吉黑地区岩石圈结构基本特征 [J]. 中国地质（4）：816-
823.

张旭，2015. 重磁异常三维反演几项关键方法技术研究及在南海北部的应用 [D]，上海：同济大学.

张永谦，吕庆田，滕吉文，等，2014. 长江中下游及邻区的地壳密度结构与深部成矿背景探讨——来自重
力学的约束 [J]. 岩石学报，30（4）：931-940.

张永谦，王谦身，滕吉文，2010. 川西地区的地壳均衡状态及其动力学机制 [J]. 第四纪研究，30（4）：
662-689.

赵百民，郝天珧，2006. 反演磁性地质界面的意义与方法 [J]. 地球物理学进展，21（2）：353-359.

赵百民，郝天珧，徐亚，2009. 低纬度磁异常的转换与处理 [J]. 地球物理学进展，24（1）：124-130.

赵国春，孙敏，S A Wilde，2002. 华北克拉通基底构造单元特征及早元古代拼合 [J]. 中国科学 D 辑，32
（7）：534-549.

郑建平，2009. 不同时空背景幔源物质对比与华北深部岩石圈破坏和增生置换过程 [J]. 科学通报，（14）：
1990-2007.

中国地质调查局发展研究中心，2012. 华北大区区域重力调查成果综合项目成果报告.

中华人民共和国地质矿产部航空物探总队，1989. 中国及其毗邻海区航空磁力异常图 [M]. 北京：中国地
图出版社.

周丽芬，2012. 大地电磁与地震数据二维联合反演研究 [D]. 北京：中国地质大学.

朱日祥，陈凌，吴福元，等，2011. 华北克拉通破坏的时间、范围与机制 [J]. 中国科学：地球科学，41
（5）：583-592.

朱夏，1986. 朱夏论中国含油气盆地构造 [M]. 北京：石油工业出版社.

朱英，2004. 中国及邻区大地构造和深部构造纲要（全国 1：100 万航磁异常图的初步解释）[M]. 北京：
地质出版社.

Avdeev D，Avdeeva A，2009. 3D magnetotelluric inversion using a limited-memory quasi-Newton
optimization[J]. Geophysics，74（3）：F45-F57.

Avdeeva A，Avdeev D，2006. A limited-memory quasi-Newton inversion for 1D magnetotellurics[J].
Geophysics，71（5）：G191-G196.

Baranov V，Naudy H，1964. Numerical calculation of the formula of reduction to the magnetic pole[J].
Geophysics，29（1）：67-79.

Birch F，1961. The velocity of compressional waves in rocks to 10 kilobars[J]. Journal of Geophysical
Research，66（7）：2199-2224.

Bosch M, McGaughey J, 2001. Joint inversion of gravity and magnetic data under lithologic constraints[J]. The Leading Edge, 20（8）: 877-881.

Christensen N I, Mooney W D, 1995. Seismic velocity structure and composition of the continental crust: A global view[J]. Journal of Geophysical Research: Solid Earth, 100（B6）: 9761-9788.

Colombo D, De Stefano M, 2007. Geophysical modeling via simultaneous joint inversion of seismic, gravity, and electromagnetic data: Application to prestack depth imaging[J]. The Leading Edge, 26（3）: 326-331.

Colombo D, Rovetta D, 2018. Coupling strategies in multiparameter geophysical joint inversion[J]. Geophysical Journal International, 215（2）: 1171-1184.

Constable S C, Parker R L, Constable C G, 1987. Occam's inversion: A practical algorithm for generating smooth models from electromagnetic sounding data[J]. Geophysics, 52（3）: 289-300.

Dampney C N G, 1969. The equivalent source technique[J]. Geophysics, 34（1）: 39-53.

Dannemiller N, Li Y, 2006. A new method for determination of magnetization direction[J]. Geophysics, 71(6): L69-L73.

de Groot-Hedlin C, Constable S, 2004. Inversion of magnetotelluric data for 2D structure with sharp resistivity contrasts[J]. Geophysics, 69（1）: 78-86.

Fedi M, Florio G, 2001. Detection of potential fields source boundaries by enhanced horizontal derivative method, Geophysical prospecting, 49: 40-58.

Fedi M, Rapolla A, 1999. 3-D inversion of gravity and magnetic data with depth resolution[J]. Geophysics, 64（2）: 452-460.

Ferreira F J F, De Souza J, Alessandra D B E S B, et al., 2013. Enhancement of the total horizontal gradient of magnetic anomalies using the tilt angle[J]. Geophysics, 78（3）: J33-J41.

Fregoso E, Gallardo L A, 2009. Cross-gradients joint 3D inversion with applications to gravity and magnetic data[J]. Geophycisc, 74（4）: L31-L42.

Gallardo L A, Fontes S L, Meju M A, et al., 2012. Robust geophysical integration through structure-coupled joint inversion and multispectral fusion of seismic reflection, magnetotelluric, magnetic, and gravity images: Example from Santos Basin, offshore Brazil[J]. Geophysics, 77（5）: B237-B251.

Gallardo L A, Meju M A, 2003. Characterization of heterogeneous near-surface materials by joint 2D inversion of dc resistivity and seismic data[J].Geophysical research letters, 30（13）: 1658.

Gallardo L A, Meju M A, 2011. Structure-coupled multiphysics imaging in geophysical sciences [J]. Reviews of Geophysics, 49（1）.

Gallardo, 2004. Joint two-dimensional inversion of geoelectromagnetic and seismic refraction data with cross-gradients constraint[D], PHD dissertation of Lancaster University.

Gallardo, 2007. Multiple cross-gradient joint inversion for geospectral imaging[J], Geophysical Research Letters, 34: L19301.

Groom R W, Bailey R C, 1989. Decomposition of magnetotelluric impedance tensors in the presence of local three-dimensional galvanic distortion.[J]. Geophys. Res., 94: 1913-1925.

Groom R W, Bailay R C, 1991. Analytic investigations of the effects of near surface three-dimensional galvanic scatters on MT tensor decompositions[J]. Geophysics, 56: 496-518.

Guo L, Meng X, Chen Z, et al., 2013. Preferential filtering for gravity anomaly separation[J]. Computers & Geosciences, 51: 247-254.

Guo L, Meng X, Chen Z, 2009. Preferential upward continuation and the estimation of its continuation height[C]//Beijing International Geophysical Conference and Exposition 2009: Beijing 2009 International Geophysical Conference and Exposition, Beijing, China, 24-27 April 2009. Society of Exploration

Geophysicists, 227–227.

Haber E, Holtzman Gazit M, 2013. Model fusion and joint inversion[J]. Surveys in Geophysics, 34: 675–695.

Haber E, Modersitzki J, 2006. Intensity gradient based registration and fusion of multi-modal images[C]// Medical Image Computing and Computer-assisted Intervention: MICCAI... International Conference on Medical Image Computing and Computer-assisted Intervention, 9 (Pt 2): 726–733.

Haber E, Oldenburg D, 1997. Joint inversion a structural approach[J]. Inverse Problems, (13): 63–77.

Last B J, Kubik K, 1983. Compact gravity inversion[J]. Geophysics, 48 (6): 713–721.

Lelièvre P G, Farquharson C G, Hurich C A, 2012. Joint inversion of seismic traveltimes and gravity data on unstructured grids with application to mineral exploration[J]. Geophysics, 77 (1): K1–K15.

Li W, Qian J, 2016. Joint inversion of gravity and traveltime data using a level-set-based structural parameterization[J]. Geophysics, 81 (6): G107–G119.

Li Y, Shearer S E, Haney M M, et al., 2010. Comprehensive approaches to 3D inversion of magnetic data affected by remanent magnetization[J]. Geophysics, 75 (1): L1–L11.

Li Z X, Bogdanova S V, Collins A S, et al., 2008. Assembly, configuration, and break-up history of Rodinia: a synthesis[J]. Precambrian research, 160 (1–2): 179–210.

Li Z X, Li X H, Kinny P D, et al., 1999. The breakup of Rodinia: did it start with a mantle plume beneath South China?[J]. Earth and Planetary Science Letters, 173 (3): 171–181.

Li Z X, Zhang L, Powell C M A, 1996. Positions of the East Asian cratons in the Neoproterozoic supercontinent Rodinia[J]. Australian Journal of Earth Sciences, 43 (6): 593–604.

Li Z X, Zhang L, Powell C M A, 1995. South China in Rodinia: part of the missing link between Australia–East Antarctica and Laurentia?[J]. Geology, 23 (5): 407–410.

Lin W, Zhdanov M S, 2018. Joint multinary inversion of gravity and magnetic data using Gramian constraints[J]. Geophysical Journal International, 215 (3): 1540–1557.

Ma G, 2013. Edge detection of potential field data using improved local phase filter. Exploration[J] Geophysics, 44: 36–41.

Mackie R L, Madden T R, 1993. Three-dimensional magnetotelluric inversion using conjugate gradients[J]. Geophysical Journal International, 115 (1): 215–229.

MacLeod I N, Jones K, Dai T F, 1993. 3–D analytic signal in the interpretation of total magnetic field data at low magnetic latitudes[J]. Exploration geophysics, 24 (4): 679–688.

Meng X, Guo L, Chen Z, et al., 2009. A method for gravity anomaly separation based on preferential continuation and its application[J]. Applied Geophysics, 6 (3): 217–225.

Merle O, 2011. A simple continental rift classification[J]. Tectonophysics, 513 (1–4): 88–95.

Mikhailovich M D, Daniele C, Nikolayevich T V, et al., 2015. Comparison of structural constraints for seismic-MT joint inversion in a subsalt imaging problem[J]. Вестник Санкт-Петербургского университета. Физика. Химия, 2 (3): 230–236.

Miller H G, Singh V, 1994. Potential field tilt—a new concept for location of potential field sources[J]. Journal of applied Geophysics, 32 (2–3): 213–217.

Molodtsov D M, Troyan V N, Roslov Y V, et al., 2013. Joint inversion of seismic traveltimes and magnetotelluric data with a directed structural constraint[J]. Geophysical Prospecting, 61 (6): 1218–1228.

Molodtsov, Boris Kashtan, 2011. Joint inversion of seismic and magnetotelluric data with structural constraint based on dot product of image gradients[C]. SEG San Antonio 2011 Annual Meeting.

Moorkamp M, Heincke B, Jegen M, et al., 2011. A framework for 3–D joint inversion of MT, gravity and seismic refraction data[J]. Geophysical Journal International, 184 (1): 477–493.

Nafe J E, Drake C L, 1957. Variation with depth in shallow and deep water marine sediments of porosity, density and the velocities of compressional and shear waves[J]. Geophysics, 22（3）: 523-552.

Newman G A, Alumbaugh D L, 2000. Three-dimensional magnetotelluric inversion using non-linear conjugate gradients[J]. Geophysical journal international, 140（2）: 410-424.

Oldenburg D W, 1974. The inversion and interpretation of gravity anomalies[J]. Geophysics, 39（4）: 526-536.

Pankratov O V, Avdeyev D B, Kuvshinov A V, 1995. Electromagnetic field scattering in a heterogeneous Earth: A solution to the forward problem[J]. Physics of the Solid Earth, English Translation, 31: 201-209

Parker R L, 1973. The rapid calculation of potential anomalies[J]. Geophysical Journal International, 31（4）: 447-455.

Pawlowski R S, 1990. Hansen R O Gravity anomaly separation by Wiener filtering[J]. Geophysics, 55（5）: 539-548.

Pawlowski R S, 1994. Green's equivalent-layer concept in gravity band-pass filter design[J]. Geophysics, 59（1）: 69-76.

Pawlowski R S, 1995. Preferential continuation for potential-field anomaly enhancement[J]. Geophysics, 60（2）: 390-398.

Portniaguine O, Zhdanov M S, 1999. Focusing geophysical inversion images[J]. Geophysics, 64（3）: 874-887.

Portniaguine O, Zhdanov M S, 2002. 3-D magnetic inversion with data compression and image focusing[J]. Geophysics, 67（5）: 1532-1541.

Rodi W, Mackie R L, 2001. Nonlinear conjugate gradient algorithm for 2-D magnetotelluric inversion[J]. Geophysics, 66（1）: 174-187.

Shi B, Yu P, Zhao C, et al., 2018. Linear correlation constrained joint inversion using squared cosine similarity of regional residual model vectors[J]. Geophysical Journal International, 215（2）: 1291-1307.

Singer B S, 1995. Method for solution of Maxwell's equations in non-uniform media[J]. Geophysical Journal International, 120（3）: 590-598.

Siripunvaraporn W, Egbert G, 2000. An efficient data-subspace inversion method for 2-D magnetotelluric data[J]. Geophysics, 65（3）: 791-803.

Siripunvaraporn W, Egbert G, Lenbury Y, et al., 2005. Three-dimensional magnetotelluric inversion: data-space method[J]. Physics of the Earth and planetary interiors, 150（1-3）: 3-14.

Smith J T, Booker J R, 1991. Rapid inversion of two-and three-dimensional magnetotelluric data[J]. Journal of Geophysical Research: Solid Earth, 96（B3）: 3905-3922.

Spichak V, Menvielle M, Roussignol M, 1999. Three-dimensional inversion of the magnetotelluric fields using Bayesian statistics[C]. In "3D Electromagnetics" (Eds Spies, B and Oristaglio, M), SEG Publ., GD7, Tulsa, USA, 406-417.

Spichak V, Popova I, 2000. Artificial neural network inversion of magnetotelluric data in terms of three-dimensional earth macroparameters[J]. Geophysical Journal International, 142（1）: 15-26.

Sun J, Li Y, 2012. Joint inversion of multiple geophysical data: A petrophysical approach using guided fuzzy c-means clustering[C]//2012 SEG Annual Meeting.

Sun J, Li Y, 2013. A general framework for joint inversion with petro-physical information as constraints[C], SEG Technical Program Expanded Abstracts, 3093-3097.

Sun J, Li Y, 2015. Multidomain petrophysically constrained inversion and geology differentiation using guided fuzzy c-means clustering[J]. Geophysics, 80（4）: ID1-ID18.

Sun J, Li Y, 2016. Joint inversion of multiple geophysical data using guided fuzzy c-means clustering[J]. Geophysics, 81（3）: ID37-ID57.

Verduzco B, Fairhead J D, Green C M, et al., 2004. New insights into magnetic derivatives for structural mapping. The Leading Edge, 23: 116-119.

Wang W, Pan Y, Qiu Z, 2009. A new edge recognition technology based on the normalized vertical derivative of the total horizontal derivative for potential field data[J]. Applied Geophysics, 6（3）: 226-233.

Wannamaker P E, Hohmann G W, SanFilipo W A, 1984. Electromagnetic modeling of three-dimensional bodies in layered earths using integral equations[J]. Geophysics, 49（1）: 60-74.

Zhang J, Morgan F D, 1997. Joint seismic and electrical tomography[C]// Proceedings of the EEGS Symposium on Applications of Geophysics to Engineering and Environmental Problems, 391-396.

Zhang L L, Yu P, Wang J L, et al., 2009. Smoothest model and sharp boundary based two-dimensional magnetotelluric inversion[J]. Chinese Journal of Geophysics, 52（6）: 1625-1632.

Zhang L, Zhao C, Yu P, et al., 2020. The electrical conductivity structure of the Tarim basin in NW China as revealed by three-dimensional magnetotelluric inversion[J]. Journal of Asian Earth Sciences, 187: 104093.

Zhdanov M S, 2002. Geophysical inverse theory and regularization problems[M]. Elsevier.

Zhdanov M S, 2009.New advances in regularized inversion of gravity and electromagnetic data[J]. Geophysical Prospecting,（57）: 463-478.

Zhdanov M S, Fang S, Hursán G, 2000. Electromagnetic inversion using quasi-linear approximation[J]. Geophysics, 65（5）: 1501-1513.

Zhdanov M S, Liu X, Wilson G A, et al., 2012. 3D migration for rapid imaging of total-magnetic-intensity data[J]. Geophysics, 77（2）: J1-J5.

Zhu G, Chen F, Wang M, et al., 2018. Discovery of the lower Cambrian high-quality source rocks and deep oil and gas exploration potential in the Tarim Basin, China[J]. AAPG Bulletin, 102（10）: 2123-2151.

Zhu G, Zhang Z, Zhou X, et al., 2019. The complexity, secondary geochemical process, genetic mechanism and distribution prediction of deep marine oil and gas in the Tarim Basin [J]. China. Earth-Science Reviews, 198: 1-28.

Zhu G, Zou C, Yang H, et al., 2015. Hydrocarbon accumulation mechanisms and industrial exploration depth of large-area fracture-cavity carbonates in the Tarim Basin, western China[J]. Journal of Petroleum Science and Engineering, 133: 889-907.